AF763951

Georg Ringes · Produktionsstättenplanung

Georg Ringes

HANDBUCH PRODUKTIONSSTÄTTEN PLANUNG

Wissenschaftliche Grundlagen

Praktische Erkenntnisse

94 Abbildungen

» vieweg

© 1976 Friedr. Vieweg & Sohn Verlagsgesellschaft mbH Braunschweig
Softcover reprint of the hardcover 1st edition 1976
Satz: H. Erhart Henniger, Wiesbaden
Druck: E. Hunold, Braunschweig
Buchbinderei: W. Langelüddecke, Braunschweig
Alle Rechte vorbehalten.

ISBN-13: 978-3-528-08867-5 e-ISBN-13: 978-3-322-84280-0
DOI: 10.1007/978-3-322-84280-0

Inhalt

Vorbemerkung

Dieses Buch konzentriert sich neben der Darstellung von wichtigen Details besonders auf die grundsätzlichen Probleme von Produktionsstätten.

Zur Lösung dieser Probleme und Detailfragen werden Methoden und Mittel unter Einbeziehung aller wichtigen Randbedingungen gezeigt.

Auf allgemein bekannte Methoden und Prinzipien, die schon längere Zeit mit Erfolg eingesetzt werden und in der einschlägigen Fachliteratur behandelt sind, wird aufmerksam gemacht. Außerdem stehen umfangreiche Literaturhinweise zur Verfügung. Diese findet der interessierte Leser im laufenden Text (Zahlen in eckigen Klammern), am Ende eines jeden Kapitels sowie, zusammengefaßt, im Literaturverzeichnis (s. 145 ff.).

Zum leichteren Verständnis des Stoffes wurden einfache Modelle und Beispiele aus der Praxis gewählt, die natürlich im konkreten Fall umfangreichere Formen annehmen können.

Zur übersichtlicheren Darstellung sind die 18 Kapitel des behandelten Stoffes in zwei Teile gegliedert:

Im Teil 1 werden zunächst Grundlagen, Problemstellungen, Aufgaben (Funktionen) und Prinzipien der Produktionsstättenplanung erörtert. Anschließend wird das systematische Vorgehen bei der Planung und Realisierung von Projekten mit Hilfe der 6-Stufen-Methode der Systemplanung behandelt. Auf die Gesamtbetrachtung, Gesamtoptimierung und Gesamtbeurteilung sowie auf die gegenseitige Abstimmung der verschiedenen Planungs- und Realisierungsphasen wurde das Schwergewicht gelegt.

Teil 2 beschreibt die Planungsmittel mit ihren Grenzen und Möglichkeiten zur Durchführung von Produktionsstättenplanungen. Der rationellen Arbeitstechnik kommt dabei eine besondere Bedeutung zu. Nicht nur das Planungsergebnis soll optimal sein, auch die vorgeschaltete Planung selbst muß rationell abgewickelt werden.

Die Bedeutung der Produktionsstättenplanung wird dann richtig klar, wenn man bedenkt, daß die wichtigsten technischen, organisatorischen und ökonomischen Gegebenheiten bereits während der Planung determiniert werden. Damit ist der zukünftige Betriebsablauf mit seinen Investitionen und laufenden Kosten weitgehend festgelegt.

Fehlplanungen mit damit verbundenen Fehlinvestitionen sind Belastungen, unter denen das Unternehmen unter Umständen viele Jahre zu leiden hat.

Durch die Anwendung geeigneter Planungsmethoden und Planungshilfsmittel, wie sie in diesem Buch beschrieben sind, können nicht nur Fehlplanungen weitgehend vermieden, sondern auch der Planungsaufwand (Planungskosten) minimiert und der Planungsablauf beschleunigt werden.

Teil 1
Systematik und Methodik der Produktionsstättenplanung

1 Wesen und Grundlagen der Planung

1.1 Planung – Entwurf eines Zukunftsbildes

Planung bedeutet, Vorstellungsbilder über zukünftige Gegebenheiten zu entwerfen. Diese Vorstellungen müssen systematisch-methodisch durchdacht und mit der bestehenden Situation verglichen werden. Davon abzuleiten sind dann die Maßnahmen für eine sinnvolle Zukunftsgestaltung.

Planung ist *Vorausschau* auf zukünftige Gegebenheiten, Ziele, Handlungen und Verhaltensweisen.

Planung ist aber auch *methodische Realisierungsvorbereitung* unter Einbeziehung der Entwicklung von Richtlinien, die zukünftige Handlungen festlegen.

Planung ist schließlich *zielgerichtetes Zusammenführen* und Ausrichten aller Teilziele auf das in die Zukunft gesetzte Gesamtziel [1, 2].

Mit der Planung soll ein festgelegtes Ziel erreichbar gemacht werden. (Planung darf nicht mit Utopie verwechselt werden, denn Utopien sind Bilder einer nicht erreichbaren Zukunft. Sie orientieren sich nicht an den realen Möglichkeiten. Der Weg zur Erreichung des erdachten Idealzustandes und der zu seiner Erreichung notwendigen Mittel sind für den Utopisten bedeutungslos.)

Der Planer nutzt die Möglichkeiten der Prognosen, weil er deren Grenzen und Möglichkeiten genau kennt. Er verläßt sich nicht auf Utopien.

Planung ist schließlich auch eine gedankliche Vorbereitung zielgerichteter zukünftiger Handlungen. Ihr haftet die naturgemäße Herausforderung zur Gestaltung einer „besseren Welt" an.

Die Suche nach „Idealen Lösungen" ist Bestandteil des methodischen Vorgehens bei der Planung von Produktionsstätten. Planung ist methodische Handlungsvorbereitung. In diesem Sinne ist sie ein Teil des Management-Prozesses.

Zielsetzung, Planung, Entscheidung, Realisierung und Kontrolle – diese Reihenfolge entspricht dem Ablauf des Führungsprozesses Bild 1.

Die Prozeßelemente Zielsetzung, Planung und Entscheidung greifen dabei unmittelbar ineinander. Deshalb wird dieser Teil als *Planungs- und Entscheidungsprozeß* bezeichnet.

Planung steht am Beginn jedes Management-Prozesses und begleitet permanent Aufgaben und Abläufe. Die Management-Funktion Planung sucht vorausschauend festzulegen, *was geschehen soll und vor allem wann, wo, wie* und *womit*. Hierbei ist Planung als methodisches Umsetzen von Informationen auf die Entwicklung von Zielvorgaben zu verstehen (zielorientierter Plan). Gleichzeitig ist sie Grundlage für zukünftige Handlungen, die diese vorgegebenen Soll-Werte verwirklichen (Maßnahmeplanung) [3].

1.2 Planungsklassifizierung

Alle Planungsmaßnahmen lassen sich nach vier Merkmalen klassifizieren.

Zunächst nach dem *Grad der Komplexität*:

Einfache Planungsaufgaben

Sie zeichnen sich dadurch aus, daß ihre Lösungsmöglichkeiten einfacher Art sind und diese umgehend in erfolgreiche Aktionen umgesetzt werden können.

Die Informationssuche erfolgt nacheinander nach einem vorgegebenen System. Die einzelnen Aufgaben sind dabei nicht miteinander verknüpft, z. B. Planung des täglichen Arbeitsprogramms nach einer der Wichtigkeit entsprechenden Rangfolge.

Komplexe Planungsaufgaben

Hierbei ist die Lösung im Gegensatz zu einfachen Planungsaufgaben nur in Zusammenarbeit mit anderen Unternehmensbereichen möglich. Wichtiges Merkmal ist, daß mehrere miteinander konkurrierende Ziele vorhanden sind. Die einzelnen Aufgaben sind miteinander verbunden. Die Lösung komplexer Planungsaufgaben entspricht einer umfangreichen Informationsverknüpfung, die eine wechselseitige Abstimmung der einzelnen Planungsaktionen notwendig macht.

Die Planung von Produktionsstätten, die Entwicklung und Markteinführung eines neuen Produktes, aber auch die Aufstellung der Produktionsplanung einer mehrstufigen Fertigung über ein Jahr sind komplexe Planungsaufgaben.

Eine weitere Klassifizierung erfolgt nach den *Planungsstufen*.

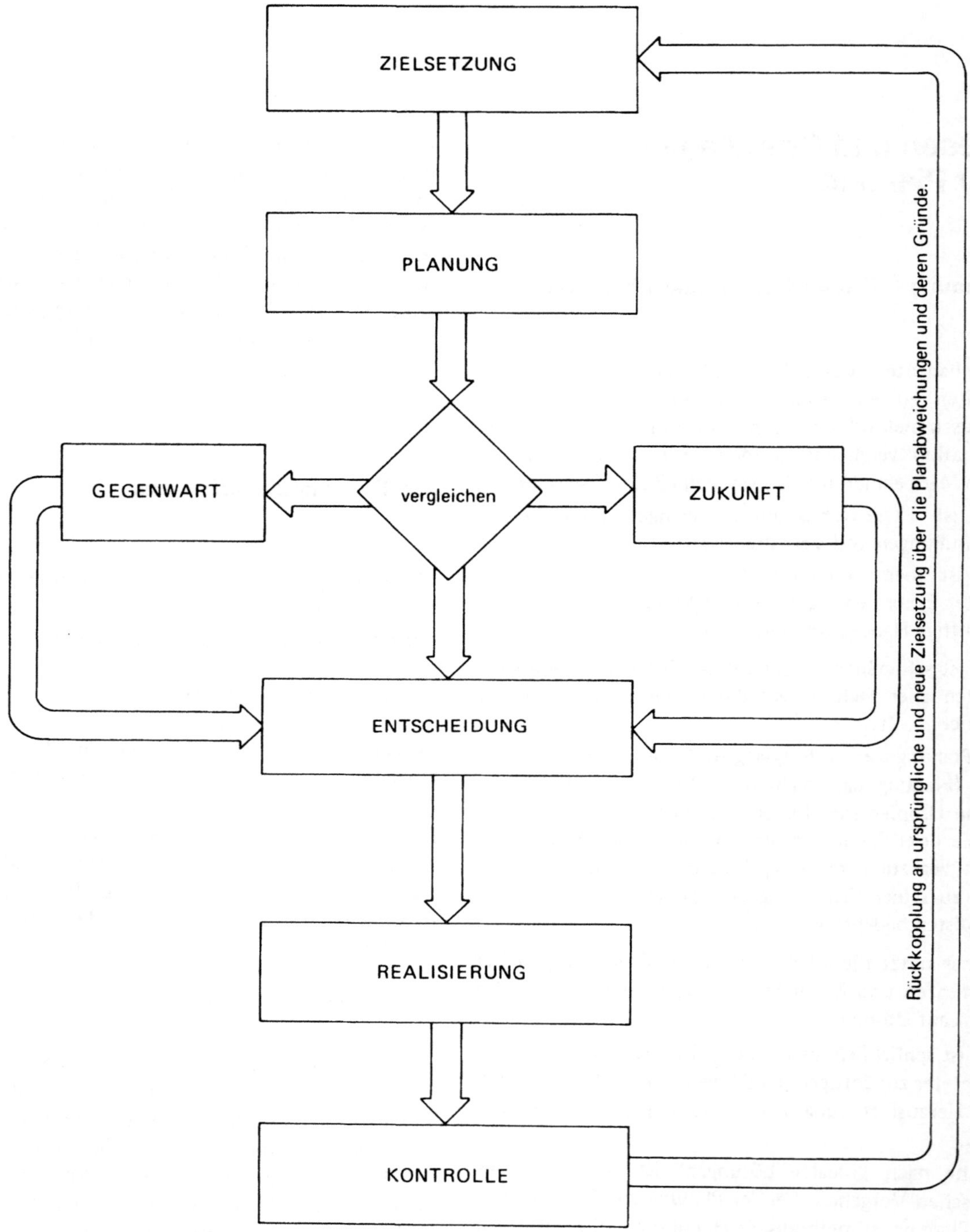

1 Planung und Entscheidung im Ablauf des Führungsprozesses

Taktische Planungsaufgaben

Sie sind dadurch gekennzeichnet, daß sie von Vorgabe- oder Sollwerten ausgehen können.

Taktische Planungsaufgaben betreffen das Geschehen innerhalb des Ablaufes in einem System. Nach DIN 19 229 ist ein System die Gesamtheit von Elementen, deren Beziehungen einem bestimmten Zweck dienen. Dies ist, vereinfacht, in Bild 2 dargestellt.

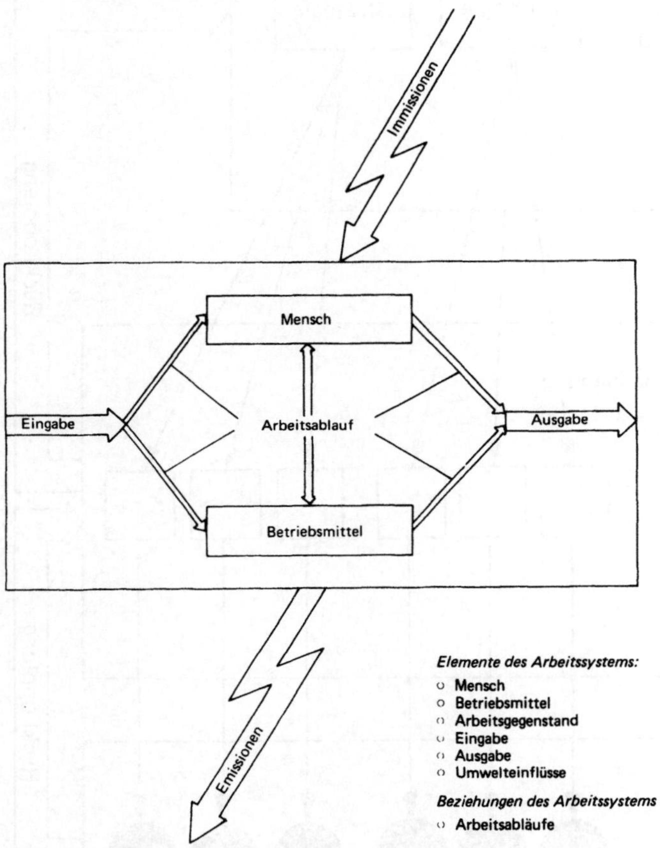

2 Darstellung eines Arbeitssystems mit seinen Abläufen (Beziehungen) und Elementen (nach REFA)

Beispiele für taktische Planungsaufgaben: Auftragsdisposition, Fertigungsablauf-Planung, Kalkulationserstellung.

Strategische Planungsaufgaben

Strategische Planungen befassen sich mit Überlegungen grundsätzlicher Natur, wie z. B. Entwicklung von Zielen und Formulierung von allgemeinen Grundsätzen.

Die strategische Planung ist die Grundlage für die taktische Planung.

Diese vier Klassifizierungs-Merkmale dürfen nicht isoliert betrachtet werden, denn sie kommen in der Praxis nur miteinander verknüpft vor. Es gibt somit nicht nur einfache oder komplexe Planungen, sondern

- einfache taktische Planungen,
- einfache strategische Planungen,
- komplexe taktische Planungen und
- komplexe strategische Planungen.

Dieser Zusammenhang ist in Bild 3 (Matrix) dargestellt.

Grad der Komplexität / Planungsklassifizierung		taktisch	strategisch
einfach	Planungsaufgabe	Fertigungsdisposition	Vorbeugende Maschinen- und Anlagen-Instandhaltung
einfach	Merkmal	Soll-Werte vorhanden. Handlungsprogramm festgelegt. Aufgaben nicht miteinander verflochten.	Soll-Werte nicht vorhanden. Hoher Unsicherheitsgrad. Einflußfaktoren nicht alle erfaßbar
komplex	Planungsaufgabe	Planung und Einrichtung von Produktionsstätten. Markteinführung neuer Produkte.	Unternehmensplanung
komplex	Merkmal	Aufgaben sind interdependent. Soll-Werte vorhanden.	Planungsaufgaben sind vielfältig und miteinander verknüpft. Keine Soll-Werte vorhanden.

3 Matrix der Planungskomplexität und Planungsklassifizierung

Die Verknüpfung von strategischer und taktischer Planung ist in Bild 4 (Schema) deutlich erkennbar.

1.3 Anstoß zur Produktionsstättenplanung

Die wirtschaftliche Entwicklung eines Unternehmens wird mitbestimmt durch die Entscheidungen, die innerhalb des Unternehmens getroffen werden. Die meisten Entscheidungen werden auf verschiedenen Führungs-Ebenen von Unter-

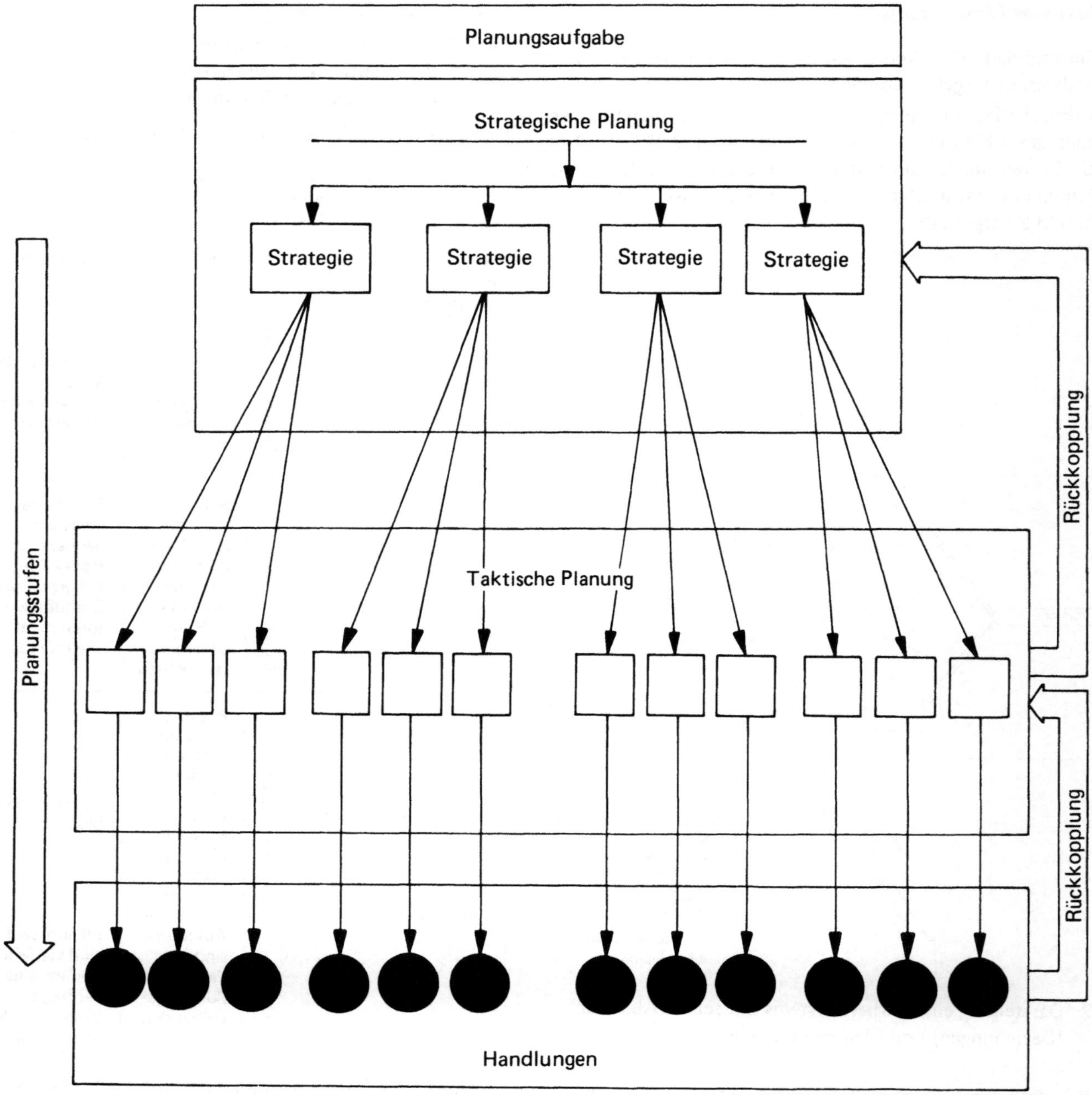

4 Verknüpfung der Planungsstufen

nehmen direkt oder indirekt mit dem Ziel der Gewinnmaximierung getroffen. Es wäre ein Mangel, nur die Gewinnmaximierung als oberstes Ziel der Unternehmensführung und damit als einziges Ziel einer Produktionsstättenplanung vorzugeben. Neben der Zukunftssicherung, als zweitem Ziel, sollte als drittes gleichwertiges Ziel die langfristige Sicherstellung humaner Arbeitsplätze gesehen werden.

Eine der wichtigen Aufgaben der Unternehmensführung ist es, die gesamten betrieblichen Entscheidungen entsprechend diesen Zielsetzungen zu koordinieren.

Diese Koordination verlangt u. a. eine Abstimmung kurzfristiger und langfristiger Entscheidungen, d. h. Entscheidungen mit zeitlich unterschiedlicher Auswirkung [4]. Nur so ist eine optimale Planung sicherzustellen.

Die Entscheidung zur Beseitigung von auftretenden betrieblichen Engpässen wirkt sich kurzfristig aus. Die Entscheidung mit Langfristwirkung – wie es die Produktionsstättenplanung ist – darf sich nicht allein an derartigen Engpaßbeseitigungen orientieren. Der Anstoß zur Werkserweiterung kommt oftmals aus solchen betrieblichen Engpaßsituationen heraus, weil u. a. die vernünftige Auslastung von Betriebsmitteln, Lagern, Menschen etc. nicht ständig beobachtet wird. Die „Verstopfung" der betrieblichen Anlagen und die Störungen der betrieblichen Abläufe zeigen dann offensichtlich, daß die Werksanlagen, die Produktionsstätten das notwendige Aufgabenprogramm, das die Bedürfnisse des Marktes befriedigen soll, nicht mehr bewältigen können.

Falsch wäre es, aufgrund solcher Engpaßsituationen sofort an die Erweiterung des Werkes zu gehen.

Richtig ist es, zunächst mit Hilfe der Methoden des Arbeitsstudiums und des Industrial-Engineering [5, 6, 7] zu untersuchen, wie es zu solchen Engpaßsituationen gekommen ist und wie sie kurzfristig beseitigt werden können.

Häufig werden als Ursachen festgestellt:

- O mangelhafter Materialfluß,
- O Mängel in der Ablauforganisation,
- O veränderte Konstruktionen der Erzeugnisse,
- O mangelnde Abtaktung der Arbeitsfolgen, Betriebsmittel und Arbeitsplätze,
- O überfüllte Werkstätten und Zwischenlager, durch ungenügende Arbeitsvorbereitung,
- O ungeeignete Nutzung vorhandener Räume,
- O ungünstige oder fehlende Lagerorganisation,
- O unsystemtatische Maschinen- und Werkbank-Aufstellung,
- O heterogenes Produktionsprogramm,
- O fehlende Teilefamilienfertigung,
- O Typenvielfalt u. ä.

Durch *investitionsarme Rationalisierungsmaßnahmen* kann die Produktivität – in bestimmten Grenzen – gesteigert werden.

Diese Produktivitätssteigerung führt zwangsläufig zu einer Verbesserung der Wirtschaftlichkeit.

Die Verbesserung der Wirtschaftlichkeit führt bei gleichbleibendem Kapital zu einer *Rentabilitätsverbesserung.*

Aus den so „verbesserten Gewinnen" könnten neue *Mittel für den Werksausbau freigemacht* werden, die einen Ausbau in größeren Baustufen ermöglichen.

Diesen vereinfacht dargestellten Rationalisierungskreislauf zeigt Bild 5.

Bevor also ein „verstopftes Werk" Anlaß für eine Erweiterungs- oder gar Neuplanung ist, sollte genau geprüft werden, ob diese „Flaschenhälse" durch Rationalisierung beseitigt werden können und damit im wahrsten Sinne des Wortes Platz geschaffen wird.

Sind alle Rationalisierungsreserven ausgeschöpft und hat sich das Management rechtzeitig überlegt, wie die zukünftige Entwicklung laufen könnte oder sollte, dann ist es angebracht, neue Systeme durch

- O Reorganisation,
- O Erweiterung und
- O Neuerstellung

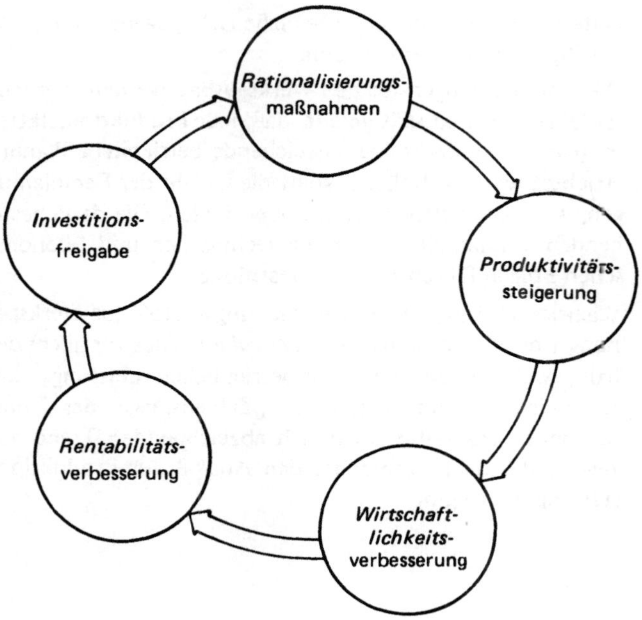

5 Der Rationalisierungskreislauf

von Produktion, Lagerung und Verteilung von Erzeugnissen zu planen und zu realisieren.

Planungsmaßnahmen für den Werksausbau können also durch außerbetriebliche oder innerbetriebliche Gründe ausgelöst werden.

Zu den *außerbetrieblichen Gründen,* die zur Planung von Produktionsstätten veranlassen, zählen

- O größere und/oder neue Absatzmärkte und damit
- O wachsender Umsatz,
- O Veränderung von Verbrauchergewohnheiten,
- O Wirtschaftskooperationen,
- O Forderungen des Umweltschutzes,
- O Produktionsverlegung durch angespannte Lage auf dem Energie- und Arbeitsmarkt.

Zu den *innerbetrieblichen Gründen* zählen:

- O Entwicklung und Einführung neuer oder verbesserter Produkte,
- O Kapazitäts-Erweiterungen einzelner Fertigungen oder ganzer Betriebsbereiche,
- O Modernisierung bzw. gar Automatisierung der Produktion,
- O Verfahrensänderungen,
- O steigende Raumnot in Fertigung und Lagern,
- O Kostensenkung und Rentabilitätserhöhung (Minderung des Kostendrucks).

Die Beschlüsse für Produktionsstättenplanung und Werkserweiterungen werden oft vom konjunkturellen Verhalten beeinflußt. Die enge zeitliche Kopplung von Planung und Realisierung verhindert häufig eine „Schubladenplanung", die dann, wenn der Bedarf tatsächlich ansteht und die Möglichkeiten zur Deckung des Finanzbedarfs gegeben sind, vernünftig realisiert werden kann.

Die Entscheidungen für den Werksausbau werden aber häufig leider noch so spät gefällt, daß neue Produktionsstätten in großer Eile und ohne ausreichende betriebliche Planung errichtet werden. Dabei besteht die Gefahr der Fehlplanungen, weil langfristige Konzeptionen fehlen. Die dann bestehenden Unklarheiten über die technischen und ökonomischen Folgen führen zu Fehlinvestitionen.

Wichtige Hilfsmittel für den Planungsanstoß zur Werksplanung sind die *betrieblichen Kennzahlen.* Dies vor allem deshalb, weil sie aus der innerbetrieblichen Leistungs- und Kostenüberwachung heraus als „Zahlenspiegel des Unternehmens" frühzeitig einen sich abzeichnenden Trend aufzeigen, der dann rechtzeitig den Anstoß zur Produktionsstättenplanung gibt.

1.4 Aufgaben der Produktionsstättenplanung

Umstellungsplanung

Das Ziel einer Umstellungsplanung ist in der Regel die Rationalisierung der innerbetrieblichen Abläufe in Fertigung, Lager und Verwaltung, die den Anforderungen des Herstellungsprogramms (Produktionsprogramms) nicht mehr entsprechen.

Dieser Planungsfall tritt in der Regel bei solchen Betrieben und Unternehmen auf, deren Entwicklung einen dynamischen Verlauf hatten und die in diesen dynamischen Entwicklungsphasen keine oder nur geringe Zeit hatten, Erweiterungen zu planen und dann auch planmäßig durchzuführen.

Tritt jetzt in der Entwicklung eine Phase der Konsolidierung ein, so werden die erheblichen Rationalisierungsreserven erkannt, die

- O in der optimalen Betriebsmittelzuordnung,
- O in einem geplanten Materialfluß,
- O in einer optimalen Lagergestaltung und
- O in einer besser organisierten Verwaltung

liegen.

Erkenntnisse dieser Art geben dann den Anstoß zu solchen Umstellungsplanungen.

Gravierende Umstellungen und/oder Veränderungen im Absatz- und Produktionsprogramm mit den damit verbundenen Veränderungen der Betriebsabläufe sind ebenfalls Anstoß zu einer Umstellungsplanung.

Erweiterungsplanung

Der Ausbau der vorhandenen Produktionskapazitäten und die damit verbundene Erweiterung der bestehenden Produktions- und Lagergebäude zur Deckung des wachstumsbedingten Marktbedarfs (Lieferbereitschaft) sind der Anstoß dieser Planung. Es kann sich hierbei um Fertigungs-, Lager- und/oder Verwaltungsgebäude handeln.

Die optimale Zuordnung neuer Produktions- und Lagerstätten zu den bestehenden Produktions- und Lagerbereichen ist Aufgabe der Erweiterungsplanung.

Neuplanungen

Lassen Umstellungen und Erweiterungen nicht mehr die gewünschten Rationalisierungseffekte erwarten oder sprengen die Wachstumsraten den vorhandenen Raum oder die geplanten Ausführungen der Erweiterungsplanung, lassen sich aus Grundstücksmangel oder durch Vorschriften z. B. des Umweltschutzes Erweiterungen nicht realisieren, so steht die Entscheidung zum Neubau von Produktionsstätten an.

Diese Neuplanung „auf der grünen Wiese" umfaßt alle Bereiche eines Unternehmens von der Standortuntersuchung bis zur Einrichtungs- und Umzugsplanung.

Die Neuplanung erfolgt weitgehend frei von Randbedingungen, wie sie die bestehenden Produktionsstätten beeinflußten, wenn der Standort völlig frei ist.

2 Problemstellung und Entscheidungsablauf

Produktionsstätten sind komplexe Makro-Arbeitssysteme. Durch Analyse und Synthese sollen diese Makro-Arbeitssysteme so verbessert werden, daß durch sie die Rentabilität einzelner Betriebe und des gesamten Unternehmens langfristig entscheidend verbessert wird.

Bei der Planung von Produktionsstätten dürfen die Produktionsstätten-Elemente, wie

- Fertigung,
- Lagerung,
- Materialfluß,
- Warenverteilung,
- Anordnung der Produktionsmittel untereinander,
- Mechanisierung – Automatisierung,
- Energiewirtschaft,
- Beleuchtung,
- Belüftung,
- Sozialeinrichtungen,
- Organisation und Personal,
- Außenanlagen,
- Be- und Entsorgung,
- vorbeugender Brandschutz,
- Umweltschutz etc.

nicht isoliert betrachtet werden.

Diese Elemente stehen in einem zwingenden Zusammenhang zueinander. Nicht die Optimierung einzelner Systemelemente führt zum Ziel, sondern die *Gesamtoptimierung* (Bild 6). Dabei ist es denkbar, daß bestimmte Elemente (= Einzelsysteme) technisch nicht an ihr Optimum herankommen.

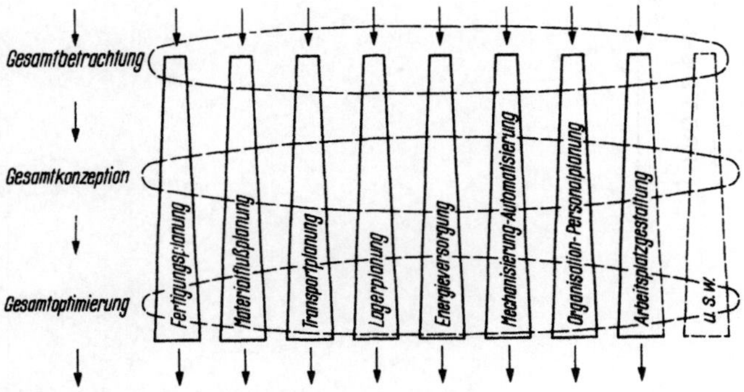

6 Einzeloptimierung und Gesamtoptimierung
Bildquelle [51]

Entscheidend bei einer solchen komplexen Planung ist, daß neben den technischen auch die ökonomischen Einflußgrößen beachtet werden.

Bei der Planung von Werksanlagen (Produktionsstätten) sind

- Produkte,
- Markt,
- Konjunktur,
- politische Entwicklung und
- soziale Entwicklung

die vorgegebenen Bedingungen, die sich im zeitlichen Ablauf verändern. Um durch Veränderungen dieser Bedingungen die Unternehmensentwicklung nicht zu gefährden, ist das Planungsergebnis flexibel zu gestalten. Es muß erweiterbar, seine innere Struktur muß variabel sein.

Flexibles Planen und Handeln sind keine Gegensätze. Denn erst durch Planung ist Flexibilität der Handlung möglich.

Das Charakteristische bei der Planung von Produktionsstätten liegt darin, daß nicht nur *Gegenwärtiges*, sondern auch *Zukünftiges* geordnet werden muß. Eine solche Planung kann nicht allein von den gegenwärtigen Daten ausgehen, sondern muß auch die zukünftige Entwicklung mit in die Entscheidung einbeziehen.

Diesen Planungen mit Zukunftsgrößen haftet das Moment der Unsicherheit an. Diese Unsicherheit wächst mit größer werdendem Planungszeitraum. Man unterscheidet:

- Langfristige Planung mit einem Planungszeitraum von 10–15 Jahren.
  Planungs-Ergebnis:
  Darstellung von Erwartungen.
- Mittelfristige Planung mit einem Planungszeitraum von 2–5 Jahren.
  Planungs-Ergebnis:
  Aktionsprogramm hoher Flexibilität.
- Kurzfristige Planung mit einem Planungszeitraum von 0,5–1 Jahr.
  Planungs-Ergebnis:
  Aktionsprogramme geringer Flexibilität.

Die Verknüpfung dieser Planungen im Entscheidungsprozeß zeigt Bild 7.

Der *langfristige Plan* ist *Leitlinie* für die mittelfristige Planung.

Das Ergebnis der mittelfristigen Planung fließt in die kurzfristigen Pläne ein.

Aus dem Entscheidungsablauf (Bild 7) sind deutlich erkennbar:

- Die *Zielsetzung*, die vorgibt, was erreicht werden soll,
- der *gegenwärtige Stand*, der über die bestehende Situation Auskunft gibt und
- die *Strategie*, die festlegt, welcher Weg beschritten werden soll, um die Zielsetzung zu erreichen.

Diese drei Elemente werden Bestandteil der Aufgaben- oder Projektbeschreibung der Produktionsstättenplanung.

Der gesamte Planungszeitraum und damit das Entscheidungsfeld der Unternehmung ist in die vorgenannten lang-,

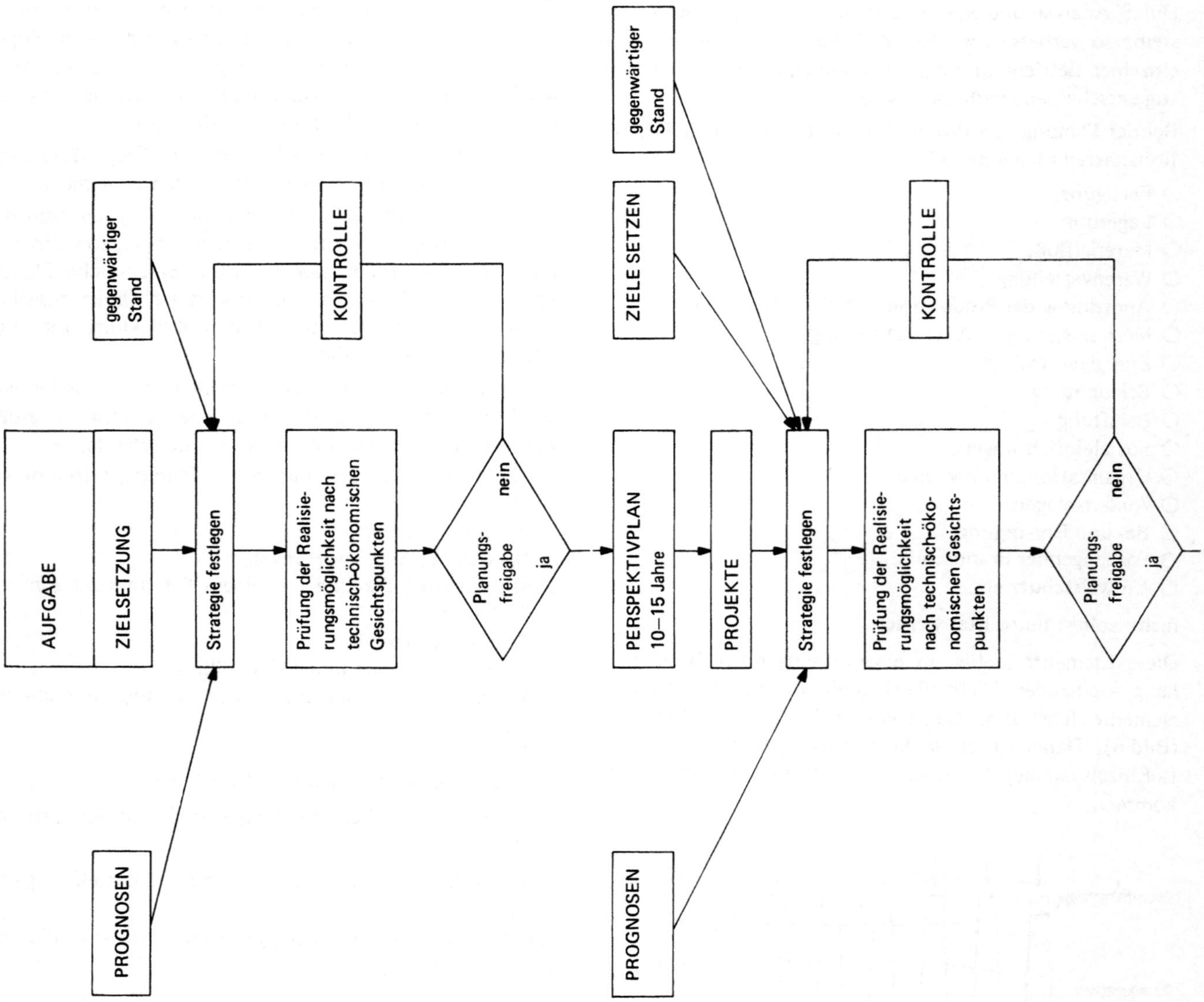
AUFGABE
ZIELSETZUNG
gegenwärtiger Stand
PROGNOSEN
Strategie festlegen
KONTROLLE
Prüfung der Realisierungsmöglichkeit nach technisch-ökonomischen Gesichtspunkten
Planungs-freigabe
nein
ja
PERSPEKTIVPLAN 10–15 Jahre
PROJEKTE
gegenwärtiger Stand
ZIELE SETZEN
PROGNOSEN
Strategie festlegen
KONTROLLE
Prüfung der Realisierungsmöglichkeit nach technisch-ökonomischen Gesichtspunkten
Planungs-freigabe
nein
ja

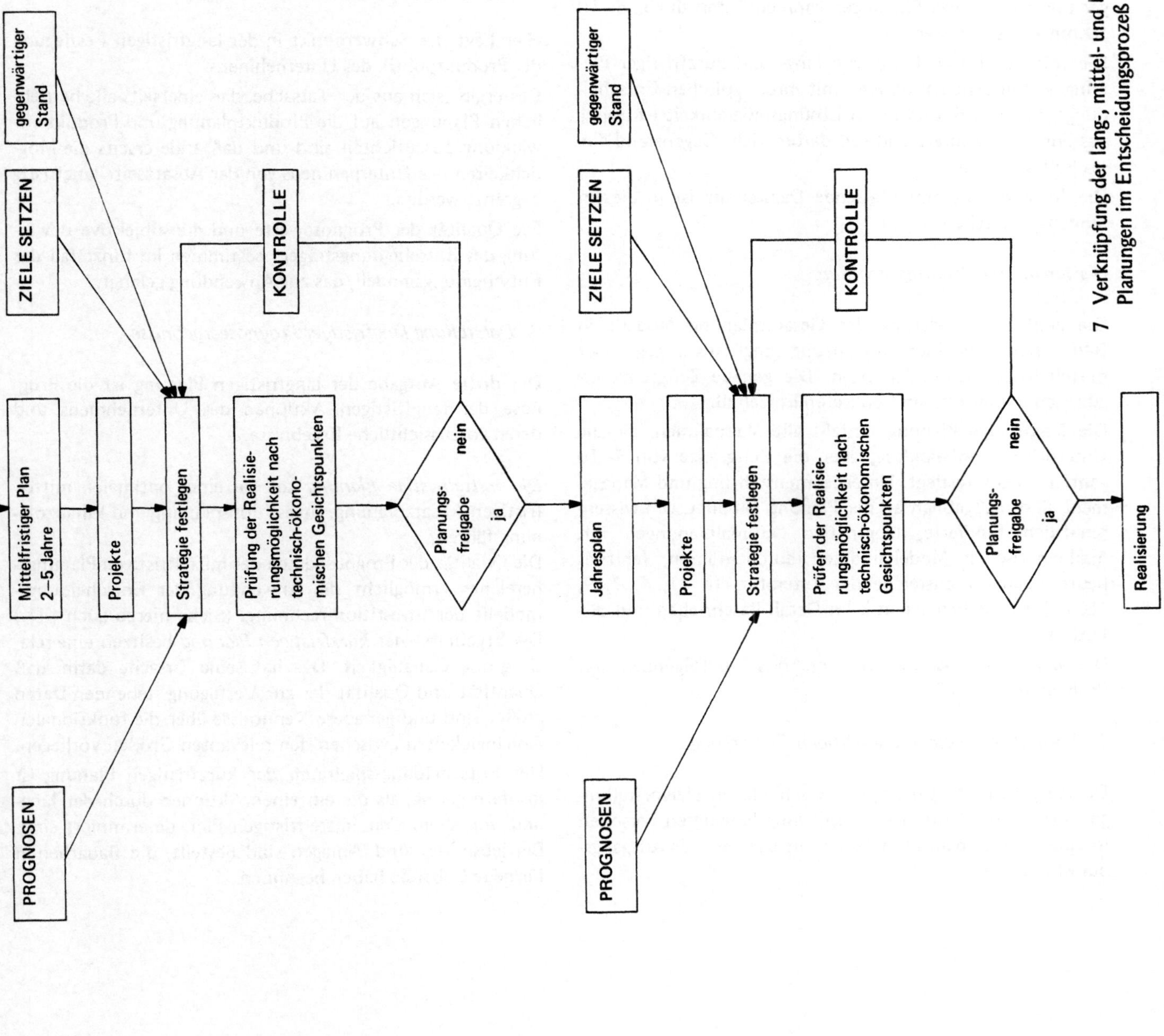

7 Verknüpfung der lang-, mittel- und kurzfristigen Planungen im Entscheidungsprozeß

mittel- und kurzfristigen Planungszeiträume unterteilt. Die genannten Zeiträume besitzen variabel gehaltene Zeitgrenzen.

Die zeitliche Abgrenzung zwischen kurzfristigem und mittelfristigem Planungszeitraum (= Planungsbereich) schwankt zwischen einem Jahr und zwei Jahren.

Als Orientierungsmaßstab zur Unterscheidung mittelfristiger und langfristiger Planungen kann ein Intervall von 5–10 Jahren angesehen werden.

Die mit der Entwicklung von lang- und kurzfristiger Planung verbundenen Probleme mit ihrer typischen Entscheidungsproblematik und deren Lösungsmöglichkeit ist in [4] ausführlich diskutiert und soll darum nicht Gegenstand dieses Beitrages sein.

Die folgende zusammenfassende Darstellung ist in diesem Sinne zu verstehen.

Der langfristige Planungszeitraum

Die zeitliche Gliederung des Gesamtplanungs-Modells in Bild 7 führt zu einer Abgrenzung langfristiger gegenüber mittelfristigen Entscheidungen. Die genaue Zeitgrenze ergibt sich immer erst am konkreten Einzelfall.

Die langfristige Planung umfaßt alle Maßnahmen, die die Unternehmensentwicklung über die Zeitgrenze von 5–10 Jahren hinaus festlegt. Unternehmensführung und Management sind maßgeblich an der Planung beteiligt. Um wissenschaftlich fundierte, langfristige Optimalplanungen mit mathematischen Modellansätzen durchzuführen, fehlt es heute noch an ausreichender Literatur. In [1, 4, 7, 9, 10, 11] ist die Problematik im Detail beschrieben und diskutiert.

Die *langfristige Planung* soll Ergebnisse zu folgenden drei Problemkreisen liefern:

1. Formulierung einer langfristigen Zielsetzung

Die Aufgabe besteht darin, die verschiedenen Zielvorstellungen der an der Unternehmensplanung beteiligten Personen in eine operationale Zielsetzung umzusetzen. Als Ausgangspunkt können

- Gewinnmaximierung,
- Zukunftssicherung und
- humanere Arbeitswelt

angesehen werden.

2. Bestimmung des langfristig möglichen Betätigungsfeldes und damit des Unternehmenszweckes

Hier liegt der Schwerpunkt in der langfristigen Festlegung der Produktpolitik des Unternehmens.

Das ergibt sich aus der Tatsache, daß einerseits alle betrieblichen Planungen auf die Produktplanung und Produktentwicklung auszurichten sind und daß andererseits die Möglichkeiten des Unternehmens von der Absatzseite langfristig begrenzt werden.

Die Qualität der Prognosewerte und die subjektive Bewertung des Entscheidungsträgers bestimmen im Einzelfall das Entscheidungsmodell, das zur Anwendung gelangt.

3. Darstellung langfristiger Prognoseergebnisse

Die dritte Aufgabe der langfristigen Planung ist die Prognose der langfristigen Aktionen des Unternehmens und deren voraussichtliche Ergebnisse.

Die mittelfristige Planung soll zu einer optimalen mittelfristigen Absatzplanung, Investitionsplanung und Finanzplanung führen.

Die Qualität der Prognosedaten des mittelfristigen Planungsbereiches ermöglicht die Anwendung der Entscheidungsmodelle der Investitionsrechnung. (Siehe hierzu auch [4].)

Die Ergebnisse der *kurzfristigen Planung* besitzen eine relativ große Genauigkeit. Das hat seine Ursache darin, daß Quantität und Qualität der zur Verfügung stehenden Daten größer sind und genauere Kenntnisse über die funktionalen Abhängigkeiten zwischen den relevanten Größen vorliegen.

Der Entscheidungsspielraum der kurzfristigen Planung ist insofern gering, als die einzelnen Aktionen durch den lang- und vor allem den mittelfristigen Plan determiniert sind. Betriebsmittel und Anlagen sind bestellt, die Bauarbeiten für neue Gebäude haben begonnen.

3 Planungsprinzip, Planungssystematik, Planungsmethodik

3.1 Planungsprinzip*

Bei der Durchführung einer Produktionsstättenplanung (Werksplanung) sollten folgende drei Planungsprinzipien unbedingt eingehalten werden:

1. Die systemtheoretische Betrachtungsweise

Ziel einer Planung ist in jedem Fall eine optimale Lösung im Sinne der Aufgabenstellung. Die systemtheoretische Betrachtungsweise fordert ein Optimum des Gesamtsystems. Das bedeutet aber auf keinen Fall, daß Subsysteme oder deren Elemente ebenfalls das Optimum erreichen müssen. Theoretisch ist es richtig, daß das absolute Optimum des Gesamtsystems nur dann erreicht wird, wenn alle Elemente ihre Optima erreichen.

Wie die nachfolgenden Betrachtungen zeigen, ist dies aus verschiedenen Gründen nicht möglich. Die Leistung von Subsystemen und deren Elementen haben deshalb nur insoweit Bedeutung, wie sie die Leistung des Gesamtsystems beeinflussen.

Daraus läßt sich ableiten und als Planungsprinzip vorgeben: Für Systemelemente ist kein eigenes (individuelles) Leistungsoptimum anzustreben. Es hängt vielmehr von den funktionalen Beziehungen der Systemelemente zueinander ab. Dabei ist entscheidend, ob die optimale Leistung eines Elements die Leistungen des Gesamtsystems erhöht oder senkt.

Hier zeigt sich deutlich, daß durch optimales Zusammenwirken der einzelnen Elemente eine größere Gesamtleistung des Gesamtsystems erzielt werden kann als durch isolierte Einzelleistungen der Systemelemente Materialfluß, Lager, Energieversorgung, Mechanisierung, Automatisierung etc.

In Bild 6 (S. 17) ist diese Aussage zum leichteren Verständnis dargestellt.

2. Die systematische Verfeinerung

Dieses zweite Planungsprinzip fordert ein systematisches Vorgehen entsprechend der Systemhierarchie, d. h. eine vorwärtsschreitende Planung vom Allgemeinen zum Besonderen, zum Detail, vom Ganzen zum Einzelnen.

Die Ergebnisse von Detailuntersuchungen können unter Umständen grundlegende Änderungen der Gesamtkonzeption bewirken. Die Planungspraxis zeigt aber, daß dies bei systematischem und methodischem Vorgehen nur relativ selten der Fall ist.

Komplexe Systeme (Produktionsstätten) sind in ihrer Gesamtheit meistens nicht auf einmal erfaßbar. Sie werden also geordnet und zweckmäßig *hierarchisch* in Haupt- und Untersysteme (Subsysteme) gegliedert.

An einem Beispiel einer Systemhierarchie (Bild 8) soll dies verdeutlicht werden.

* Prinzip = Grundlage, Grundsatz.

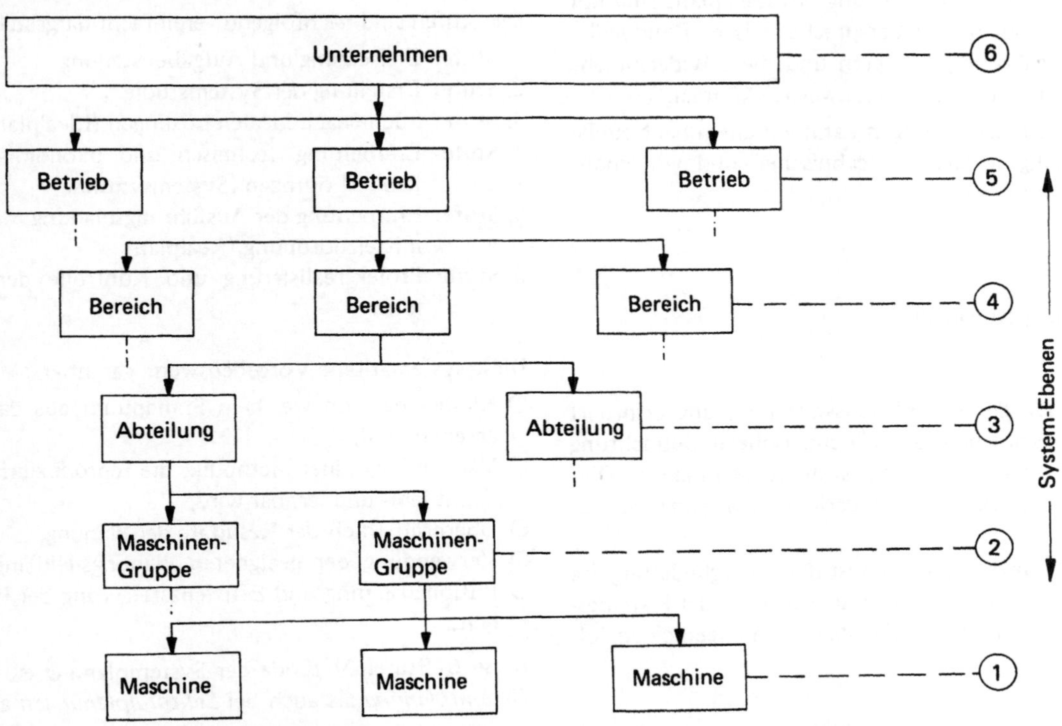

8 Systemhierarchie des Systems Unternehmen am Beispiel der Produktionsstättenplanung

Die systemtechnische Betrachtungs- und Vorgehensweise setzt ein „mehrdimensionales Denken“ voraus. Die Hauptdimensionen sind:

- O der Zielraum,
- O der Handlungsspielraum (Alternative) und
- O der Zeitrahmen.

In der Praxis wird dem durch ein interdisziplinäres Team und durch eine besondere Form der Projektleitung – auch Projekt-Management genannt – Rechnung getragen. (Auf Einzelheiten wird weiter unten in Abschnitt 6, Planungs-Management eingegangen.)

Die in der allgemeinen systemtechnischen Methodik angewendeten Verfahren und Methoden – wie Modellprinzip, kybernetisches Prinzip, hierarchische Gliederung, Black-Box-Prinzip – erlauben es, komplexe Sachverhalte in ihrer ganzen Tiefe und Breite derart aufzugliedern, daß überschaubare und lösbare Teilprobleme entstehen. Die mit dem Einsatz der Systemtechnik verbundenen Möglichkeiten und Grenzen sind in [12–17] ausführlich diskutiert.

3. Die sukzessive Einführung von Randbedingungen

Ausgehend von einer theoretischen Ideallösung (vgl. hierzu 4.3, Stufe 3 der Systemplanung), die ausschließlich ideale und übergeordnete Gesichtspunkte berücksichtigt, wird durch die sukzessive erfolgende Einführung (Berücksichtigung) von Randbedingungen (Restriktionen) die Reallösung des Problems gefunden.

Abweichungen von der Ideallösung des Idealplans sind nur zulässig, wenn eindeutige Widersprüche zwische Randbedingungen und Ideallösung auftreten und diese Widersprüche (Zielkonflikte) nicht anders gelöst werden können.

Das Arbeiten mit Ideallösungen kann vor allem bei Neuplanungen zu völlig neuartigen technischen und wirtschaftlichen Konzepten führen.

3.2 Planungssystematik*

Die Komplexität der Produktionsstättenplanung erfordert systematisches Vorgehen. Sie will eine isolierte Betrachtung der Einzelelemente des Gesamtsystems verhindern. Dies führt dann zwangsläufig und folgerichtig zur *Ganzheitsplanung.*

Kernstück der Ganzheitsplanung ist die Untergliederung des Planungsablaufes in einzelne Planungsphasen oder Planungsschritte. Dabei bedient sich der Planer im allgemeinen folgender Systematik:

- O *Beobachten* von Vorgängen
- O *Abgrenzen* zu vergleichbaren Vorgängen oder Elementen
- O *Feststellen* der Einflußgrößen
- O *Vergleichen* der Vorgänge und ihrer Einflußgrößen
- O *Werten* der Einflußgrößen als Gestaltungsmaßnahme
- O *Entscheiden* über die Wahl der Gestaltung
- O *Einführen* der Planungsergebnisse
- O *Kontrollieren,* ob das Planungsziel erreicht ist.

Mit zunehmender Komplexität der Planungsprobleme vollzog sich eine Wandlung der Problemlösungswege. Diese Entwicklung zeigt Bild 9.

Während früher überschaubare Planungsprobleme mehr oder weniger durch pragmatische Einzellösungen angegangen wurden, wird heute zunehmend eine Systematik der Problemlösungen entwickelt [13]. Diese Systematik enthält für jeden Planungs- bzw. Arbeitsschritt charakteristische Methoden, z. B. Denkmodelle [18], Analysenmethoden [15], Meß- und Bewertungsmethoden [19].

3.3 Planungsmethodik**

Die methodische Problemlösung bei der Produktionsstättenplanung basiert ebenfalls auf systemtheoretischen Grundlagen.

Die Planungsmethode (= Vorgehensweise) erfolgt mit Hilfe der *6-Stufen-Methode der Systemplanung* (Bild 10).

Die Stufen sind nachfolgend vereinfacht dargestellt:

1. Stufe: Zielsetzung und Aufgabenstellung
2. Stufe: Erstellung der Systemstudie
3. Stufe: Suche nach idealen Lösungen (Idealplan)
4. Stufe: Erarbeitung technisch und ökonomisch praktikabler Lösungen (Systemsynthese)
5. Stufe: Erarbeitung der Ausführungsplanung mit Betriebsmittelzuordnung (Realplan)
6. Stufe: Projektrealisierung und Kontrolle der Zielerfüllung

Diese systematische Vorgehensweise garantiert:

- O Klarlegung, von welchem Standpunkt aus das Problem gesehen wird,
- O Verwendung einer Methodik, die reproduzierbar ist und damit lehr- und lernbar wird,
- O Überprüfbarkeit der Resultate der Planung,
- O Verwendung der geeigneten Planungs-Hilfsmittel sowie
- O Rationalisierung und Effizienzsteigerung der Planungsarbeit.

Diese 6- Stufen-Methode der Systemplanung ist sowohl als *Gesamtplanung* als auch bei *Sektoralplanungen* anwendbar.

* Systematik = Planmäßige Darstellung, einheitliche Gestaltung.

** Methodik = In der Art des Vorgehens festgelegte Arbeitsweise.

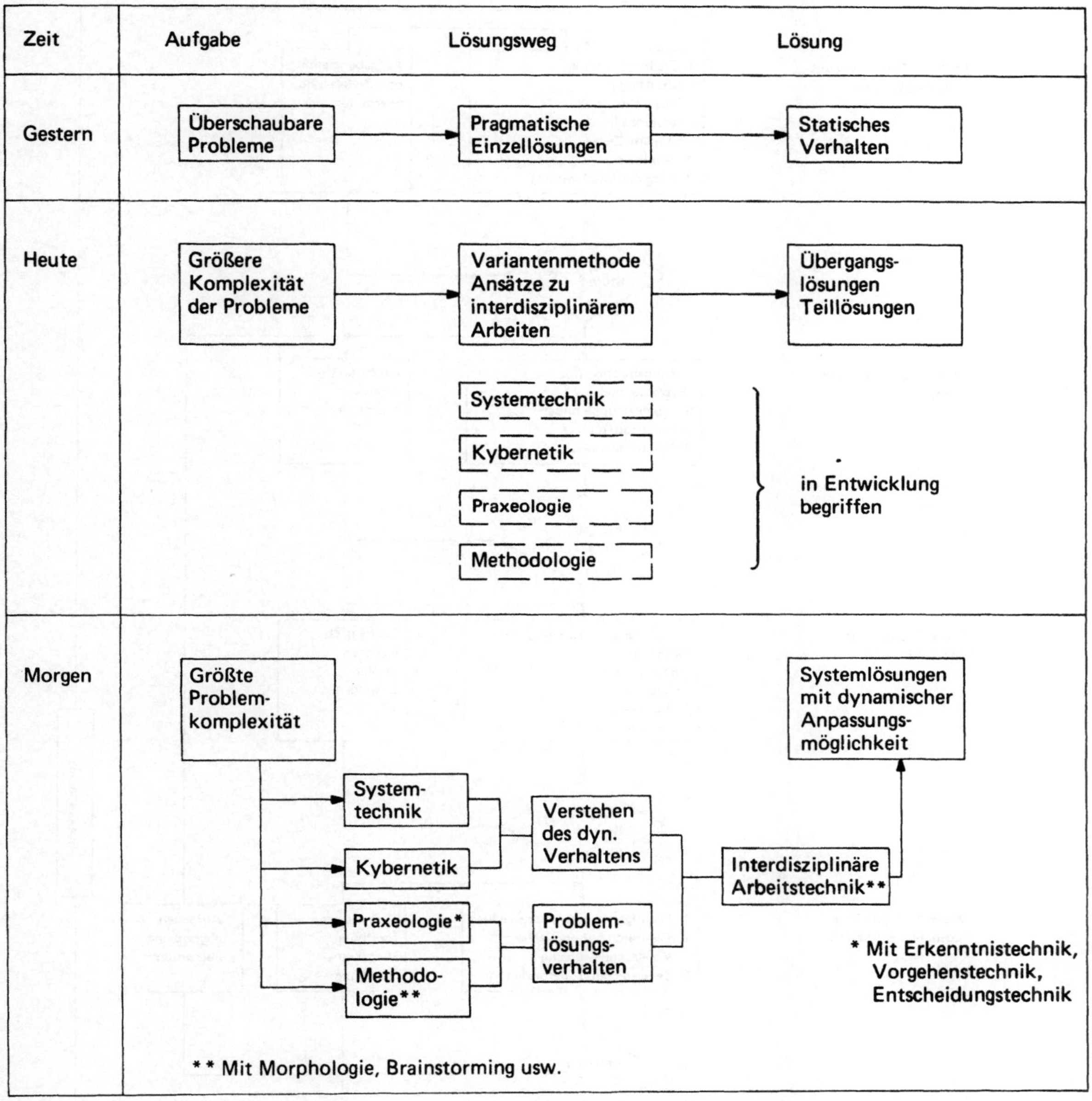

9 Die Entwicklung der Problemlösungsmethoden (nach Dubach) *Bildquelle* [13]

Eine *Gesamtplanung* liegt dann vor, wenn für Produktions-, Lager-, Transport-, Energie-, Hilfsbetriebe und Verwaltungsstätten eine technisch-wirtschaftliche Gesamtbetrachtung, Gesamtbeurteilung und Gesamtoptimierung erforderlich ist (siehe Bild 6 und die Ausführungen unter 3.1, Planungsprinzip).

Grundlage derartiger umfassender Planungen können sein:

- Neuerstellung (Neuplanung)
- Erweiterung (Erweiterungsplanung) und
- Rationalisierung oder Umstrukturierung (Umstellungsplanung).

Als *Sektoralplanung* werden isolierte Neuanschaffungen, Erweiterungen oder Rationalisierungen bezeichnet, die *keine* unmittelbaren Auswirkungen auf andere Unternehmensgebiete oder Betriebsbereiche haben.

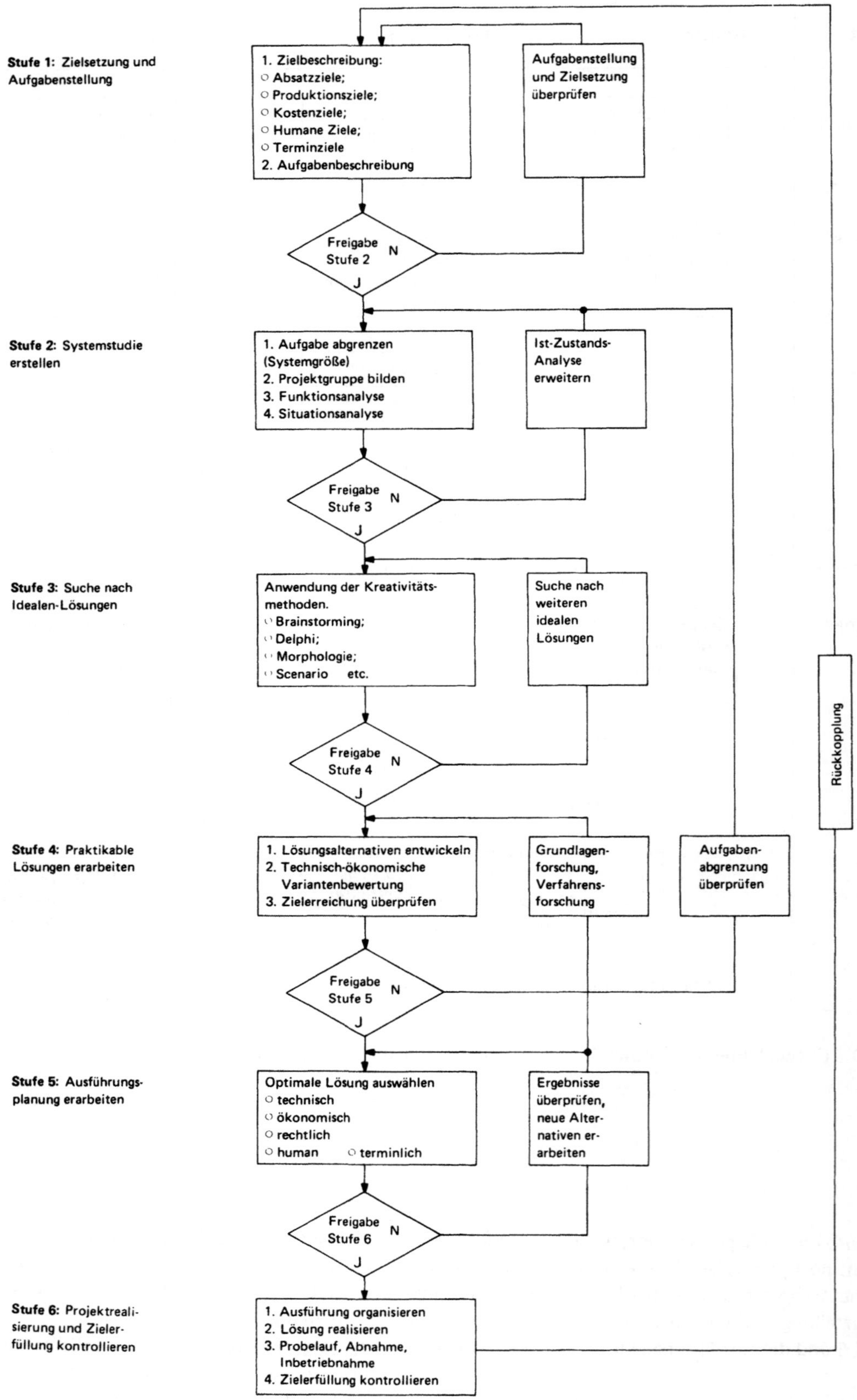

10 Die 6-Stufen der Produktionsstättenplanung als Ganzheitsplanung

4 Das stufenweise erfolgende Vorgehen bei der Projektabwicklung mit Hilfe der 6-Stufen-Methode der Systemplanung

4.1. Stufe 1 der Systemplanung: Zielsetzung und Aufgabenstellung

Die bisherigen Ausführungen zeigen schon, daß die Formulierung der Planungsaufgabe keinesfalls einfach ist, vor allem deshalb nicht, weil in einem sehr frühen Stadium von Schätzungen und Richtwerten ausgegangen werden muß.

Aufgabenstellung und Zielsetzung müssen ausgerichtet sein auf die aus dem übergeordneten System stammenden Zielvorstellungen des Unternehmens (Bild 11). Dabei kann es sich z. B. um

- O Gewinnmaximierung,
- O gesundes Wachstum und damit gesunde Weiterentwicklung,
- O Ausbau der Marktanteile usw.

handeln.

Auf diesen *Globalzielen* aufbauend, werden die *praktikablen Teilziele* für die Planung und Einrichtung von Produktionsstätten operationalisiert und in quantifizierbare Größen umgesetzt. Es wird ein *Kriterienkatalog* formuliert, der zur späteren Bewertung des Systemkonzepts (Soll-Vorschlag) herangezogen wird.

Beispiel:

O *Absatzziele:*
- – Ausbau des Marktanteils einer Produktgruppe um 10–15 %.
- – Aufnahme neuer Produkte in das Verkaufsprogramm mit einem Jahresumsatz von 14 Mio DM.
- – Verbesserte Montage- und Kundendienstleistung. Beginn der Montagearbeiten innerhalb von 10 Tagen nach Kundenabruf. Im Schadensfall innerhalb von 12 Stunden am Schadensobjekt sein und Schaden beheben.
- – Verkürzung der Lieferzeiten bei Produktgruppe 1 auf 3–5 Arbeitstage, Produktgruppe 2 auf 5–10 Arbeitstage, Produktgruppe 3 auf 10–15 Arbeitstage.

O *Produktionsziele:*
- – Produktivitätssteigerung um 10–20 %.
- – Produktionssteigerung von 20–25 %.

O *Kostenziele:*
- – Senkung der Herstellkosten um 18 %.
- – Senkung der Transportkosten um 30 %.
- – Senkung der Warenverteilungskosten um 25 %.

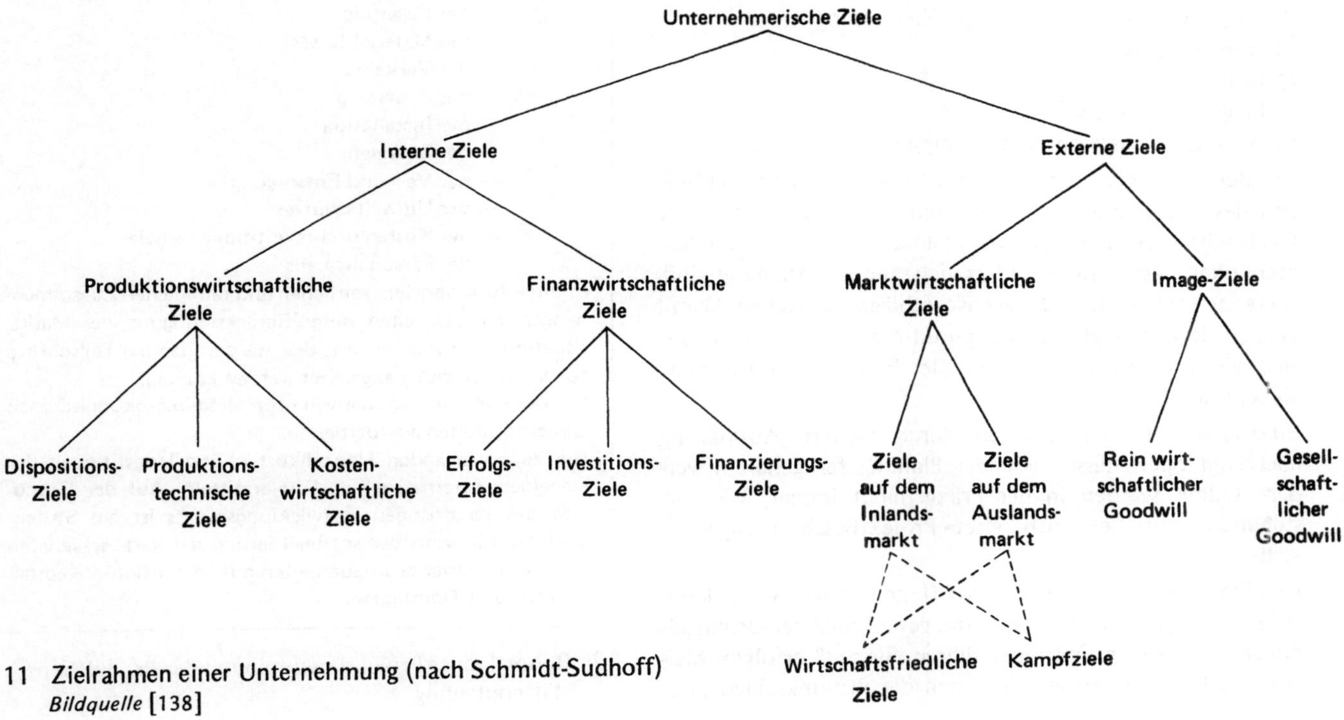

11 Zielrahmen einer Unternehmung (nach Schmidt-Sudhoff)
Bildquelle [138]

O *Humane Ziele:*
- Vermeidung körperlicher Schwerarbeit.
- Menschengerechte Arbeitsräume und Arbeitsplätze.

O *Terminziele:*
- Planungsabschluß nach 6 Monaten.
- Projektabschluß 12 Monate nach Planungsabschluß.

Die Planungsziele sind schriftlich in Form einer *Projektbeschreibung* oder Aufgabenbeschreibung festzulegen. Dies ist unerläßlich, denn im Laufe der Planung können sich durch

O veränderte Verbrauchergewohnheiten,
O veränderte Warenverteilung und
O neue technische Erkenntnisse

Planungsänderungen ergeben.

Der Einfluß dieser Veränderungen mit ihren Konsequenzen auf die Planung läßt sich nur durch Vergleiche mit den ursprünglichen Planungszielen, die in der Projektbeschreibung formuliert sind, beurteilen.

Die Zielsetzung soll nach Möglichkeit konkret die absehbare *mittelfristige Entwicklung* für 2–5 Jahre einschließen. Dies ist für die Erarbeitung der ersten Etappen des Investitionsprogramms notwendig.

Die Aufgabenstellung muß *langfristige Hinweise* auf die Entwicklungsmöglichkeit in der fernen Zukunft enthalten.

Ein weiteres wichtiges Element der Aufgabenstellung ist die Formulierung des *Anlasses*, der zur Produktionsstättenplanung geführt hat.

Die Projektbeschreibung mit

O Anlaß,
O Lagebeurteilung,
O kurz-, mittel- und langfristiger Zielsetzung,
O Ausgangsdaten,
O Projektteam,
O Projektleitung und
O Arbeitsorganisation des Planungsteams

ist allen beteiligten Bereichen des Unternehmens einschließlich des Betriebsrates bekanntzugeben. Sie haben damit die Gelegenheit, zu den geplanten Maßnahmen Stellung zu nehmen oder, wenn sie grundsätzlich anderer Meinung sind, diese zu begründen und Gegenvorschläge zu machen. Damit ist zum frühestmöglichen Zeitpunkt die positive Einstellung und die kooperative Mitarbeit aller Beteiligten weitgehend sichergestellt.

Emotionale Kritiker können durch weitere Aufklärung überzeugt oder müssen von der Planung ferngehalten werden. Leider werden in der Praxis nicht immer, wie vorstehend beschrieben, aufbereitete Projektbeschreibungen erstellt.

Die Planung, die dann in Angriff genommen wird, kann aufgrund vager Vorstellungen und gefühlsmäßiger Urteilsbildungen zu keinem Optimum führen. Sie muß erfolglos bleiben. Dadurch verlängert sich auch der Planungsablauf, das Planungsergebnis stimmt nicht mit den Vorstellungen des Auftraggebers überein. Die Planung muß dann neu angegangen werden. Daß bei einer solchen Vorgehensweise nicht alle interessanten Alternativen untersucht werden, ist nicht verwunderlich.

Ein Beispiel für eine Projektbeschreibung ist in Bild 12 ausgearbeitet.

Projektbeschreibung

1. Projektbenennung Mittelfristige Werksplanung der Chemiewerkstoff KG

2. Notwendigkeit des Projektes

Die Unternehmensführung der Chemiewerkstoff KG beabsichtigt, das Werk Wuppertal zu erweitern. Bei dieser Gelegenheit sollen alle Rationalisierungsmöglichkeiten in Fertigung, Lagerung, Transport und Verwaltung ausgeschöpft werden. Im Rahmen der Erweiterung ist geplant, Produkte durch Diversifikation aufzunehmen. Um Insellösungen zu vermeiden, ist für das Unternehmen ein Rahmenplan aufzustellen, der den kurz-, mittel- und langfristigen Ausbau des Werkes darstellt.

3. Zielsetzung des Projektes

Erarbeiten einer mittel- und langfristigen Werksausbau-Konzeption mit Zielprojektion 1990.

4. Einzelaufgaben

Es ist eine Studie zu erstellen, in der die gegenwärtige Situation des gesamten Werkes analysiert und die Möglichkeit der Erweiterung untersucht werden.
Dabei sind die Belange
- der Fertigung
- der Lagerung
- des Materialflusses
- des Verkehrs
- der Bebauung
- der Installation
- der Energien
- der Ver- und Entsorgung
- des Umweltschutzes
- der Kosten und Investitionen sowie
- des Personalwesens

in ihren funktionalen, zeitlichen und räumlichen Zusammenhängen zu bearbeiten unter Berücksichtigung der Marktsituation, und zwar derart, daß aus der Planung Teilschritte zur Verwirklichung abgeleitet werden können.
Es sind mehrere Alternativen nach technisch-ökonomischen Gesichtspunkten auszuarbeiten.
Die zu erwartenden Herstellkosten und Investitionen der einzelnen Alternativen sind zu ermitteln. Auf der Grundlage des langfristigen Entwicklungsplanes ist ein Stufenplan für die schrittweise Realisierung der verabschiedeten optimalen Variante auszuarbeiten mit Investitions-, Kapitalbedarfs- und Terminplan.

12 Beispiel einer Projektbeschreibung der Produktionsstättenplanung

5. Grundlagen

- Eine vor zwei Monaten durchgeführte Marktanalyse macht deutlich, daß die Hauptartikelgruppe 2 sich in 4–6 Jahren verdreifachen kann.
- Die Entwicklung von Spezialprofilen aus Chemiewerkstoff ist gerade abgeschlossen – hierfür müssen parallel zur Konstruktion noch die notwendigen Fertigungsanlagen beschafft werden –. Mit diesem neuen Produkt ist in den nächsten 5 Jahren ein zusätzlicher Absatz von 45 000 bis 90 000 m pro Jahr möglich. Der Produktionsstandort dieses neuen Umsatzträgers ist das Werk Wuppertal.
- Für den Werksausbau stehen laut Firmen-Grundstücksplan und Bebauungsplanung der Gemeinde der nördliche Teil bis zur Autobahn und der südwestliche Teil bis zur Bahnlinie zur Verfügung. Das Gelände ist zum Verkauf angeboten. Kaufentscheidung innerhalb der nächsten 8 Monate.
- Die Daten der mittel- und langfristigen Marketing-Konzeption stehen zur Verfügung und sind als Planungsleitlinie zu betrachten.

6. Projektbearbeitung

6.1 Projektleitung
Herr Jürgen Münzenberger

6.2 Projektteam

6.2.1 Ständige Mitarbeiter

- Die Mitarbeiter des Technischen Planungsstabes
- Mitarbeiter der Technischen Dienste
- Mitarbeiter aus der Betriebswirtschaft
- Architekt ...
- Mitarbeiter aus der Bauverwaltung ...

6.2.2 Zeitweilige Mitarbeiter

- externe Berater der Firma ... für Industrieplanung
- externe Fachingenieure
- Mitarbeiter Verkauf
- Mitarbeiter Lagerwesen
- Mitarbeiter Produktion
- Mitarbeiter Arbeitsvorbereitung
- Mitarbeiter Zeitwirtschaft und Methodenfindung
- Mitarbeiter Produkt-Management
- Mitarbeiter Materialwirtschaft
- Mitarbeiter Beschaffung
- Mitarbeiter Warenausgang
- Sicherheitsingenieur
- Mitarbeiter Marktforschung
- Mitarbeiter Transportwesen
- Mitarbeiter Verfahrensplanung
- Mitarbeiter Werksinspektion

7. Vorgehensweise

Die Aufgabe ist mittels einer „Systemplanung" zu lösen.

7.1 Festlegen der Arbeitsorganisation
7.2 Erstellen des Planungsablaufschemas
7.3 Erarbeiten eines Arbeits- und Terminplans
7.4 Anlegen eines Projektbuches
7.5 Verträge ausarbeiten für externe Mitarbeiter
7.6 Endgültige Teambesetzung festlegen
7.7 Erstellen eines Projektkostenvoranschlages
7.8 Beschreibung der Einzelaufgabe
Die Einzelaufgaben sind so abzugrenzen, daß sie als Teilprojekte angesehen und damit teilweise parallel bearbeitet werden können, um den Planungszeitraum so kurz wie möglich zu halten.
7.9 Vergabe der Einzelaufgaben
7.10 Die Koordination erfolgt durch die Projektleitung. Sie erwirkt die notwendigen Entscheidungen bei der Technischen Leitung und der Unternehmensführung für den Planungs- und späteren Baufortschritt.

8. Berichterstattung

8.1 Die Ergebnisse der Studie (Planungsergebnisse) sind in einem ausführlichen Bericht in spätestens 6 Monaten der Unternehmensführung vorzulegen.
8.2 Die Projektleitung berichtet schriftlich nach jedem in sich abgeschlossenen Planungsschritt, z.B.
- Analyse
- Idealschema
- Vorentwurf etc.

an die Unternehmensführung.
8.3 Ansonsten regelmäßig zur Monatskonferenz
8.4 Mündliche Berichterstattung der mit Einzelaufgaben betrauten Teammitglieder an die Technische Leitung nach einem von der Projektleitung festgelegten Plan.

9. Projektsteuerung

Die Aktivitäten- und Terminüberwachung sowie Steuerung erfolgt mittels Netzplan.
Die Projektleitung stellt eine klare Kostenüberwachung sicher, die zu jeder Zeit Auskunft über den Soll-Ist-Stand der Projektkosten gibt.

10. Folgeaktivitäten

10.1 Alle Bereiche des Unternehmens sind vor Planungsbeginn durch die Unternehmensführung von diesem Projekt umfassend zu informieren.
10.2 Die Stadtverwaltung (Bauamt) ist mit Planungsbeginn ebenfalls zu unterrichten.
10.3 Frühzeitige Sicherung der Mitarbeit von Gewerbeaufsicht, Berufsgenossenschaft und Brandschutzbehörde, um kostspielige Auflagen im nachhinein zu vermeiden.
10.4 Vor Planungsbeginn ist der Betriebsrat gemäß § 90 und 91 des BetrVG 72 zu unterrichten.

11. Projektbeginn: 2.6.1976

Datum: 15.5.1976

12 (Forts.) Beispiel einer Projektbeschreibung der Produktionsstättenplanung

4.2 Stufe 2 der Systemplanung: Erstellung der Systemstudie

Die Detailaufgaben der zweiten Stufe sind:

- O Aufgabe abgrenzen,
- O Projektgruppe bilden,
- O Funktionsanalyse und
- O Situationsanalyse vornehmen.

In dieser zweiten Stufe werden die Systemgrenzen definiert und die problemrelevanten Einflüsse der Umwelt sowie die Rückwirkung des Systems Unternehmen auf die Umwelt erarbeitet. Die problemrelevanten Einflußgrößen werden zusammen mit den ökonomischen, organisatorischen, technischen und eventuell den politischen Randbedingungen prognostiziert.

Damit die Lösungsmöglichkeiten nicht zu sehr eingeschränkt werden, empfiehlt es sich, die Systemgrenze (Aufgabeneingrenzung) anfänglich nicht zu eng zu gestalten.

4.2.1 Aufgabe abgrenzen

Die Aufgaben der Produktionsstättenplanung leiten sich vom Planungsziel ab, das in der Projektbeschreibung definiert ist. Die Abgrenzung des zu analysierenden und zu gestaltenden Systems ist deshalb von besonderer Bedeutung, weil hiermit entschieden wird, wie begrenzt oder umfangreich das gestellte Problem in Angriff genommen wird.

- O Handelt es sich um eine Neugründung auf der „grünen Wiese"? oder
- O geht es um die Erweiterung auf dem vorhandenen Grundstück? oder
- O sollen innerhalb der vorhandenen Gebäude Produktionsteile verlagert (umgezogen) werden? oder
- O ist ein bestimmter Bereich zu reorganisieren?

Nach Festlegung und Beschreibung der Gesamtaufgaben ist zu prüfen, ob diese Aufgaben auch in der vorgegebenen Zeit mit den vorhandenen Personen und den bewilligten Mitteln zu lösen sind (eine Aufgabe der Projektleitung).

Bei der Komplexität der Aufgabe, wie sie sich bei der Planung von Produktionsstätten darstellt, erfolgt eine weitere Untergliederung der Gesamtaufgaben in Einzelaufgaben. Diese werden an die Teammitglieder der Planungsgruppe zur Bearbeitung gegeben.

Mit dieser Aufgaben-Unterteilung des Projektes wird erreicht, daß die Planung auf möglichst breiter Basis angegangen wird. Damit wird dem „Geleitzug-Problem"* ein Schnippchen geschlagen.

* Hier: Das nacheinander erfolgende Lösen von Einzelaufgaben bei der Produktionsstättenplanung. Alles muß warten, bis die letzte Einzelaufgabe abgeschlossen ist.

4.2.2 Projektgruppe bilden

Zur zweiten Stufe der Systemplanung gehört die Bildung der Projektgruppe. Die Zusammensetzung der Projektgruppe hängt wiederum von der Komplexität der Planungsaufgabe ab. Auf die Zusammensetzung des Planungsteams und die Projektleitung wird unter 6, Planungs-Management, eingegangen.

4.2.3 Funktionsanalyse durchführen

Die Planung von Produktionsstätten liegt im Grenzbereich der Fertigungstechnik, der Bautechnik und der Architektur. Die Gestaltung hängt von einer Vielzahl von Funktionen ab. Deshalb beginnt die Planung in den meisten Fällen mit der Sammlung der sehr umfangreichen Informationen.

Die Funktionsanalyse hat den funktionalen Zusammenhang des Produktionsablaufs zum Gegenstand der Betrachtung.

Dabei sind Informationen, die für die Planung von Produktionsstätten als wesentlich zu betrachten sind, zu beschaffen. Gemeint sind dabei Informationen über die Elemente:

- O Markt.
- O Produkte.
- O Fertigung.
- O Lagerung.
- O Materialfluß.
- O Materialwirtschaft.
- O Energieversorgung.
- O Qualitätssicherung.
- O Kosten der Produkte.
- O Aufbauorganisation und
- O Ökonomie.

Die Ermittlung der notwendigen Grunddaten zu den einzelnen Analyse-Elementen erfolgt mittels

- O Statistiken,
- O Prognosen,
- O Befragungen,
- O Multimomentstudien,
- O Arbeits- und Zeitstudien,
- O Kostenstudien,
- O Materialflußstudien und
- O Ablaufanalysen.

Die Informationsfülle der aus der Analyse ermittelten Daten ist in der Regel so groß, daß sie verdichtet werden müssen. Für diese Verdichtung bietet sich der Einsatz der EDV an. Deshalb ist es wichtig, daß die Daten und Datenträger für den EDV-Einsatz von Anfang an entsprechend vorbereitet werden.

Die in der Analyse ermittelten Daten müssen auf objektiver und realer Grundlage basieren und dem normalen – also typischen – Betriebsablauf entsprechen. Besonders günstige oder ungünstige – also atypische – Perioden dürfen nicht als

Basis der Planung herangezogen werden. Werte aus atypischen Perioden müssen bei der Auswertung zu Fehlbeurteilungen und damit zu Fehlentscheidungen führen. Aus der Sicht der „statistisch abgesicherten Daten" müßte die Zeitreihen-Analyse über einen längeren Zeitraum durchgeführt werden, vor allem auch, um den atypischen Perioden kein besonderes Gewicht beizumessen. Im allgemeinen ist dies aber nicht möglich. Der damit verbundene Zeit- und Kostenaufwand ist zu hoch.

Zur Realisierung sind deshalb repräsentative Perioden aus der jeweils jüngsten Vergangenheit zu wählen. Bei saisonbedingten Betrieben oder Produktionen sind die Zeiträume so zu wählen, daß auch die beiden wichtigen Größen Minimum und Maximum in den Untersuchungszeitraum fallen.

Erst nach dieser Vorbereitung kann die eigentliche Analyse der einzelnen Systemelemente erfolgen.

4.2.3.1. Das Systemelement Markt

Die Untersuchung des Systemelements Markt soll Daten liefern über

- die Marktgröße und das Marktpotential des Unternehmens,
- den Marktanteil der einzelnen Produktgruppen und Produkte,
- die Abnehmer (wer kauft welche Produkte?),
- die Wettbewerbssituation.

Diese Daten sind für die spätere Synthese bedeutsam, wenn Strukturveränderungen der Abnehmergruppen zu erwarten sind. Z. B. hat die Veränderung der Marketing-Strategie „Weg vom Direktverbraucher, hin zum Händler", Konsequenzen in bezug auf

- Lagerung (Vorratsvermögen),
- Produktions-Rhythmus,
- Warenverteilung,
- Lieferzeiten,
- Verpackung und
- Preisgestaltung.

Diese Faktoren bestimmen wiederum den innerbetrieblichen Arbeitsablauf, den Fertigungs- und Lagerrhythmus.

Da Produktionsstätten für die Zukunft geplant werden, muß nach der kritischen Analyse des Ist-Zustandes auch das zukünftige Verkaufsprogramm geplant werden.

Weitergehende Informationen s. unter 8.11, Produktplanung des zukünftigen Verkaufsprogramms.

4.2.3.2 Die Produkte

Produkte sind die Erzeugnisse und Dienstleistungen, die ein Unternehmen zum Kauf anbietet. Zu untersuchen ist hier zunächst das *Produkt-Sortiment.*

Die wesentliche Planungsgrundlage ist die zukünftige Verkaufs-Entwicklung der Produktpalette.

Als Unterlagen stehen dem Planer zur Verfügung:

- die Erzeugnisliste und
- die Verkaufsstatistiken mit allen Typen, Sorten, Mengen und Saisonschwankungen sowie den Trendbestimmungen aus den Prognosen.

Auf die wichtigsten Prognoseverfahren und deren Anwendung wird unter 8.2, eingegangen.

Die quantitative Größe der Produktpalette ist für den Planer das *Produktionsprogramm.* Es gibt Auskunft darüber, in welchen Zeitperioden welche Erzeugnisse verkauft worden sind und unter Beachtung des Entwicklungstrends zukünftig hergestellt werden.

Die im Produktionsprogramm festgelegten Erzeugnisse sind in ihre Erzeugnistiefe, d. h. in ihre Produktionsstufen, Baugruppen und Einzelteile zu zerlegen. Man erhält so den Strukturaufbau der Erzeugnisse.

Das Produktionsprogramm weist aus, welche Erzeugnisse in welchem Planungszeitraum hergestellt werden sollen.

Für den angesetzten Planungszeitraum ist eine Trenduntersuchung aller Artikel bzw. Artikelgruppen durchzuführen. Damit erhält der Planer die notwendigen Auskünfte über die zukünftige *Produktions- und Verkaufsentwicklung.*

Die Vorausschau über 5–10 Jahre ist nicht Sache des Produktionsstättenplaners, sondern Aufgabe der Unternehmensführung. Nur sie kann das langfristige Unternehmensziel stecken.

Die Mengenentwicklung der einzelnen Produkte sollte nach der mittel- und langfristigen Vorschau neben den Zahlentabellen auch graphisch dargestellt werden (Bild 13).

Diese Darstellungen sind nicht zu verwechseln mit den „Lebenskurven der Produkte".*

Es ist nur in wenigen Fällen erforderlich, das gesamte Verkaufs- und Produktionsspektrum in diese Untersuchung einzubeziehen. In der Regel werden nur die Produktgruppen und Produkte untersucht, die als *repräsentativ* bezeichnet werden und relevant für das Planungsziel sind. Die Ermittlung dieser „repräsentativen Vertreter" geschieht mittels P-Q-Analyse oder der ABC-Analyse. Die genaue Beschreibung dieser beiden Hilfsmittel erfolgt unter 8.6 und 8.7.

* Jedes Produkt durchläuft einen bestimmten Lebenszyklus, der sich von der Ideenfindung bis zur Zurücknahme des Produktes vom Markt erstreckt. In diesem Lebenszyklus werden sieben Phasen unterschieden:
1. Produktfindung,
2. Produktrealisierung,
3. Markteinführung,
4. Wachstum,
5. Reifezeit,
6. Marktsättigung,
7. Abstieg.
Diese 7 Phasen, anhand des Umsatzes im zeitlichen Ablauf graphisch dargestellt, ergeben die Lebenskurve eines Produktes.

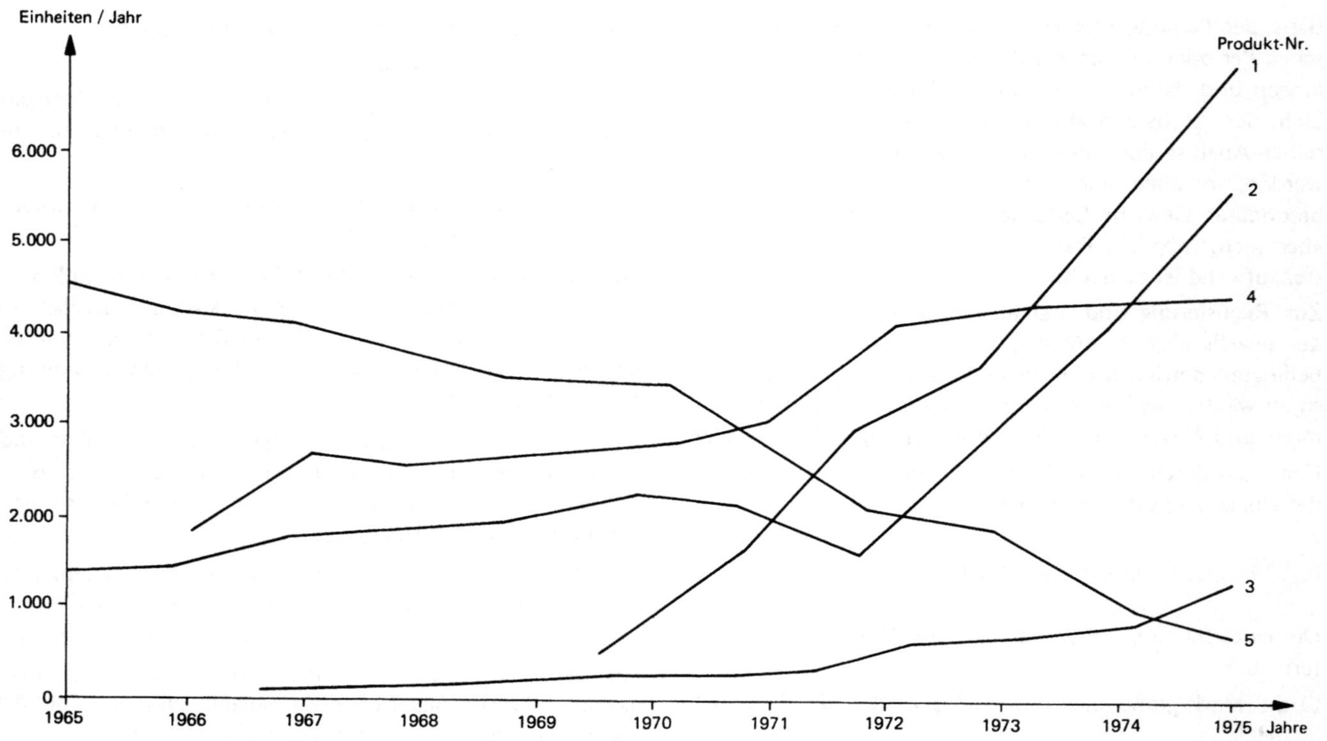

13 Entwicklung der Produkte über mehrere Jahre

4.2.3.3. Die Analyse der Fertigung und deren Kapazitäten

Dieser Abschnitt erstreckt sich — entsprechend der Aufgabenstellung — auf alle

- O Fertigungsbereiche mit ihren speziellen
- O Arbeitsverfahren, Fertigungsabläufen und schließlich auf die
- O Fertigungsleistung (Kapazitäten, Auslastungen).

Das *Arbeitsverfahren* kennzeichnet den Arbeitsvollzug, z. B. Tiefziehteile herstellen, Bootskörper laminieren, Fensterprofile ziehen.

Die Arbeitsverfahren werden nach folgenden drei Gesichtspunkten klassifiziert:

1. *Menge* der gleichartigen Leistung (Erzeugnisse)
   - Einzelfertigung,
   - Serienfertigung,
   - Massenfertigung.
2. *Anordnung der Arbeitsplätze* im Betrieb
   - Werkbankfertigung,
   - Fertigung nach dem Verrichtungsprinzip,
   - Fertigung nach dem Flußprinzip.
3. *Stand* der Arbeitstechnik
   - Handarbeit,
   - Maschinenarbeit,
   - Automatenarbeit.

Die Untersuchung der *Fertigungsleistung* ist getrennt nach Fertigungsbereichen durchzuführen. Das Ergebnis dieser Untersuchung soll darüber Auskunft geben,

- welche Artikel auf
- welchen Maschinen bzw. Maschinengruppen mit
- welchen durchschnittlichen Ist-Zeiten

hergestellt werden.

Informationen hierzu erhält man aus den Fertigungsplänen und Arbeitsablaufplänen der Arbeitsvorbereitung sowie den Leistungskennzahlen der Produktionen.

4.2.3.4 Das Lager

Lange Zeit Stiefkind der Industrie, rückt die Lagerung zunehmend in den Blickpunkt, wenn es um Investitionen der Betriebsrationalisierung geht.

Rentabel arbeitende Unternehmen haben zeitgemäße Lager. Moderne Lagertechnik ist nicht flächen-, sondern *raumorientiert* (Bild 14). Dabei ist der Flächenbedarf abhängig vom Lagersystem. Im Rahmen der Produktionsstättenplanung sollen aus den „Materialfriedhöfen" und „Warenabstellgleisen" wirtschaftliche „Verschiebebahnhöfe" werden.

Deshalb muß die Analyse als die Ist-Zustands-Aufnahme der Lagersituation im Rahmen der Funktionsanalyse umfassend durchgeführt werden.

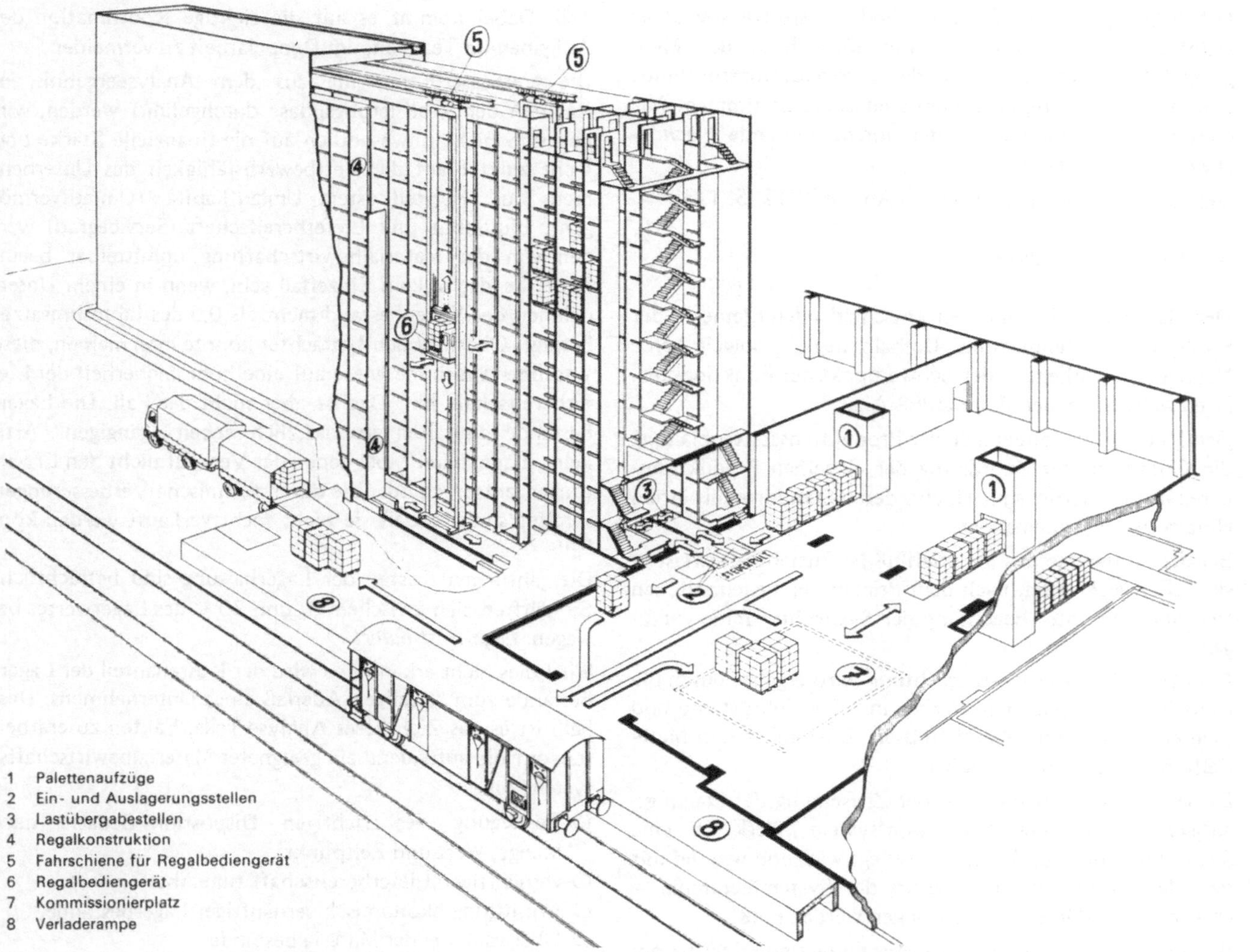

14 Die raumorientierte Lagertechnik *Bildquelle:* Demag, Lagertechnik Information D2D92.20A004 1973

Diese setzt sich wie folgt zusammen:

- O Aufgabenbeschreibung der Lagerbereiche und deren Lage im Werksgelände. Dabei wird getrennt nach
  - – Eingangslager (Rohstoffe, Halbzeuge, Fremdteile),
  - – Zwischenlager (Teil- und Halbfertigprodukte),
  - – Fertigwarenlager,
  - – Versandlager,
  - – Lager für Hilfs- und Betriebsstoffe,
  - – Werkzeuglager,
  - – Ersatzteillager usw.
- O Beschreibung des jeweiligen Lagergutes
- O und der entsprechenden Lagerbestände nach Menge, Wert und Eindeckzeit.
- O Ermittlung der Lager-Gesamtfläche und der Flächenproduktivität durch
  - – Anteilsermittlung der belegten Flächen mit Lagergut und
  - – Verkehrsflächen.
- O Volumenermittlung der Lagereinheiten.
- O Aufnahme von Umschlagzeiten und Zugriffszeiten in den einzelnen Lagerbereichen.
- O Aufzeichnung aller Transportmittel und Hilfsmittel sowie Beschreibung von deren technischem Zustand.
- O Erfassung des Lagerpersonals nach
  - – Anzahl,
  - – Aufgaben und
  - – Qualifikation.

Zum Thema Lager ist in jünster Zeit viel gesagt und geschrieben worden. Der Autor will es dem Leser ersparen, Bekanntes zu wiederholen. Dem interessierten Leser werden mit [20–29] ausreichend Literaturhinweise gegeben.

Im Rahmen der Realplanung – Stufe 4 der Produktionsstättenplanung – wird die zukünftige funktionelle Gliederung des Lagers bestimmt; die Flächen- und Raumermittlung wird durchgeführt.

Der Soll-Lagerbedarf für Roh- und Hilfsstoffe sowie für Halbfabrikate und Fertigprodukte läßt sich aus dem Mengengerüst der Absatzplanung, dessen Produktionsrhythmus und der beabsichtigten Lieferbereitschaft bestimmen. Mit diesen Daten erfolgt die später durchzuführende *Flächenermittlung* des Lagers.

Vgl. zum Lagerbereich besonders Abschnitt 12 (S. 113).

4.2.3.5 Der Materialfluß

Der Materialfluß ist eines der entscheidenden Elemente der Produktionsstättenplanung. Deshalb liegt — soweit keine Neuplanung vorliegt — der Schwerpunkt der Funktionsanalyse zweifellos in der Materialfluß-Analyse.

Der Materialfluß bildet bei der Produktionsstättenplanung die Grundlage der Zuordnung der einzelnen Produktionsbereiche und Betriebsmittel, also deren Standorte mit ihrem Hinter- und Nebeneinander.

Bei der Aufnahme des Materialfluß-Ist-Zustandes erweist es sich als zweckmäßig, nach dem Prinzip der systematischen Verfeinerung unter Beachtung der Systemhierarchie vorzugehen.

Die Makro-Materialfluß-Betrachtung wird ergänzt durch die Einteilung des gesamten Werkes in seine Subsysteme und Elemente mit ihren Materialflüssen. Das macht den Materialfluß leichter durchschaubar.

Es hängt also auch hier von der Zielsetzung der Planungsaufgabe ab, wie weit das Gesamtsystem „Werk" in seine Subsysteme oder gar Elemente zerlegt wird und wie tief mit der Materialflußuntersuchung in die Systemhierarchie — entsprechend Bild 8 — eingedrungen werden muß.

Wegen der umfassenden Aufgabenstellung und seiner besonderen Bedeutung wird der Materialfluß gesondert unter 8.8 behandelt.

4.2.3.6 Die Materialwirtschaft

Dieser Analyseteil soll Auskunft geben über

- O die aufbau- und ablauforganisatorische Situation der Materialwirtschaft im Unternehmen,
- O alle die Stellen, die im Unternehmen Material disponieren — mit welchem Wert pro Periode, für welche Sachgebiete in Fertigung und Einkauf,
- O die Zielsetzung und Vorgaben der Materialwirtschaft,
- O die angewendeten Material-Dispositions-Methoden,
- O die zu disponierenden Materialarten und deren durchschnittliche Ist-Lagerbestände und Perioden-Verbräuche,
- O die verwendeten Dispositions-Hilfsmittel.

Der Analyseteil Materialwirtschaft wird gemeinsam mit der Lageranalyse durchgeführt oder — wie hier gezeigt — getrennt voneinander. Auf jeden Fall fließt ein Teil dieser Daten aus der Lageranalyse in die Materialwirtschaftsanalyse — und umgekehrt, denn sie bedingen sich zum größten Teil. Dabei kommt es auf die richtige Koordination der Aufgaben im Team an, um Doppelarbeit zu vermeiden.

Die Verbesserungen, die aus dem Analyseergebnis im Rahmen der Realisierungsphase durchgeführt werden, wirken sich nicht unwesentlich auf die finanzielle Stärke und nicht zuletzt auf die Wettbewerbsfähigkeit des Unternehmens aus. Herstellkosten, Umlaufkapital (Umlaufvermögen), Liquidität und Lieferbereitschaft (Servicegrad) werden von der Materialbewirtschaftung unmittelbar beeinflußt. Es dürfte kein Einzelfall sein, wenn in einem Unternehmen der Warenbestand mehr als 0,5 des Jahresumsatzes beträgt. Oberflächlich betrachtet könnte man meinen, diese Warenbestandshöhe wiese auf eine hohe Sicherheit der Lieferbereitschaft hin. Das ist aber nicht der Fall. Die Lagerbestände enthalten grundsätzlich neben „gängigen" Artikeln „Ladenhüter", bei denen der Verkauf nicht den Erwartungen entsprach oder die durch technische Verbesserungen veraltet sind, so daß sie nicht mehr verkauft werden können.

Die jährlichen Kosten der Lagerhaltung sind beträchtlich. Sie dürften sich zwischen 20 und 30 % des Lagerwertes bewegen. *Lagern ist teuer!*

Wird dies nicht erkannt, so wird der Kostenanteil der Lagerbestände zum ständigen Aderlaß eines Unternehmens. Deshalb ist es das Ziel dieses Analyse-Teils, Fakten zu erarbeiten, auf die aufbauend ein geeignetes Materialbewirtschaftssystem zur

- O Festlegung des richtigen Dispostions-Bedarfs nach Menge, Wert und Zeitpunkt,
- O vernünftigen Lieferbereitschaft zum Absatzmarkt,
- O Ermittlung ökonomisch vernünftiger Lagerbestände,
- O Überwachung der Materialbestände

geplant werden kann.

4.2.3.7 Die Qualitätssicherung

Im Rahmen der Funktionsanalyse sollen die Daten ermittelt werden, die als Grundlage für die Schaffung eines optimalen Qualitätswesens* dienen.

Mit Hilfe der Methoden der Ablauf-Analyse — beschrieben in [5—7] — wird Antwort auf folgende Fragen gegeben:

- O Besteht eine zentrale Qualitätskontrolle?
- O Liegt eine dezentrale, abteilungszugehörige Qualitäts- oder Produktkontrolle vor?
- O Ist zusätzlich noch ein Material-Prüflabor vorhanden?
- O Zielsetzung und Aufgaben der Qualitätskontrolle?

* *Qualitätswesen:* Sammelbegriff für alle Aktivitäten zur Verwirklichung technischer und wirtschaftlicher Zielsetzungen, mit denen ein Unternehmen die Forderungen an die Qualität von Waren und Dienstleistungen erfüllen will (nach Deutsche Gesellschaft für Qualitätswesen).
Optimales Qualitätswesen: Dasjenige Qualitätswesen, das die Zielvorstellungen des Entscheidungsträgers am wirksamsten erfüllt.

- O Was wird und was wird nicht geprüft?
- O Wie wird geprüft?
  - Vollkontrollen?
  - Stichprobenkontrollen?
- O Wo ist die Qualitätskontrolle aufbauorganisatorisch angesiedelt?
- O Wie ist sie personell besetzt? (Anzahl und Qualifikation)
- O Bestehen Prüfvorschriften und Qualitätszeugnisse für die eigengefertigten und fremdbezogenen Teile?
- O Was kostet die Qualitätskontrolle? (DM/Jahr)
- O Gibt es eine Qualitäts- und Gütesicherung?
  - Welche Zielsetzung und welche Aufgaben hat diese Stelle?

Zur Frage der Qualitätssicherung und der Qualitätskontrolle gibt es eine Vielzahl von Modellen und zahlreiche Fachveröffentlichungen. Die angegebene Fachliteratur [30–35] auf diesem Gebiet ist beispielshaft ausgewählt.

4.2.3.8. Die Kosten der Erzeugnisse

Für den Vergleich der späteren Lösungsalternativen müssen die Kosten der Erzeugnisse bei den Ist-Zustandsbedingungen ermittelt werden, um sie später mit den Kosten eben dieser Soll-Zustände vergleichen zu können.

Eines ist klar: Jede Ablauf- und Verfahrensänderung muß die Herstellkosten senken, die Qualität verbessern und Arbeitserleichterung für den arbeitenden Menschen bringen. Einzelheiten hierzu unter 10.3, Herstellkostenermittelung.

4.2.4 Situationsanalyse vornehmen

Die Situationsanalyse untersucht die vorhandenen Randbedingungen

- O *Grundstück und Gebäude,*
- O *Verkehr,*
- O *Energieversorgung,*
- O *Abfallprodukte, Müllbeseitigung und Umweltschutz,*
- O *Nebenbetriebe,*
- O *Verwaltung und Informationsfluß.*

Der Einfluß dieser Randbedingungen auf die Produktionsstättenplanung ist besonders bei Umstellungs- und Erweiterungsplanungen so stark, daß keine optimalen oder auch nur befriedigenden Lösungen gefunden werden können. Diese Restriktionen können hervorgerufen werden durch

- O Grundstücksgröße und Bebaubarkeit,
- O bestehende Baulichkeiten (Festpunkte),
- O angrenzende Wohngebiete,
- O Umweltschutzauflagen.

Um bei der Realplanung Möglichkeiten und Grenzen genau zu kennen, beschäftigt sich dieser Analyseteil mit den oben aufgeführten Randbedingungen.

4.2.4.1 Das Grundstück

4.2.4.1.1 Lage und Größe

Die Beschreibung und anschließende Beurteilung des Werksgeländes steht an erster Stelle der Situationsanalyse. Mangelhafte bzw. unvollständige Beschreibungen führen oft zu Fehlentscheidungen bei der späteren Erarbeitung der Planungsalternativen.

Darzustellen sind:

- O die Grundstücks-Form
- O die Grundstücks-Fläche
- O die Grundstücks-Grenzen
- O das Interesse an weiteren Grundstücken
- O vorhandene Mietgebäude
  - deren Lage,
  - Größe und
  - Zuordnung im bzw. zum Werk
- O die Einfriedung des Werksgeländes und die Zufahrten, also die Erschließung des Werksgeländes
- O der Geltungsbereich behördlicher Vorschriften, wie Grenzabstände, Gebäudehöhe etc. [200].

Als Hilfsmittel werden hierbei herangezogen:

- O der Flächennutzungsplan der Gemeinde,
- O der amtliche Bebauungsplan,
- O Vermessungspläne und
- O die Baunutzungsverordnung (BauNVO).

Ein Flächen- und Lageplan schließt diesen Punkt der Situationsanalyse ab; Bild 15 zeigt einen solchen Flächen- und Lageplan.

4.2.4.1.2 Bebaubarkeit

Folgende Gegebenheiten sind zu untersuchen:

- O Weist das Werksgelände Niveau-Unterschiede auf? Wenn ja:
  - wo?
  - (+) oder (–)?
  - wieviel?
- O In welcher Tiefe steht der tragfähige Baugrund an? (Vergl. DIN 1054, Zulässige Belastung des Baugrunds)

Um richtige Werte zu erhalten, sind Bodenuntersuchungen von geeigneten Instituten durchzuführen.

Dieser Teil der Analyse enthält auch die Ermittlung der Ist-Bruttoflächen der einzelnen Gebäude. Diese sind übersichtlich in Tabellenform darzustellen. Bild 16 zeigt eine Mustertabelle.

Die ermittelten Werte sind mit den vorgebenenen Werten der Baunutzungsverordnung zu vergleichen. Die Baunutzungsverordnung zeigt die Möglichkeiten und Grenzen der weiteren Planung, die Bebauung betreffend, auf.

Die wichtigsten Vorschriften findet der Produktionsstättenplaner in folgenden Gesetzen bzw. Verordnungen:

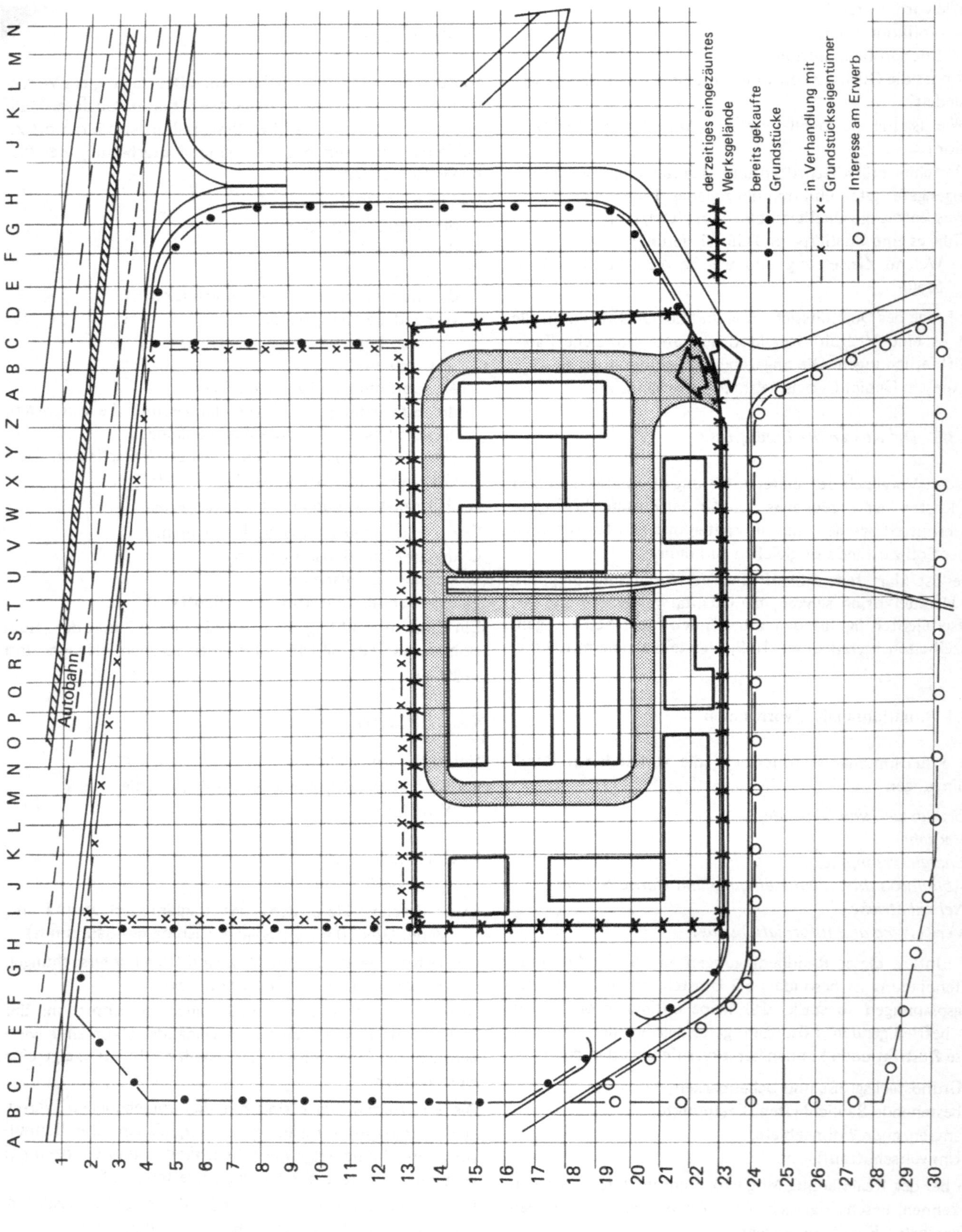

15 Flächen- und Lageplan eines Werkes (Grob-Layout)

BRUTTOFLÄCHEN DER GEBÄUDE							
Zeile Nr.	Gebäude	Zahl der Gesch.	Grund-fläche (m^2)	übrige Gesch. (m^2)	Keller (m^2)	Summe der Geschoß-flächen (m^2)
1						
2						
3						
4						
5						
6						
7						
8						
9						
10						
11						
12						
13						
14						
15						
16						
17						
18						
19						
20						
21						
22	ZWISCHENSUMME					
23						
24						
25						
26						
27						
28	ZWISCHENSUMME					
29	Summe					
30	Lagerhalle (Miethalle)					
31	SUMME					

16 Flächenermittlungstabelle für alle Gebäude

- ○ Bundesbaugesetz vom 23.6.1960
- ○ Raumordnungsgesetz vom 8.4.1965
- ○ Baunutzungsverordnung vom 26.11.1968 (Verordnung über die bauliche Nutzung der Grundstücke)

Die Baunutzungsordnung (BauNVO) legt u. a. fest:

1. Art der baulichen Nutzung § 1–15

Die für die Bebauung vorgesehenen Flächen werden aufgegliedert in *Bauflächen* und *Baugebiete*, u. a.

- ○ *Wohnflächen* – W – Reine Wohngebiete
- ○ *gewerbliche Bauflächen* – G – Industriegebiete

2. Das Maß der baulichen Nutzung § 16–21

Wird bestimmt durch Punkt 1 mit folgenden Kenngrößen

○ *Grundflächenzahl* oder Grundfläche der baulichen Anlage

$$- \text{GRZ} = \frac{\text{Geschoßfläche GF}(m^2) = \text{Gebäudegrundfläche}}{\text{Grundstücksfläche GR}(m^2)}$$

○ *Baumassenzahl*

$$- \text{BMZ} = \frac{\text{Baumasse BM}(m^3)}{\text{Grundstücksfläche GR}(m^2)}$$

○ *Geschoßflächenzahl*

$$- \text{GFZ} = \frac{\Sigma \text{ der Geschoßflächen GF}(m^2)}{\text{Grundstücksfläche GR}(m^2)}$$

4.2.4.2 Der Verkehr

4.2.4.2.1 Verkehrserschließung

Dieser Teil der Situationsanalyse ermittelt Daten, die später die Grundlage einer möglichen Verkehrsplanung sind.
Wichtig hierbei ist zu wissen, wie das Werksgelände zur Zeit erschlossen wird. Nachfolgend checklistenartig die wichtigsten Fragen, die in diesem „Verkehrsanalyseteil" zu stellen und zu beantworten sind:

○ *Erschließung durch die Straße*
- Über welche öffentliche Straße ist das Werksgelände erschlossen?
- Straßenbreite in Höhe des Werksgeländes?
- Wer ist an dieser Straße noch angesiedelt? (z. B. Klein-, Mittel- und Großbetriebe)
- Entfernung zur nächsten Autobahnauffahrt?

○ *Erschließung durch die Bahn*
- Sind Bundesbahn-Gleisanschlüsse vorhanden? Anzahl?
- Gleislänge innerhalb des Werksgeländes?
- Ist ein Rangieren innerhalb des Werksgeländes möglich?
- Mit welchen Rangierfahrzeugen?

○ *Werkstraßen*
- Wo sind die Hauptzufahrten zum Werksgelände? (im Lageplan)
- Wie sind die Zufahrten gesichert? (Ampel, Schlagbaum, Tor)
- Wie sind die Werkstraßen ausgebaut? (Straßenbreite, kleinster Krümmungsradius, Straßendeckenzustand)

4.2.4.2.2 Personenverkehr

Die Ist-Zustands-Aufnahme des Personenverkehrs schließt ein:

- ○ die Lagebeurteilung zentraler Sozialeinrichtungen (Kantinen, Sanitätsraum, Arztraum, Bibliothek, Aufenthalts- und Pausenräume, Verwaltung, Parkplätze, Wasch- und Umkleideräume etc.),
- ○ Zuordnungen von Abteilungen, die im häufigen Personenkontakt zueinander stehen.

Die Verfahren und Mittel der Materialfluß-Analyse mit den Darstellungsarten der innerbetrieblichen Flüsse lassen sich in ähnlicher Form auch bei der Analyse des Personenverkehrs einsetzen.

Bild 17 zeigt die Auswertung mit Hilfe der Personenverkehrsmatrix. Bild 18 Zeigt das Mengenbild des Personenverkehrs eines Unternehmens.

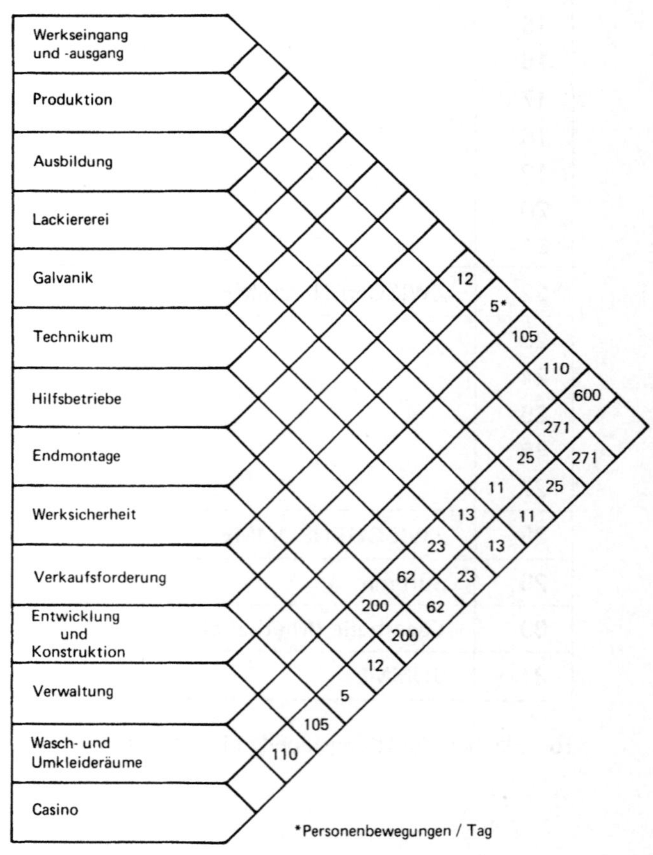

17 Personenverkehrs-Matrix

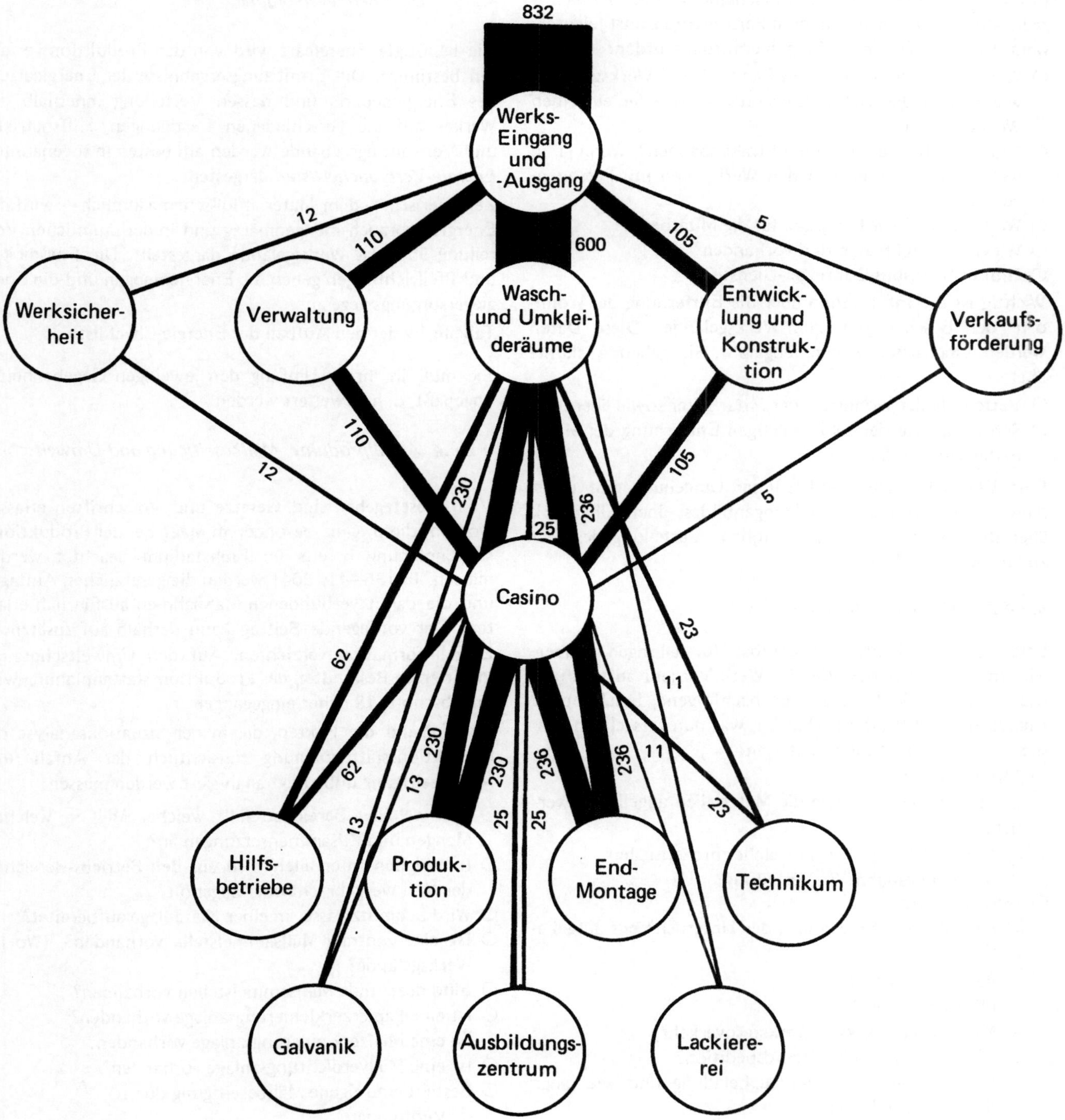

18 Graphische Darstellung= Mengenbild des Personenverkehrs

In manchen Fällen fällt eine Entscheidung zum Thema Sozialleistungen durch besonderen Personentransport leichter, wenn Daten zu folgenden Fragen ermittelt wurden:

- Wie weit ist der nächste DB-Bahnhof vom Werksgelände, wie weit ist die nächste Bushaltestelle von den einzelnen Werkstoren entfernt?
- Gibt es U-Bahnen und/oder Straßenbahnen? Wenn ja, in welcher Entfernung von den Werkstoren mit Personenverkehr?
- Wo liegt der PKW-Parkplatz für die Mitarbeiter?
- Wieviel Einstellplätze sind vorhanden?
- Gibt es Werksbus-Zubringer-Dienste?

Wichtig ist die Information über die Entfernung der Wohnorte der Beschäftigten zum Werksgelände. Diese Daten werden tabellarisch zusammengefaßt. Sie geben Auskunft über

- Verteilung der Wohnsitze der Mitarbeiter sowie über
- Schwerpunkte der zahlenmäßigen Entfernung der Mitarbeiter-Wohnsitze.

Eine Übersichtskarte (Bild 19) der Umgebung gibt unter Anwendung des einfachen Mengenbildes einen Überblick über die zahlenmäßige und räumliche Verteilung des *Einzugsgebietes der Mitarbeiter.*

4.2.4.2.3 Verkehrsabwicklung

Leider bestehen häufig nur nebulöse Vorstellungen darüber, wie und an welchen Stellen im Werk Verkehr auftritt und wie er abgewickelt wird. Der nachfolgend beschriebene Analyseteil soll Klarheit schaffen, was nun tatsächlich passiert. Hier die wichtigsten Kriterien:

- *Wareneingang*
  Zu untersuchen ist, wie die Materialien angeliefert werden.
  - Mit LKW? } in welcher prozentualen
  - Mit Bundesbahn? } Verteilung?
- *Warenausgang*
  Wie werden die Erzeugnisse des Unternehmens ausgeliefert?
  - Per Bundesbahn?
  - Mit Bundespost?
  - Mit eigenen LKWs? (Werksfernverkehr)
  - Über Vertrags- oder Fremdspedition?
  - Wann erfolgt die Fahrzeugbeladung und wie lange dauert sie? (Uhrzeit)
  - Welche Hilfsmittel stehen den Verladern zur Verfügung? Wieviel Mitarbeiter sind eingesetzt?
- *Verkehrsfrequenz*
  Tabellarisch – getrennt nach Wareneingang und Warenausgang – sind zu erfassen:
  - die Anzahl der durchschnittlichen LKW-An- bzw. -Abfahrten je Tag und
  - die Anzahl der durchschnittlichen Waggon-An- bzw. ofahrten je Tag.

4.2.4.3 Die Energieversorgung

Die benötigte Energieart wird von den Produktionsverfahren bestimmt. Die Ermittlungsergebnisse der Energiearten, des Energiebedarfs und dessen Verteilung innerhalb des Werkes auf die verschiedenen Fertigungen, Hilfsbetriebe und Verwaltungsgebäude werden am besten in sogenannten *Energie-Verbraucherlisten* dargestellt.

Zeichnerisch – dem Materialflußschema ähnlich – wird der Energieverbrauch mengenmäßig und in der räumlichen Verteilung über das Werksgelände dargestellt. Die Flußdicken und Pfeilrichtungen geben die Energiemengen und die Energieversorgungswege an.

Tabelle 1 zeigt den Aufbau der Energie-Checkliste.

Sie muß in ihrem Umfang den jeweiligen Gegebenheiten angepaßt, d. h. erweitert werden.

4.2.4.4 Abfallprodukte, Müllbeseitigung und Umweltschutz

Vom Gesetzgeber sind Gesetze und Vorschriften erlassen worden, die in ganz besonderem Maße bei der Produktionsstättenplanung bereits im Frühstadium beachtet werden müssen. In [36–41, 204] werden die gesetzlichen Auflagen und die damit verbundenen Maßnahmen ausführlich erläutert. Der vorliegende Beitrag kann deshalb auf zusätzliche Einzelinformation verzichten. Auf den Umweltschutz als integrierten Bestandteil der Produktionsstättenplanung wird im Abschnitt 18 näher eingegangen.

Nachfolgend die Fakten, die in der Situationsanalyse der Produktionsstättenplanung hinsichtlich der Abfall- und Müllbeseitigung unbedingt analysiert werden müssen:

- Aus welchen Bereichen fällt welcher Müll in welchen Mengen und Zusammensetzungen an?
- In welchen Intervallen wird aus den Betriebs-Bereichen der Müll weggebracht oder abgeholt?
- Wird Schmutzwasser in einer Kläranlage aufbereitet?
- Ist eine zentrale Müllsammelstelle vorhanden? (Wo im Werksgelände?)
- Sind dezentrale Müllsammelstellen vorhanden?
- Ist eine Papierzerkleinerungsanlage vorhanden?
- Ist eine Müllzerkleinerungsanlage vorhanden?
- Ist eine Müllverdichtungsanlage vorhanden?
- Besteht eine eigene Müllbeseitigung durch
  - Verbrennen?
  - Deponieren?
  - Kompostieren?
- Wird die Müllbeseitigung durch externe Spezialunternehmen durchgeführt?
- Werden Müllteile wiederverwendet? (Recycling)
- Werden die gesetzlichen Auflagen bei der Müllbeseitigung beachtet?
  - Haben die beseitigenden Unternehmen vom Innenministerium eine Transporterlaubnis für den Müll?

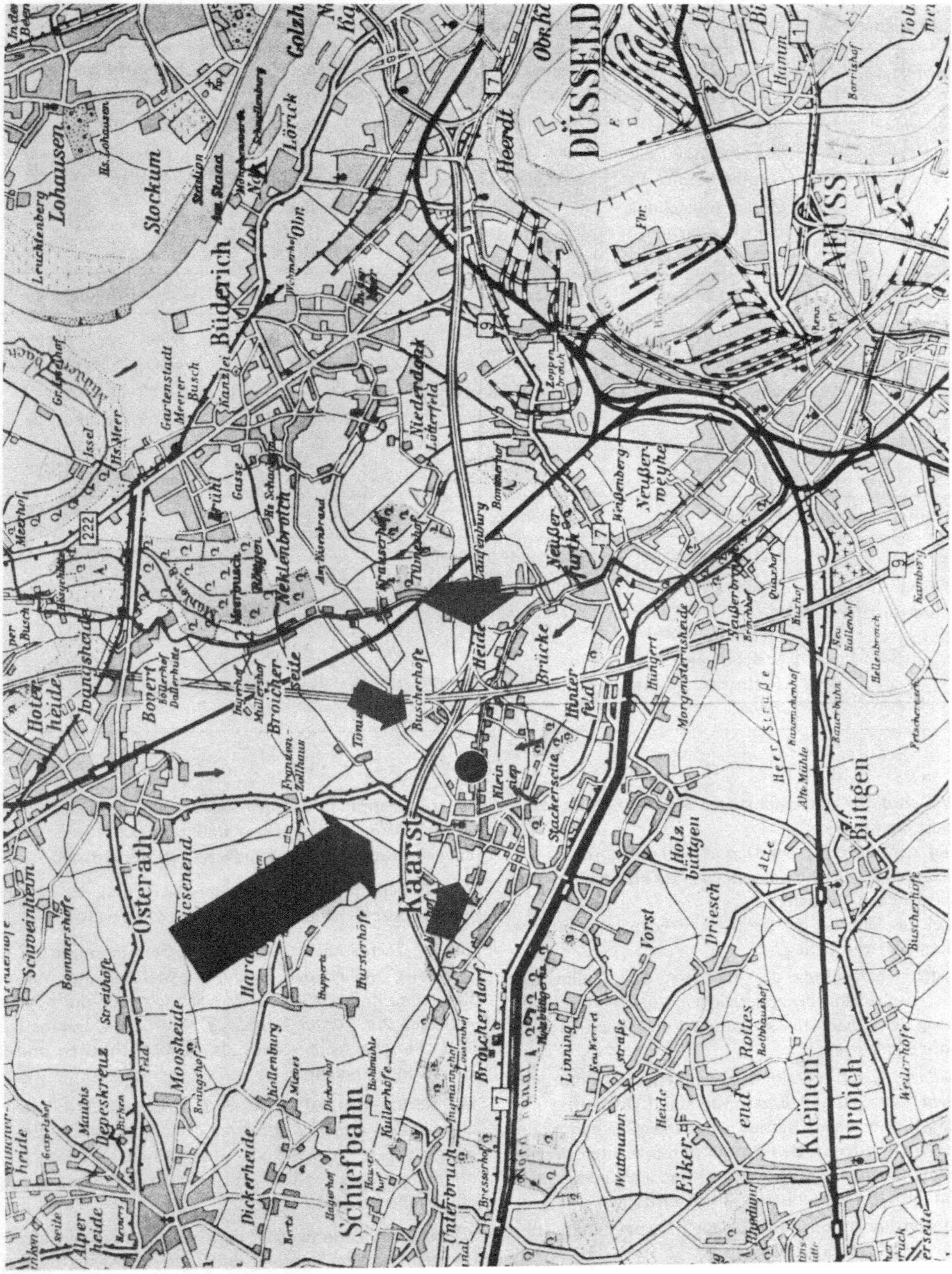

19 Übersichtskarte zur Verdeutlichung der räumlichen Verteilung der Mitarbeiter-Wohnsitze (Einzugsgebiet)

Tabelle 1: Energie-Checkliste

Hochspannung	Mittelspannung	Niederspannung	Beleuchtung	Schwachstromanlage
Einspeisestelle	Daten der Trafos Standorte der Trafos Strompreissätze Zuverlässigkeit der Stromlieferung Zusammenstellung der bisherigen Stromunterbrechungen	Verteilung in Gebäuden Anschlüsse Schutzarten Leitungstrassen	Leuchtenart Schutzart Beleuchtungsstärke je Abteilung Notbeleuchtung Außenbeleuchtung	Feuermeldeanlage Fernschreibanlage Uhrenanlage Kontrolluhren – Zeitstempler
Feuermeldeanlage	Rohrpostanlage	Wasserversorgung	Abwasser-System	Gasversorgung
I-Melder Flammelder Sprinkler	Typ Verfahren Länge	Einspeisung NW Druck Wasseranalyse Verbrauch Preissatz	Ableitung NW Vorklärung d. Wassers Kanalgebühren	Gasart Übergabestation Gasdruck primär Gasdruck sekundär Gasverbrauch m^3/a Gaspreis DM/Nm^3
Druckluftversorgung	Heizung	Öllagerung		
Zentral Dezentral Kompressordaten Standorte	Heizungssysteme Welches Gebäude wird durch welches Heizsystem beheizt? Welche Leistung hat/haben die Anlagen?	Fassungsvermögen/Tank Verbrauch/Jahr		

- Wo wird der abtransportierte Müll verbrannt, deponiert, kompostiert?
- Hat der Betreiber der Deponie eine behördliche Genehmigung zur Deponierung der anfallenden betriebsspezifischen Müllarten?
- Welcher Müll ist vor der Abfuhr beim Innenministerium anzeigepflichtig?

Außer der Überprüfung der Müllarten und Müllmengen sowie der Einhaltung der gesetzlichen Vorschriften ist die Ermittlung der Kosten für Abtransport und Beseitigung des Mülls notwendig.

Die *Müllbeseitigung* umfaßt das Sammeln und Befördern, Behandeln, Lagern und Ablagern von Müll (Abfällen). Unter Müll sind alle in einem Betrieb anfallenden nicht verkäuflichen, nicht wieder in den Produktionsprozessen des Betriebes einsetzbaren (Kreislaufstoffe) und auch nicht anderweitig im Betrieb verwendbaren Stoffe anzusehen.

Es kann sich sowohl um feste als auch flüssige und pastöse Stoffe sowie gefaßte Gase handeln.

Dem *Gewässerschutz* dienen Anlagen und Einrichtungen, die zur Verminderung der Abwasserfracht (Feststoffe, gelöste Stoffe, Wärmemenge) und zum Schutz der Oberflächengewässer und des Grundwassers bestimmt sind.

Ausführliche Informationen über die Technik der industriellen Abwasserbehandlung werden in [42] gegeben.

Die „Technischen Ausführungsbestimmungen Luft" (TA-Luft) stellen den Produktionsstättenplaner vor neue Probleme. In der Ist-Zustands-Analyse gilt es, die möglichen Auflagen zur *Lärmbekämpfung* zu erfassen. Daraus lassen sich dann die technischen Lösungsmöglichkeiten und ihre Investitionen herleiten.

Die gesetzlichen Auflagen der *Luftreinhaltung* können im allgemeinen nur mit größeren Investitionen für Entstaubungsanlagen, Absorptions- und Abscheideanlagen, Verbrennungsanlagen, Kühl- und Kondensationsvorrichtungen etc. erfüllt werden.

Nähere Informationen über die Technik der Luftreinhaltung und der Lärmbekämpfung erhält der interessierte Leser in [43–46].

4.2.4.5 *Die Nebenbetriebe*

Sie werden einer ähnlichen Untersuchung unterworfen wie die Produktionsbetriebe. Zu ermitteln sind in der Analyse:

- Zielsetzung und Aufgaben der Nebenbetriebe,
- Lage im Werksgelände,
- Kapazitäten der einzelnen Nebenbetriebsabteilungen und die
- Auslastung der einzelnen Kapazitäten.

Die Untersuchungen laufen analog und mit den gleichen Hilfsmitteln wie bei der Analyse der Produktionsbetriebe, natürlich nicht so umfangfreich und nicht mit so hohem Genauigkeitsgrad. Bei der späteren Soll-Planung ist man von Schätzungen der zukünftigen Situation abhängig.

4.2.4.6 *Die Verwaltung*

Hier werden die Verwaltungsbereiche und die Lage der Verwaltungsgebäude sowie deren

- Flächengröße,
- Belegung und
- mittlere Arbeitsfläche pro Mitarbeiter

ermittelt. Ein Lageplan rundet diese Analysedaten ab.

Im Rahmen der Produktionsstättenplanung kommt der Aufnahme des Informationsflusses im wesentlichen die Bedeutung zu,

- Mängel im Organisationssystem aufzudecken,
- Rationalisierungsansätze aufzuzeigen und
- eine Auswahl aus den Kommunikationssystemen zu treffen und zu dimensionieren.

4.2.5 Beurteilung der Analyse

Dis bisherigen Ausführungen zur Erstellung der Systemstudie haben gezeigt, daß die Analyse des Ist-Zustandes je nach Planungszielsetzung – auch von der Seitenzahl her – sehr umfangreich wird. Darum ist eine Zusammenfassung und Beurteilung der Analyse durch das Projektteam zweckmäßig.

Nicht immer ist es nötig, bei jeder Planungs- und Rationalisierungsaufgabe im Rahmen der Werksplanung und des Werksausbaus eine solche umfassende Betriebsanalyse mit allen hier aufgezeigten Einzeluntersuchungen durchzuführen. Aufgabe der Projektleitung ist es zu erkennen, welche Ermittlungen mit welchen Schwerpunkten im einzelnen Fall notwendig sind, um das gesteckte Projektziel zu erreichen.

Die Besprechung des Projektteils „Analyse des Ist-Zustandes" mit der Unternehmensführung und dessen Verabschiedung mit der Freigabe zum Planungsschritt „Idealplanung" ist der abschließende Arbeitsschritt der zweiten Stufe des systematischen Planungsablaufes „Planung von Produktionsstätten".

4.3 Stufe 3 der Systemplanung: Suche nach idealen Lösungen

Dies ist die erste *kreative* Stufe der Systemplanung.

Hier wird für die verschiedenen Elemente des Planungsproblems – ohne Berücksichtigung der vorhandenen Gegebenheiten – *das theoretische Ideal-Modell* erarbeitet und dargestellt.

Die Elemente

- Infrastruktur,
- Zeit,
- Raum und
- Kosten

werden abstrahiert und in ideal verknüpfter Anordnung erarbeitet. Erst in den späteren Planungsphasen 4 und 5 werden die technischen und organisatorischen Möglichkeiten geprüft sowie die ökonomischen Forderungen und gesetzlichen Auflagen berücksichtigt. Die Mittelbeschreibung der Ideallösungs-Suche folgt unter 8.9, Methoden zur Suche idealer Lösungen.

Die Suche nach idealen Lösungen ist notwendig, denn der beste Praktiker braucht eine theoretische Ausrichtung. Grundlage dieser Betrachtungsweise ist das Dreieck des technischen Entwicklungstrends eines Systems nach Prof. Nadler [136], wie in Bild 20 dargestellt.

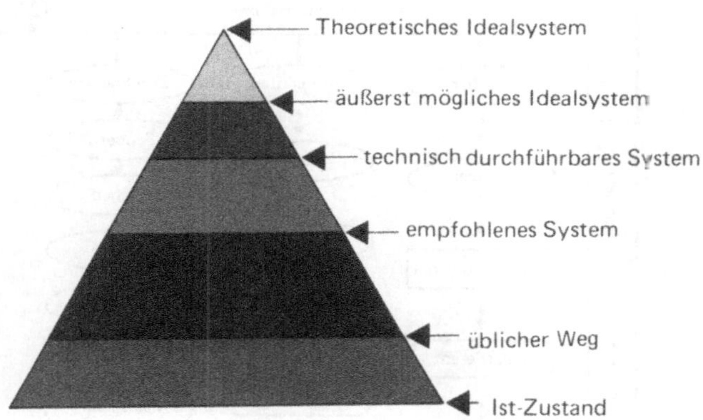

20 Das Dreieck des technischen Entwicklungstrends eines Systems nach Nadler

Der hier dargestellte Weg:

1. Entwickeln von Fernzielen ohne gedankliche Festlegung auf den Ist-Zustand. Je höher hierbei das Ziel gesteckt ist, desto größer kann das Ergebnis sein.
2. Solche Fernziele ermöglichen es, bei der Ausarbeitung der verschiedenen Varianten immer wieder Vergleiche zwischen der Varianten-Lösung und der Ideal-Lösung anzustellen. Sie erleichtern eine Beurteilung des Erreichbaren bei einzuleitenden langfristig wirkenden Maßnahmen.

3. Die optimale Lösung wird nicht nur am Ist-Zustand gemessen, sondern an der Zukunftsperspektive. Es wird nicht nur gefragt, um wieviel die optimale Lösung besser ist als der Ist-Zustand, sondern inwieweit die als optimal bezeichnete Planungs-Variante insgesamt gesehen ungünstiger ist als die Ideal-Lösung. Es handelt sich hierbei darum, eine optimale Lösung mit der Ideal-Lösung konkurrieren zu lassen.
4. Für den Planungs-Ingenieur, der einen verbesserungswürdigen Ist-Zustand verbessern muß, besteht nicht mehr die psychologische Schwierigkeit, diesen Ist-Zustand durch Verbesserungsvorschläge zu kritisieren.

   Der für den Ist-Zustand verantwortliche Vorgesetzte empfindet solche Verbesserungsvorschläge an „seinem" Ist-Zustand als Kritik.

   Das führt im allgemeinen zu Widerständen, die erst mühsam wieder abgebaut werden müssen.
5. Das Planungsteam wird während der Ausarbeitung von Planungs-Alternativen immer wieder durch die Ideal-Lösung in eine günstige Richtung gelenkt.

Die konventionellen Methoden der Planung und Rationalisierung suchen allein die Lösungen nach Informationen aus den bestehenden Systemen, also des Ist-Zustandes. Bei der hier beschriebenen Methode werden Informationen aus der Ideal-Lösung gesucht.

Das *Ideal-Schema* (Ideal-Plan) wird als Block-Layout im Maßstab 1 : 100 (auf Transparent oder Folie) unter Verwendung festgelegter graphischer und farblicher Symbole dargestellt. Bild 21 zeigt als Beispiel eine Ideal-Lösung als Block-Layout. Zweck dieser schematischen Darstellung ist es, die funktionale Zuordnung, also das Zusammenwirken der einzelnen Bereiche, in ihrer idealen Zuordnung sichtbar zu machen.

Der Ideal-Plan ist ein Modell zur Neuorientierung der betrieblichen Strukturen, gleichzeitig aber auch Leitlinie für die zukünftige Ausrichtung der Betriebsorganisation. Er sollte möglichst so gestaltet sein, daß bei Unterstellung der Verwirklichung des Ideal-Plans die geringsten Kosten aus dem Betriebsablauf entstehen. Diese sogenannten „Wegvariablen-Betriebskosten" werden vor allem verursacht

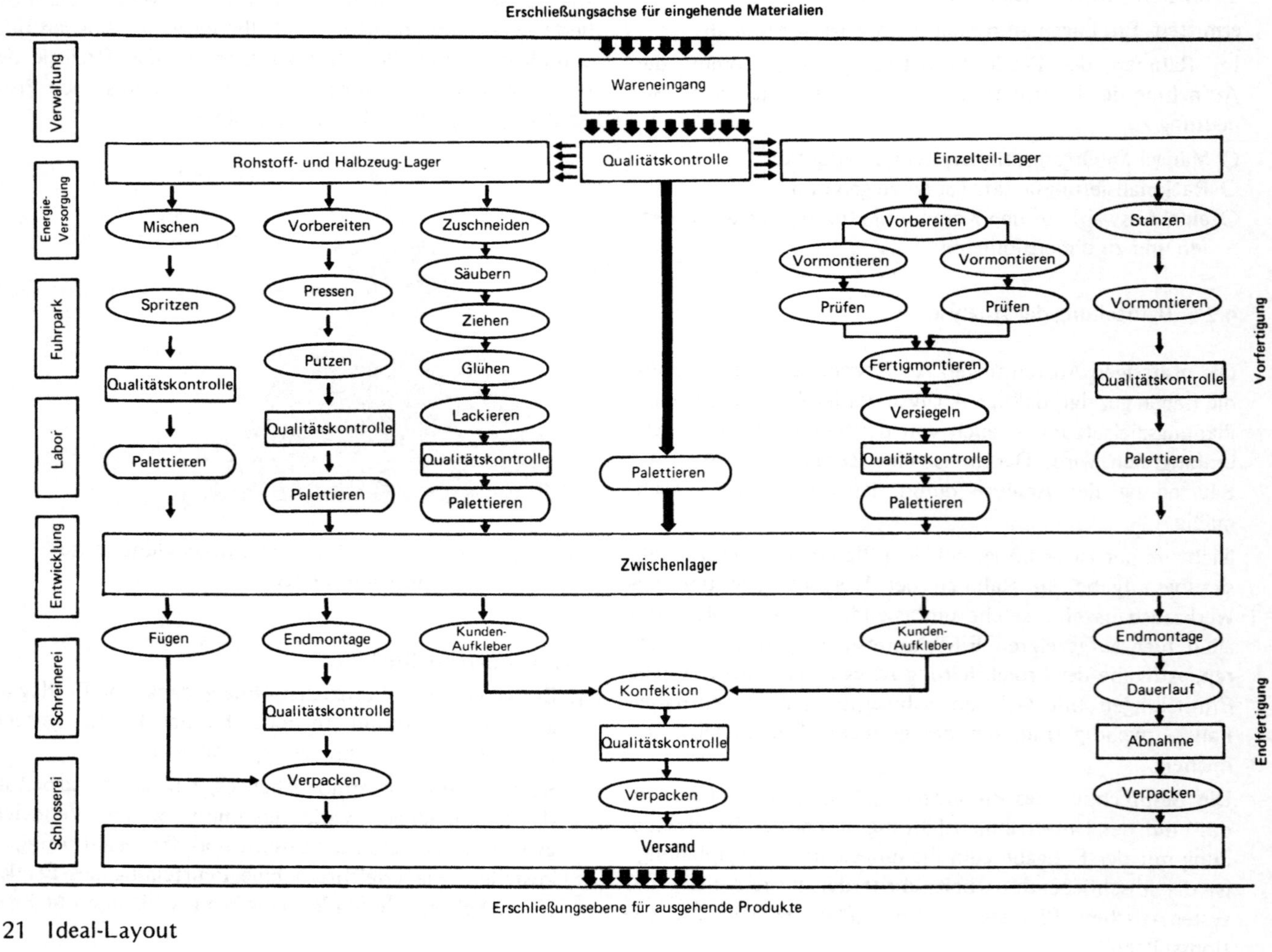

21 Ideal-Layout

durch Transporte, Energie, Informationen und Nebenzeiten der Produktion. Sie verändern sich mit der Länge der Wege, die während des Produktionsablaufes zurückgelegt werden müssen. Da ja in dem später zu erarbeitenden General-Strukturplan die Betriebs- und Produktionseinheiten zueinander und im Rahmen der Verkehrserschließung nach „draußen" festgelegt werden müssen, gilt als Grundsatz:

Durch die Anordnung (Lage) der Betriebseinheiten zueinander sollen sich möglichst kurze Wege ergeben.

Durch Zentralisation vieler kleiner Betriebsbereiche und durch Konzentration der gleichartigen Betriebsmittel innerhalb dieser Betriebsbereiche entsteht gegenüber dezentralisierter Anordnung eine sogenannte Kostendegression durch geringere Einrichtungen, z.B. des Emissionsschutzes, der Beheizung der Be- und Entlüftung und der Energiezuführung.

Dies tritt besonders deutlich bei der Zentralisierung von Lagern zutage. Durch diese Lager-Großblockbildung zu einem Zentrallager werden die Kosten für Stellplätze, Fördermittel und Lagerpersonal minimiert [21, 22, 47].

Die Anwendung dieser Zuordnungsbedingungen führt auf der einen Seite zu Kostenminderung, hat aber zur Folge, daß Kostenerhöhungen durch Mehrinvestitionen und durch mehr Steuerung und Überwachung entstehen.

Natürlich ist die ideale Zuordnung die mit den geringsten Gesamtkosten. Die verschiedenen Möglichkeiten der Zuordnungen werden unter 14, Methoden der Betriebsmittelzuordnung, behandelt.

In einem so erarbeiteten Ideal-Block-Layout werden aus den einzelnen Betriebsbereichen

- O Produktion,
- O Lager,
- O Nebenbetriebe,
- O Energieversorgung,
- O Verwaltung,
- O Sozialeinrichtung und aus den
- O Verkehrsflächen

sinnvoll mehrere Bereiche zu sogenannten Funktionszonen zusammengefaßt. Einzelheiten hierzu unter 15, Der Generalstrukturplan. Die erforderlichen Gebäudeflächen, Einrichtungen und Gebäudeformen werden nicht im Ideal-Plan, sondern erst im Real-Plan unter Beachtung der Bauauflagen und behördlichen Auflagen genau berechnet und dimensioniert.

In unserem Ideal-Layout (Bild 21) ist eine Zweiteilung des Betriebes vorgesehen. Diese ideale Zweiteilung sieht vor:

1. plangesteuerte Vorfertigung (Grundfertigung) und
2. vertriebsorientierte Endfertigung (Variantenfertigung).

In diesem Beispiel liegt die *Grund- oder Vorfertigung* in der Erschließungsebene für eingehende Materialien. *Ziel*: Die Fertigungskapazitäten gleichmäßig und kostengünstig, also optimal auslasten.

Die *Endfertigung* faßt die Grundelemente der Vorfertigung und die Kaufteile zu verkäuflichen Produkten zusammen. Sie liegt in der Erschließungsebene für ausgehende Produkte. *Ziel*: Aus einer relativ geringen Zahl von Grundelementen und Kaufteilen eine Vielzahl von Verkaufsvarianten zu komplettieren und schnell versendbar zu machen.

Nebenbetriebe, Energiezentrale, Müllbeseitigung, Entwicklung und Verwaltung sind im Ideal-Layout als Sonderfunktionen dargestellt, da sie keine direkten Fertigungsfunktionen besitzen. Aus diesem Grunde liegen sie funktionell außerhalb der Erschließungsebenen für ein- und ausgehende Materialien und Produkte. Sie werden später in der Realplan-Phase genauer dargestellt. Das gleiche gilt auch für sanitäre und soziale Einrichtungen.

4.4 Stufe 4 der Systemplanung: Erarbeitung technisch und ökonomisch praktikabler Lösungen (Systemsynthese)

4.4.1 Grundsätzliches

Diese vierte Stufe der Systemplanung ist die eigentlich kreative Stufe im Planungs-Gesamtablauf, gilt es doch, etwas noch nicht Bestehendes zu entwickeln. Ziel dieses Arbeitsschrittes ist es, die durch Planungszielsetzung, Ist-Zustands-Analyse, Problemdefinition und durch Prognosen herausgearbeiteten Einflußgrößen unter Beachtung des Ideal-Planes so zu verknüpfen, daß eine Vielzahl alternativer Systementwürfe entsteht.

In dieser vierten Stufe geht es also darum, das theoretische Ideal-Modell **in eine technisch durchführbare und wirtschaftlich** vernünftige Lösung umzusetzen. Um auf diesem Wege zu realistischen Lösungen zu kommen, ist es erforderlich, in das gefundene Ideal-Layout die konkreten Infrastrukturen, Grundstücks- und Raumgrößen einzuarbeiten.

4.4.2 Die Subsysteme als Real-Plan

Unter Berücksichtigung der Entwicklungstendenzen der einzelnen Produktionen, Lager, Nebenbetriebe und der Verwaltung sind für den Planungszeitraum

- O der Produktionsflächenbedarf,
- O der Lagerflächenbedarf sowie
- O der Flächenbedarf für Nebenbetriebe und Verwaltung

zu ermitteln. Hierzu ist es notwendig, eine Prognose des zukünftigen Flächen- und Raumbedarfs aufzustellen. Die Genauigkeit dieser Prognose entscheidet dabei mit über die Genauigkeit des Planungsergebnisses. Auf das Verfahren der Flächenermittlung wird unter 8.10 eingegangen.

Die aus dem Ideal-Plan zu entwickelnden Realplan-Alternativen müssen die Bedingungen des Grundstückes (Geländes) und der Gebäude berücksichtigen, wie sie aus der Situationsanalyse her bekannt sind.

Diese Grundstücks- und Gebäude-Restriktionen bewirken in aller Regel bei Umstellungs- und Erweiterungsplanungen eine Änderung des Realplanes gegenüber dem Ideal-Plan.

In dieser vierten Planungsstufe, der sogenannten Realplanungs-Stufe, werden in bezug auf ihre Strukturen konkret festgelegt:

- O die Produktionsabläufe und -anlagen,
- O die Lagersysteme,
- O der Materialfluß,
- O die Transportsysteme,
- O die Versorgungssysteme,
- O die Verwaltung,
- O die Nebenbetriebe,
- O die Entsorgungssysteme,
- O die Sozialeinrichtungen,
- O die Außenanlagen,
- O der Generalstruktur-Plan als Bauleitplan und
- O der Baustufenplan.

In dieser Realplanungs-Stufe werden die Baukörper nach bautechnischen, baurechtlichen und architektonischen Gesichtspunkten vordimensioniert dargestellt.

Damit lassen sich die einzelnen Aufgaben der vierten Stufe konkret festlegen:

1. Unter Berücksichtigung der Entwicklungstendenz ist der Flächenbedarf zu ermitteln.
2. Die sich daraus ergebenden Bereiche sind als first-block-Layout unter Berücksichtigung der Ideal-Planung einander zuzuordnen.
3. Die Teilsysteme sind aufeinander und auf das Gesamtsystem abzustimmen.
4. Grundsätzliche technische und organisatorische Möglichkeiten sind in verschiedenen Alternativen zu erarbeiten.
5. Maßstäbe zur Bewertung der Alternativen sind festzulegen.
6. Kosten- und Wirtschaftlichkeitsrechnungen für die wichtigsten Teilsysteme müssen durchgeführt werden.
7. Die notwendigen Investitionen sind zu schätzen.
8. Ein Vorschlag zur Auswahl der optimalen Variante muß erarbeitet werden. Durch Gegenüberstellung und Bewertung nach technisch-ökonomischen Gesichtspunkten sowie Darstellung aller Vor- und Nachteile der einzelnen Alternativen wird schließlich die optimale Variante ermittelt.
9. Teilschritte zur Realisierung des Planungsergebnisses sind zu erarbeiten.
10. Für die Realisierung müssen Grobterminpläne entwickelt werden.
11. Die Realisierungsfreigabe ist zu erwirken.

Eine Vorfeld-Aufgabe bei der Erarbeitung der praktikablen Lösungen ist die Festlegung von Rastermaßen für das Grundstück.

Hierbei wird das Gelände mit einem Netz paralleler senkrecht und waagerecht verlaufender Linien (Raster) überzogen. Die Linienabstände sind nach DIN 18000 (Modulordnung im Bauwesen) festgelegt. Das Rasternetz gibt eine Orientierungshilfe bei der Plan-Erstellung, der Gebäude-Erstellung, beim Anlegen der Verkehrswege, der Parkflächen etc.

Die Notwendigkeit der Verwendung von Rasternetzen wird unter 15.2, Systematische Planung mittel Bauraster, beschrieben.

4.4.3 Die Planungsvarianten

Innerhalb der Projektbearbeitung werden für die Betriebs- und Lagerbereiche sowie für das Gesamtsystem Werk mehrere Varianten erarbeitet. In der Regel zeigt jede Variante andere Anordnungen der Randfunktionen, der Verkehrs-, Transport- und Materialflußentwicklung. Zur Ermittlung der optimalen Variante werden die Alternativen wettbewerbsmäßig einander gegenübergestellt.

Aufgrund der Variantenbeschreibung und der eingebrachten Planungsdaten werden die vorgeschlagenen Alternativen deshalb noch einmal miteinander verglichen, um folgende Fragen zu beantworten:

- O Wo liegen die besonderen Vorteile der jeweiligen Lösung?
- O Welche besonderen Schwächen hat die jeweilige Lösung und welche Auswirkungen haben diese?
- O Ist die Lösung technisch durchführbar?
- O Ist die Lösung rechtlich zulässig?
- O Ist die Lösung für die Mitarbeiter zumutbar?
- O Welche Auswirkung hat diese Alternative auf die Selbstkosten der Erzeugnisse?
- O Ist die Wirtschaftlichkeit dieser Alternative ermittelt worden?
- O Welche Investitionen werden für die Durchführung benötigt?
- O Welche Realisierungszeit ist zu veranschlagen?

Durch diese Herausarbeitung von Argumenten und Gegenargumenten werden nicht nur die starken und schwachen Seiten der einzelnen Varianten deutlich, sondern gleichzeitig auch die Grundlagen für die spätere Diskussion mit der Unternehmensführung erarbeitet. Die Praxis zeigt, daß in den Diskussionen gerne Kompromißvorschläge gemacht werden, um in bestimmten Punkten Änderungen zu erreichen. Wichtig ist, daß das Planungsteam oder die Projektleitung in jedem Fall durch diese Änderungen entstehende mögliche Auswirkungen prüft. Durch übereilt beschlossene Kompromißvorschläge werden immer wieder – unbeabsichtigt, aber zwangsläufig – *Folge-Investitionen* ausgelöst.

Die Entscheidung für die Realisierung einer bestimmten Variante erfolgt nach technisch-ökonomischen Gesichtspunkten. Die technische Variantenbewertung wird z. B. mit Hilfe der „Analyse der Gewichteten Faktoren" durchgeführt (vergl. Kapitel 9). Die ökonomische Variantenbewertung erfolgt mit Hilfe der Investitions- und Kostenrechnungen, wie sie unter 10, Methoden der Investitionsrechnung, beschrieben sind.

4.4.4 Bewertung und Auswahlentscheidung

Innerhalb der Systemplanung spielen in der vierten Stufe die Methoden zur Bewertung und Auswahl von Projektalternativen eine bedeutende Rolle. „Die herkömmlichen Bewertungsmethoden entstammen überwiegend dem Bereich der Wirtschaftswissenschaften. Ihnen gemeinsam ist eine eindimensionale, ökonomische Perspektive der Problemanalyse. Es handelt sich dabei um Methoden der Investitionsrechnung im engeren Sinne. Von diesem Methodenkomplex können systemorientierte Bewertungsmethoden unterschieden werden, die grundsätzlich eine Problemanalyse in mehreren Zieldimensionen erlauben, was für die Behandlung von Systemproblemen eine Grundvoraussetzung ist" [140].

Im Rahmen der systematischen Produktionsstättenplanung wird deshalb differenziert zwischen

- der technischen Variantenbewertung und
- der ökonomischen Bewertung der einzelnen Planungsvarianten.

Es muß hier aber deutlich gesagt werden, daß die formalen Bewertungen nicht von selbst zu Entscheidungen führen; sie sind nur Entscheidungshilfen und nicht mehr!

4.4.4.1 Technische Variantenbewertung

Folgende Bewertungsmethoden werden unterschieden:

1. Vergleich der Vor- und Nachteile,
2. Analyse der gewichteten Faktoren,
3. Rangreihen-Analyse der Bewertungsmerkmale,
4. Kosten-Nutzen-Analyse und
5. Nutzwertanalyse.

Die genaue Beschreibung dieser Methoden erfolgt unter 9, Bewertung von Planungsalternativen.

4.4.4.2 Ökonomische Bewertung

Neben den technischen Aspekten müssen, gleichrangig, die ökonomischen Belange in den Planungsablauf einbezogen werden. Investitionen mit deren Kosten und Erträgen sind wesentliche Elemente der Gesamtbetrachtung der Produktionsstättenplanung. Bei der Ermittlung der optimalen Variante besteht eine besondere Wechselwirkung zwischen technischer Lösung und ökonomischer Möglichkeit. Eine Vernachlässigung der Investitionen und deren Rentabilität *muß* zu falschen Bewertungsergebnissen und damit zu Fehlentscheidungen führen.

Die Investitionsrechnung wird somit zum Kernproblem bei der Ermittlung der optimalen Lösung:

1. weil die Kapitalkosten die Selbstkosten der Erzeugnisse beeinflussen (Fixkosten),
2. weil die Finanzierung, also die Bereitstellung der nötigen Geldmittel, gesichert werden muß (Begrenzung der finanziellen Möglichkeit). Wann die Geldmittel in welcher Höhe bereitgestellt werden müssen, wird im Finanzplan der Investitionen (Bild 22) ausgewiesen.
3. wegen der langfristigen Wirkung der Investitionen.

Je nach Planungsfortschritt muß eine Investitionsschätzung durchgeführt werden, für die noch keine detaillierten Unterlagen vorliegen. Dabei ist es wichtig, daß sich der Planer bei der Schätzung von jedwedem Wunschgedanken freimacht.

Durch Gegenüberstellung und Bewertung der technischen und ökonomischen Gesichtspunkte werden die günstigsten Varianten ausgewählt und der Unternehmensführung zur Entscheidung vorgelegt. Nach der Entscheidung für eine bestimmte Variante kann die fünfte Planungsphase innerhalb der Projektentwicklung angegangen werden.

4.5 Stufe 5 der Systemplanung: Erarbeitung der Ausführungsplanung mit Betriebsmittelzuordnung (Real-Plan)

Das verabschiedete Grob-Layout der 4. Stufe ist die Grundlage für die Ausführungsplanung – auch Feinplanung genannt. In der Literatur wird manchmal auch von Entwicklungsplanung, Layout-Planung oder Einrichtungsplanung gesprochen [47–51].

Die dargestellte Gesamtkonzeption des Grob-Layouts wird für die einzelnen Betriebsbereiche bis ins Detail mit dem Ziel weiterentwickelt, ausführungsreife Pläne zu erarbeiten. Auf die Besonderheiten der Beschaffungsvorbereitung und Auftragsvergabe wird unter 17, Von der Beschaffungsvorbereitung bis zur Auftragsvergabe, eingegangen.

Die Ausführungspläne müssen mit ihren technischen und wirtschaftlichen Daten so verfeinert dargestellt werden, daß nach Abschluß dieser Planungsstufe die *Entscheidung zur Realisierung* getroffen werden kann.

In der Ausführungsplanung werden folgende Details ausgearbeitet, in Plänen dargestellt und in Listen erfaßt:

1. die Details des Grundstücks, wie z. B.
   - gültige Grundstücksgrenze und Grundstückseinfriedungen,
   - gültige Bebauungsgrenzen,
   - Gelände-Niveau-Unterschiede mit Notwendigkeit des Abtragens bzw. Auffüllens,

Termine u. Investitions-Aktivitäten für ersten Hallenabschnitt Fertigung, Bürogebäude und Sozialgebäude mit Kantine	① Rohbau Energiezentrale Teil 1	② Gebäudeausbau Energiezentrale Teil 1	③ ELT- und Kessel-Montage	④ Rohbau Verwaltungs- und Sozialgebäude Teil 1	⑤ ELT- und HSL-Montage Verwaltungs- und Sozialgebäude Teil 1	⑥ Ausbau Verwaltungs- und Sozialgebäude Teil 1	⑦ Ausbau Fertigung D	⑧ Fassade Fertigung D montieren	⑨ HSL- und ELT-Montage Fertigung D	⑩ Ausbau Industrie-Palette Fertigung D	⑪ Rohbau Kantine	⑫ HSL- und ELT-Montage Kantine	⑬ Ausbau Kantine	⑭ Asphaltieren Hoffläche	⑮ Summe Baukosten	Honorare	Gesamtsumme
1. 2.74																20.000,–	20.000,–
1. 4.74																20.000,–	20.000,–
1. 6.74																20.000,–	20.000,–
1. 7.74																20.000,–	20.000,–
1. 8.74																20.000,–	20.000,–
1. 9.74																20.000,–	20.000,–
1.10.74																20.000,–	20.000,–
1.11.74																40.000,–	40.000,–
1.12.74	320.000,–			120.000,–											440.000,–	40.000,–	480.000,–
2. 1.75	200.000,–	62.000,–		100.000,–											362.000,–	40.000,–	402.000,–
1. 2.75			100.000,–	140.000,–							100.000,–				340.000,–	40.000,–	380.000,–
1. 3.75		100.000,–	80.000,–	140.000,–							250.000,–				570.000,–	40.000,–	610.000,–
1. 4.75			440.000,–								100.000,–	100.000,–			640.000,–	20.000,–	660.000,–
1. 5.75		60.000,–	100.000,–	200.000,–								100.000,–			460.000,–	20.000,–	480.000,–
1. 6.75			87.500,–		155.000,–							50.000,–	50.000,–		342.500,–	20.000,–	362.000,–
1. 7.75					155.000,–	100.000,–	60.000,–						50.000,–		365.000,–	20.000,–	385.000,–
1. 8.75				143.500,–	155.000,–	100.000,–	60.000,–		15.000,–						473.500,–	20.000,–	495.000,–
1. 9.75					155.000,–	100.000,–	30.000,–	50.000,–	45.000,–	15.000,–			30.000,–		425.000,–	20.000,–	445.000,–
1.10.75					55.000,–	50.000,–		20.000,–		10.000,–				60.000,–	195.000,–	10.000,–	205.000,–
1.11.75					47.000,–	90.000,–			12.000,–	7.500,–				28.410,–	184.910,–	10.000,–	194.910,–
Summe	520.000,–	222.000,–	807.500,–	843.500,–	722.000,–	440.000,–	150.000,–	70.000,–	72.000,–	32.500,–	450.000,–	250.000,–	130.000,–	88.410,–	4.797.910,–	480.000,–	5.277.910,–

22 Finanzplan

- O emissionsarme Zonen (gesetzliche Vorschriften beachten!) [208]
- O zulässige Grundflächenzahl, Geschoßflächenzahl, Baumassenzahl,
- O Verkehrserschließung des Werksgeländes.

2. die Details der Gebäude, wie z. B.
   - O Gebäudegrundrisse und Gebäudeformen,
   - O Unterkellerung,
   - O Deckenbelastungen, Stützabstände,
   - O Energieführung innerhalb und außerhalb der Gebäude für Ver- und Entsorgung,
   - O Gestaltung der Maschinenfundamente,
   - O Bodenbelastung und Industriefußbodenausbildung,
   - O Dachausbildung, Wandverkleidungen,
   - O Tore, Türen, Seitenfenster, Oberlichter,
   - O Treppen, Aufzüge, Krananlagen,
   - O Brücken, Laderampen, Werkstraßenanbindung,
   - O Brandmeldeanlagen, Rauch- und Wärmeabzugsanlagen,
   - O Außenanlagen (Grünflächen etc.).

3. die Details der Maschinen und Anlagen, der Arbeitsplätze und Arbeitsumgebung und der betrieblichen Abläufe, wie z. B.
   - O Maschinen- und Anlagenauslegung mit Kapazitäten,
   - O Anlagen- und Maschinenliste,
   - O Betriebsmittelzuordnung, Arbeitsplatzanordnung* (z. B. Verrichtungsprinzip, Flußprinzip),
   - O Lagerauslegung, Lagergestaltung,
   - O Fördermittel und deren Verkettung mit Maschinen und anderen Arbeitsplätzen,
   - O Arbeitsumgebung, wie Farbgestaltung, Beleuchtung, Belüftung, Heizung, Klima unter Beachtung der seit dem 1.5.1976 gültigen Arbeitsstättenverordnung,
   - O Arbeitsplatzgestaltung** nach gesicherten arbeitswissenschaftlichen Erkenntnissen, wie es das Betriebs-Verfassungsgesetz 1972 vorschreibt [139],
   - O Arbeitsablauffestlegung***.

4. die ökonomischen Details, wie z. B.
   - O Investitionen mit Nachweis ihrer Rentabilitäten und Rückflußzeiten,
   - O Finanzplan,
   - O Herstellkosten der geplanten Produktion.

Spätestens zu diesem Zeitpunkt muß auch die Klärung aller baurechtlichen Fragen abgeschlossen sein.

Die Einzelaufgaben des Planers in der Ausführungsstufe sind somit:

- O Genaue Strukturen der Fertigungs- und Hilfsbetriebe sowie der Verwaltung festlegen.
- O Genaue Struktur der Lager als Wareneingangs-, Zwischen- und Warenausgangslager bestimmen.
- O Alle Verkehrs- und Transportwege innerhalb und außerhalb der einzelnen Bereiche fixieren.
- O Darstellung der Nutzung der Freiflächen außerhalb der Gebäude als Freilager, Hilfsgüter- und Abfall-Lagerflächen – unter Beachtung der Brandschutz-Vorschriften.
- O Erarbeitung der genauen Betriebsmittelzuordnung (Maschinen, Arbeitsplätze und Anlagen).
- O Genaue Darstellung des Soll-Materialflusses, der Fördermittel, Förderhilfsmittel und Förderanlagen (ortsfeste, schienengebundene, hochfrequenzgesteuerte etc.).
- O Festlegung der genauen Lage und der Abmessungen der einzelnen Handarbeitsplätze entsprechend dem Gesamtablauf.
- O Darstellung der
  - – Arbeitsplatzgestaltung
  - – Beleuchtung/Belichtung
  - – Be- und Entlüftung
  - – Heizung und Klimatisierung
  - – Farbgestaltung
  - – Unfallschutzmaßnahmen
  - – Lärmabwehr
  - – Sozialeinrichtungen (wie Aufenthaltsräume, Umkleideräume, Waschanlagen, sanitäre Ausrüstung, Kantine etc.)
- O Berechnung und zeichnerische Darstellung der Energieführung (Leitungen und Anschlüsse) für
  - – Heizung
  - – Lüftung
  - – Wasser (heiß, kalt)
  - – Abwasser
  - – Elektrizität
  - – Druckluft
  - – Gas
  - – Dampf etc.

Wichtig ist die Koordination dieser Leitungsnetze nicht nur innerhalb der Gebäude, sondern auch in der Zuführung von und zu den einzelnen Gebäuden.

* *Betriebsmittel*: Geräte oder Maschinen, die in irgendeiner Weise in einem System daran beteiligt sind, die Arbeitsaufgabe zu erfüllen.

** *Arbeitsgestaltung* (auch Arbeitsbestgestaltung, Systemgestaltung): Schaffen eines aufgabengerechten, optimalen Zusammenwirkens von arbeitenden Menschen, Betriebsmitteln und Arbeitsgegenständen durch zweckmäßige Organisation von Arbeitssystemen unter Beachtung der menschlichen Leistungsfähigkeit und Bedürfnisse.

*** *Arbeitsablauf*: Räumliche und zeitliche Folge des Zusammenwirkens von Mensch und Betriebsmitteln, um Arbeitsgegenstände gemäß der Arbeitsaufgabe zu verändern.
Im Arbeitsablauf wird erfaßt, wo (in welcher Abteilung an welchem Arbeitsplatz), wann (in welcher zeitlichen Aufeinanderfolge) und womit (mit welchen Menschen und Betriebsmitteln) ein Arbeitsgegenstand gemäß der Arbeitsaufgabe verändert oder verwendet wird.

Je genauer diese einzelnen Details ausgearbeitet werden, um so zügiger und störungsfreier laufen später die Bauplanung und Realisierung.

Bei dieser vielschichtigen Feinplanung muß die fertigungs- und materialflußgerechte Gesamtkonzeption, wie sie im Layout der vierten Stufe erarbeitet wurde, gewahrt bleiben.

Nicht das Optimum einzelner Elemente ist entscheidend, sondern die Gesamtoptimierung des Systems.

Nach Abschluß der Ausführungsplanung muß die Entscheidung zur Realisierung herbeigeführt werden.

Rechtzeitig nach Vorklärung aller technischen und ökonomischen Fragen und vor allem vor der Entscheidung muß der Betriebsrat umfassend informiert und zur Beratung hinzugezogen werden. Diese rechtzeitige Unterrichtung des Betriebsrates ist in § 90 BetrVG (1972) geregelt. Hier heißt es:

„Der Arbeitgeber hat den Betriebsrat über die Planung von Neu-, Um- und Erweiterungsbauten von Fabrikations-, Verwaltungs- und sonstigen betrieblichen Räumen, von technischen Anlagen, von Arbeitsverfahren und Arbeitsabläufen und der Arbeitsplätze rechtzeitig zu unterrichten und die vorgesehenen Maßnahmen, insbesondere im Hinblick auf ihre Auswirkungen auf die Art der Arbeit und die Anforderungen an die Arbeitnehmer, mit ihm zu beraten. Arbeitgeber und Betriebsrat sollen dabei die gesicherten arbeitswissenschaftlichen Erkenntnisse über die menschengerechte Gestaltung der Arbeit berücksichtigen.“

Der Betriebsrat hat entsprechend § 90 BetrVG in folgenden Fällen Anspruch auf Unterrichtung und Beratung:

- bei der Planung von Neu-, Um- und Erweiterungsbauten von Betriebsräumen aller Art;
- bei der Planung von technischen Anlagen, und zwar nicht nur bei der Neuplanung, sondern auch bei Änderungsplanung bestehender technischer Anlagen;
- bei der Neu- und Änderungsplanung von Arbeitsverfahren und Arbeitsabläufen;
- bei der Arbeitsplatzgestaltung.

Die Zusammenarbeit zwischen Unternehmer und Betriebsrat bei der Planung soll sicherstellen, daß die Erkenntnisse der Arbeitswissenschaft, der Arbeitsmedizin, der Arbeitspsychologie und der Arbeitsphysiologie bei der menschengerechten Gestaltung der Arbeit berücksichtigt werden.

Die REFA-Methodenlehre [5, 6] ist für den Planer deshalb das unentbehrliche Rüstzeug, um diese Forderungen zu erfüllen.

Haben sich Arbeitgeber und Betriebsrat über die Durchführung geeinigt, steht der Realisierungsfreigabe durch die Unternehmensführung nichts mehr im Wege.

Mit dieser Freigabe ist das Startzeichen für die Realisierung des Projektes gegeben. Damit beginnt die letzte Stufe der Systemplanung.

4.6 Stufe 6 der Systemplanung: Projektrealisierung und Kontrolle der Zielerfüllung

Die Aufgaben dieser letzten Stufe werden in drei Gruppen eingeteilt:

1. Einführungsplanung und Ausführungsorganisation
2. Probelauf, Abnahme, Inbetriebnahme
3. Zielerfüllung kontrollieren; Projektabschluß

4.6.1 Einführungsplanung und Ausführungsorganisation

Bei der *Einführungsplanung* geht es im wesentlichen um folgende Aufgaben:

- Erstellung der technischen und kaufmännischen Unterlagen für die Einzelsysteme
- Beschaffungsvorbereitung
- Ausschreibung und Auswertung der Angebote
- Vergabeverhandlung und Auftragsvergabe
- Durchführung der Montageplanung
- Entwicklung der Umzugsplanung
- Planung der Abnahmeprüfung von Anlagen und Maschinen
- Planung der Inbetriebnahme
- Vorbereitung der Mitarbeiter-Unterweisung

Die Zeiten und Kosten der Durchführungspläne finden ihren Niederschlag im Finanz- und Terminplan (vgl. Bild 22, S. 46).

Eine eindeutige Abgrenzung und Zuordnung *aller* Detailpläne untereinander ist bei den Durchführungsplänen schwierig und auch teilweise nicht nötig.

Je nach Lage der Situation – d. h. nach

- Komplexität der Einzelaufgabe und
- Termindruck –

werden diese Einzel-Durchführungspläne mehr oder weniger umfangreich ausgearbeitet, bei der Anlagenplanung im allgemeinen durch die Anlagenhersteller.

In der *Ausführungsorganisation* werden zunächst der Montageleiter bestimmt und die Durchführungsmodalitäten festgelegt.

Innerhalb der Durchführungsphase ist eine möglichst enge Zusammenarbeit zwischen allen Beteiligten notwendig, also dem Planer, der Ausführungsleitung und dem späteren Anlagen-Benutzer, weil mit Sicherheit das eine oder andere Detail bei der Planung übersehen worden ist oder unerwartet Schwierigkeiten auftreten, die ein Abweichen vom Detailplan notwendig werden lassen.

4.6.2 Probelauf, Abnahme, Inbetriebnahme

Zwischen der Anlageninstallation, der Übergabe und der Inbetriebnahme liegt die wichtige Phase der Probeläufe und der Abnahme. Die Erfahrung lehrt, daß kurzzeitige Funktionsprüfungen und Probeläufe keine zuverlässigen Aussagen über das tatsächliche Verhalten der Anlage im laufenden Betrieb geben. Dauerprüfungen, möglichst unter betriebsmäßigen Bedingungen sind dazu nötig. Dies gilt ganz besonders für komplizierte verfahrenstechnische sowie hochmechanisierte und automatisierte Anlagen.

Diese Probeläufe, die mit Nachjustierungen, Qualitätsverbesserungen, Ausschußreduzierung etc. verbunden sind, dauern mehrere Wochen und nicht selten Monate.

Deshalb ist es wichtig, so früh wie möglich mit den *Einzelprüfungen* bzw. den *Einzelprobeläufen* zu beginnen. Diese Probeläufe sollten immer mit der Montageleitung und dem Beauftragten der Liefer- und Montagefirma und dem späteren Benutzer *gemeinsam* durchgeführt werden, vor allem, weil diese Probeläufe normalerweise auf Risiko des Lieferanten durchgeführt werden; die Anlagen sind noch nicht vollständig bezahlt und sind damit noch Eigentum des Lieferanten.

Von jedem Probelauf ist ein Protokoll anzufertigen, aus dem das Ergebnis und die besonderen Vorkommnisse deutlich hervorgehen, dies, um mögliche Mängel zu dokumentierenen und um sofort die *richtigen* Maßnahmen zu deren Beseitigung einleiten zu können.

Mit dem erfolgreichen Abschluß (Schlußabnahme) beginnt die Garantiezeit und natürlich der Gefahrenübergang vom Lieferanten auf den Benutzer.

Es ist zweckmäßig, die Mitarbeiter, die später für die Anlage verantwortlich sind, bereits im Frühstadium der Montage mit hinzuzuziehen. Dadurch lernen sie die einzelnen Gegebenheiten, Stärken und Schwächen der Anlage kennen, können Schritt für Schritt die Montage verfolgen und werden so mit den Details vertraut.

Das Bedienungspersonal sollte auf jeden Fall bei den Probeläufen dabei sein. So können die Mitarbeiter rechtzeitig in der Bedienung und Pflege der Anlage unterwiesen werden.

An den Benutzer gehen alle anlagenspezifischen Zeichnungen, Pläne, Schriftstücke und natürlich auch die Ersatzteillisten.

4.6.3 Zielerfüllung kontrollieren; Projektabschluß

Mit der Schlußabnahme beginnen Projektabrechnung und Enddokumentation der Projektplanung. Die *Projektabrechnung* besteht aus

- O der Erstellung der Endabrechnung der einzelnen Investitions-Objekte und
- O der Abrechnung der (Planungs-)Kosten, die durch die Planungsaufgabe entstanden sind.

Durch einen Soll-Ist-Vergleich in Zeit und Kosten wird dieser Teil der Zielerfüllung überprüft.

Danach wird das Planungsteam aufgelöst.

Die Erstellung der *Enddokumentation* ist nicht nur ein Nachweis des Projektabschlusses, sondern ein wichtiges Nachschlagewerk für die Benutzer und die Instandhaltungsbereiche.

Das eingeführte System muß in regelmäßigen Zeitabständen vom bisherigen Projektleiter gemeinsam mit dem Benutzer *überwacht* werden, um sicherzugehen, daß die geplanten Arbeitsverfahren, Arbeitsmethoden und Arbeitsabläufe auch tatsächlich angewendet und die geplanten Leistungen auch wirklich erbracht werden.

Diese Überwachung wird gleichzeitig dazu benutzt, um weitere Rationalisierungsansätze zu erkennen.

Nach einer Einarbeitungszeit von ca. 3–12 Monaten, je nach Größe des Objektes, ist zu kontrollieren, ob die von der Planung ausgewiesenen technischen, organisatorischen und ökonomischen Verbesserungen auch tatsächlich eingetreten sind. Erst mit dieser Erfolgskontrolle kann eigentlich von Überprüfung der Zielerfüllung gesprochen werden.

Gleichermaßen wichtig ist, aus den festgestellten Planungsabweichungen

- O reale Fakten für spätere Planungen abzuleiten (Rückkopplung) und
- O neue Optimierungs- und Rationalisierungsvorhaben zu entwickeln.

Leider wird diese letzte Aufgabe einer Planung nicht immer konsequent durchgeführt. Wichtige Erkenntnisse gehen dadurch verloren.

5 Leitsätze der erfolgreichen Produktionsstättenplanung

Die Erfassung und Untersuchung der Daten, Bedingungen und Einflüsse, die die Zielsetzung eines Unternehmens bestimmen oder beeinträchtigen, erfordern den größten Teil der Arbeitszeit der Planenden. Je besser es jedoch gelingt, den Bedingungen und ihren Gesetzmäßigkeiten auf die Spur zu kommen, desto zutreffender kann die Planung werden.

Um Fehler und Schwächen bei der Planung von Produktionsstätten von vornherein weitgehend auszuschalten, ist es ratsam, nachfolgende Leitsätze zu beachten:

1. Festlegen, worin die Gesamtaufgabe besteht.
2. Unterstützung bei anderen Vorgesetzten und Mitarbeitern für die Realisierung der Planungsaufgabe suchen.
3. Alle erforderlichen Unterlagen beschaffen.
4. Gesamtaufgabe im Licht der vorhandenen Unterlagen neu formulieren.
5. Der Stufenfolge der Systemplanung folgen und die einzelnen Phasen ineinandergreifen lassen.
6. Erst das Ganze, dann die Einzelheiten planen.
7. Der Planung stets die Ideal-Lösung zugrunde legen.
8. Sowohl von den gegenwärtigen Daten als auch von den Prognoseergebnissen ausgehen.
9. Alle notwendigen Gegebenheiten analysieren.
10. Mehrere Alternativvorschläge erarbeiten.
11. Die beste Lösung vorschlagen und begründen.
12. Anschauliche Darstellungen benutzen.
13. Die anderen vom Ergebnis objektiv überzeugen.
14. Die Genehmigung der Planung herbeiführen, damit die Realisierungsphase in Angriff genommen werden kann.
15. Erst planen, dann bauen – nicht umgekehrt!

Teil 2
Planungstechniken, Methoden und Mittel zur Lösung der Grund- und Detailaufgaben der Produktionsstättenplanung

6 Planungs-Management

Die Antwort auf die Frage, ob

- der Anlagenplaner,
- der in der Planung von Industrieanlagen erfahrene Architekt oder
- der Industrial-Engineer (Planungs-Ing., REFA-Ing.)

mit der Produktionsstättenplanung beauftragt werden soll, lautet:

- In erster Linie sollte die Aufgabe durch gute und erfahrene Planungs-Ingenieure angegangen, und
- in zweiter Linie sollte die Auswahl nach den Gegebenheiten des Projektes getroffen werden.

Das bedeutet:

- Bei Investitionsvorhaben, bei denen umfangreiche *Produktions-* und *verfahrenstechnische Anlagen* im Mittelpunkt der Planung stehen, ist der *Anlagen-Planer* vorzuziehen.
- Bei Projekten mit Schwerpunkt auf dem *baulichen Sektor* z. B. Verwaltungsgebäude ist der *Industrie-Architekt* vorzuziehen.
- Bei *Produktionsstättenplanungen*, deren Schwergewicht auf der organisatorischen, technisch-ökonomischen Seite liegt, ist der *Industrial-Engineer* am Platze.

So wird in der Praxis mit Erfolg verfahren. Diese Ansicht wird auch in der übrigen Fachliteratur vertreten [50–53] .

6.1 Planungsteam

Die Planung von Produktionsstätten fordert von den Planenden vielfältige fachliche Erfahrungen und vollständige Kenntnisse der *gegenwärtigen und zukünftigen Situation des Unternehmens.* Produktionsstätten sind, wie bereits deutlich gemacht, technisch-ökonomische Systeme. Die Planung solcher Systeme erfordert ein dem System angepaßtes Planungsteam. Die Vielzahl der Planungseinflüsse und der fachlichen Aspekte in der modernen Produktionsstättenplanung kann nur im Team bewältigt werden. Der eigentliche Kern des Planungsteams besteht je nach Projektgröße aus zwei bis sechs Fachleuten, also Planungsingenieure, Architekten und Materialfluß-Ingenieure. Zeitweise stehen Fachleute des Betriebes, wie Betriebsleiter, Produktionsleiter, Arbeits-Techniker, Methoden-Fachleute, Kosten-Ingenieure und EDV-Fachleute zur Verfügung. Darüber hinaus werden Spezialisten für Heizung, Lüftung, Elektrotechnik, Lagertechnik, Arbeitsmedizin, Straßenbau, Sanitärtechnik, Umweltschutz und Verfahrenstechnik aus anderen Betriebsbereichen oder aus Beratungsunternehmen hinzugezogen.

Bei ausgesprochenen Anlagen-Details ist es zweckmäßig, die Anwendungstechniker oder Planungs-Ingenieure möglicher Lieferfirmen zur Beratung hinzuziehen.

Das Planungsteam besteht somit aus

- einer *betriebseigenen Planungsgruppe,* der Kernmannschaft, die genaue Kenntnisse über Markt, Produkte, Produktionsmittel und Produktionsverfahren besitzt und
- *betriebsfremden Planern* oder Beratern aus einem Beratungsunternehmen, die spezielle Erfahrungen aus ähnlichen Aufgaben besitzen. Sie beherrschen durch laufende Übung die notwendigen System- und Strukturplanungsmethoden auch aus anderen Branchen, die für den jeweiligen Fall nutzbringend angewendet werden können.

Die Praxis zeigt, daß durch derartige interdisziplinäre Zusammenarbeit die größte Anzahl von Planungsideen und Lösungsvorschlägen entsteht, die dann zu einer wirklich optimalen Lösung führen.

Die Planungs-Arbeit erfolgt unter räumlicher Zusammenfassung der Projektgruppe, um eine laufende inhaltliche Abstimmung und den Informationsaustausch zwischen allen Teammitgliedern zu gewährleisten. Das Planungsteam kann seine Aufgabe aber nur dann zufriedenstellend lösen, wenn alle erforderlichen personellen und fachlichen Kapazitäten, Bereitschaft zur Teamarbeit und lückenloses Projektmanagement garantiert werden.

Team – in unserem Sinne – ist nicht eine beliebige, ohne Kooperationsregeln vor sich gehende Zusammenführung von Experten verschiedenartiger Fachrichtungen. Für die Kooperation in einem Team gibt es strenge Regeln, wie sie Bild 23 darstellt.

Zusammenfassend ergeben sich folgende Grundvoraussetzungen, damit das Projektteam (Projektgruppe) effektiv arbeiten kann:

1. interdisziplinäre Zusammensetzung,
2. räumliche Zusammenfassung und
3. fachlich methodisches Zusammenwirken.

Vertiefende Literatur hierzu in [54–56].

INHALT

1 PROJECT-MANAGEMENT

① **Zur Ausgangsposition**

Die zunehmende Komplexität von Problemlösungsaufgaben in soziotechnischen Systemen hat zu einer Aufwertung des Spezialisten geführt, damit wird aber auch die Koordination der verschiedenen, zur Lösung komplexer Probleme notwendigen Expertenwissen zu einem organisatorischen Problem, zumal sich einzelne Leitungsorgane ungern bei „übergreifenden" Problemen von ranghierarchisch untergeordneten Organisationsmitgliedern beraten lassen. Die Folge ist eine sachliche Überforderung, und damit eine unfachgemäße Entscheidung.

② **Die Projektgruppe**

Um im Entscheidungsprozeß bei komplexen Entscheidungen möglichst die ganze Breite des in der Organisation vorhandenen Expertenwissens zur Geltung zu bringen, werden *Fachstellen* gebildet, denen Experten mit komplementären Fachwissen angehören. „Fachabteilungen, die aus einem Projektleiter und mehreren Projektmitarbeitern bestehen, sind die Folge."(Bleicher)

Voraussetzungen:

- Es handelt sich um eine *einmalige, zeitlich begrenzte Aufgabe.*
- Es wird ein Projektleiter bestimmt, der den Mitgliedern der Projektgruppe in fachlicher Hinsicht weisungsberechtigt ist; disziplinarisch bleiben die Gruppenmitglieder eines interdisziplinären Teams für zeitbegrenzte Sonderaufgaben an die Stammabteilung gebunden, während bei der Project Organization die disziplinarische Unterstellung sich auch auf den Projektleiter bezieht.

③ **Ausprägungen des Projekt-Managements**

3.1 *Project Organization*

Die Mitglieder der Projektabteilung werden eigens für die Erfüllung einer gestellten Projektaufgabe eingestellt.

3.2 *Arbeitsgruppe für zeitbegrenzte Sonderaufgaben*

Die Mitglieder eines interdisziplinären Teams für zeitbegrenzte Sonderaufgaben rekrutieren sich aus den verschiedenen Stammabteilungen der Organisation, sie nehmen nach Beendigung der Aufgabe wieder ihre innegehabte Stelle ein.

2 MATRIX-ORGANISATION

① **Fluktuierende Teams (Kollegien)**

Teamorientierte Strukturen entstehen durch

- Delegation von Entscheidungsbefugnis
- Zuweisung dieser Entscheidungsbefugnis an bestimmte Personen (nicht an Einzelpersonen!)

Das Team mobilisiert die bei der Kooperation von Spezialisten freisetzbaren Leistungsmöglichkeiten. Die Zusammensetzung der Teams läßt sich so vornehmen, daß die Teammitglieder ohne Rücksicht auf ihre ranghierarchische Stellung ausgewählt werden. Die Kooperation im Team unterliegt strengen Regeln, von deren Einhaltung die Leistungsfähigkeit des Teams abhängt:

- *Teammitgliedschaft*
  Teams haben drei, höchstens neun Mitglieder. Eine kleinere oder größere Zahl von Mitgliedern setzt die Leistungsmöglichkeiten des Teams herab.
- *Zeitdauer von Teamarbeit*
  Die Lebensdauer eines Teams ist nicht unbegrenzt. Nach einer Kooperationsdauer von etwa zwei Jahren verliert der Informationsaustausch zwischen den Teammitgliedern an Effizienz. (Die in ihren Köpfen eingespeicherten Informationen sind ausgetauscht.)
- *Expertenwissen und Kooperationsbereitschaft*
  Bei der Auswahl der Teammitglieder muß darauf geachtet werden, daß sich alle Teammitglieder als Experten ihres Fachgebietes verstehen und in dieser Hinsicht von den anderen Teammitgliedern anerkannt werden. Fachliche Kompetenz und menschliche Bereitschaft zur vollkommenen Information der anderen Teammitglieder darf von keinem Teammitglied gegenüber irgendeinem anderen angezweifelt werden.
- *Teamvermaschung*
  Vermaschte Teams als Ergänzung der Hierarchie für Problemlösungsaufgaben beenden die Genie-Romantik. In der modernen postindustriellen Organisation wird ein Schwarm von Teams – als „strategisches Management" – die Hierarchie umgeben. Die Hierarchie bleibt als "operating management" mit Entscheidungs- und Konfliktlösungsfunktion erhalten.

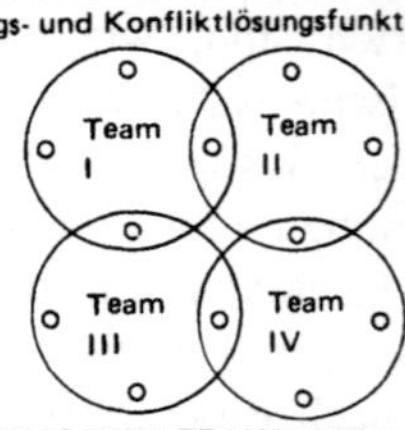

VERMASCHTE TEAMSTRUKTUR

23 Ordnung und Zusammenarbeit im Team *Bildquelle* [54]

Das Planungsteam kann auch ein *Generalplaner* oder *Generalunternehmer* sein. Dabei geht dann die Aufgabenstellung so weit, daß Struktur- und Bauplanung, Bauausführung und Betriebseinrichtung in einer Hand vereinigt sind.

Dem Generalunternehmer ist damit die Möglichkeit gegeben, ganze Werkseinheiten oder gar ganze Werke schlüsselfertig an den Bauherrn zu einem festen Preis und zu einem bestimmten Termin zu übergeben.

6.2 Projektleitung

Die Tätigkeiten des Planungsteams müssen methodisch-einheitlich, die Ergebnisse transparent und übersichtlich gestaltet und die Teammitglieder zielgerichtet, sachlich und zeitlich koordiniert werden. Das ist die Aufgabe des Projektleiters oder Projektmanagers.

System	Auftraggeber Geschäftsleitung	Betriebseigene Planer	Planungsteam	Externe Berater für Industrieplanung Bauplaner und Fachingenieure	
Tätigkeitsmerkmale	o Aufgabenstellung o Kontrolle o Entscheidung	o Verfahrensuntersuchung o Produktentwicklung o Absatzplanung	o Systemstruktur nach – Funktion – – Zeit – Raum – – Kosten	Bauprogramm	Spezialgebiete: – Heizung, Statik, Lüftung, Klima, Energie, Umweltschutz etc.
Planungsablauf					
Systemstudie erstellen	Aufgabenstellung Angaben über Geschäftsentwicklung, Marktlage, Finanzlage	Angaben über Erzeugnisse, Produktionsmittel, Kapazität, Betriebsdaten, Organisation	Systemanalyse nach Funktion, Zeit, Raum und Kosten sowie Ergebnisbewertung	Beurteilung des vorhandenen Baubestandes.	Vermessung, Beurteilung der vorhandenen Versorgungsanlagen etc.
	KONTROLLE UND VERABSCHIEDUNG DER ANALYSE				
Ideale Lösungsmöglichkeiten suchen		Erarbeiten idealer Struktur und Ablaufschemata ohne Berücksichtigung der gegebenen Situation		Untersuchung geeigneter Konstruktionen	Beratung bei speziellen Problemen
	KONTROLLE UND VERABSCHIEDUNG DES IDEALSCHEMAS				
Voruntersuchung			Ermittlung des Flächen-und Raumbedarfes unter Berücksichtigung der langfristigen Entwicklung	Aufstellen des Bauprogrammes	Aufstellung (Liste) der Versorgungsanlagen
Technisch und wirtschaftlich praktikable Lösungen ausarbeiten	Kontrolle und Beurteilung der Varianten nach technisch-ökonomischen Gesichtspunkten und Bewertung nach Produktivität, Wirtschaftlichkeit und Rentabilität. Vorschlag der optimalen Variante. Bestimmung der Ausführungsvariante			Beratung für das Konstruktionssystem	Beratung für Verkehrserschließung, der Versorgungssysteme und des Umweltschutzes
Ausführungsplanung	Genehmigung des zu realisierenden Ausführungsplanes und Auftrag für die Ausführung erteilen	Feinplanung der optimalen Variante nach Strukturen für Fertigung, Lagerung, Materialfluß, Nebenfunktion. Investitions- u. Terminplan. Produktabhängige Fertigungsanlagen, Vorrichtungen, Werkzeuge	Feinplanung als skizzierte Lösung der wesentlichen Teile der Anlagen mit Kosten- und Investitionsschätzung, Erläuterungsbericht, Verhandlungen bei Behörden über Maschinenaufstellung, Gebäude und Statik, Energieversorgung, Transportanlagen, Konstruktion, Brandschutz, Umweltschutz, Lagereinrichtungen etc.	Funktion – Raum – Zeit Kosten für Konstruktion und Architektur	Heizung, Klima, Energieversorgung, Be-, Entwässerung, Verkehrserschliessung

24 Schematischer Ablauf mit Genehmigungsregelung der Planung von Produktionsstätten

Für die *Gesamtdauer des Projektes* wird dieser zentrale Verantwortungsbereich geschaffen. Der Projektleiter ist damit der auf den Planungs- und Ausführungsablauf entscheidungsbefugte Vertreter der Unternehmensführung.

Er vertritt die gestellte Aufgabe der Unternehmensführung im Planungsteam und erwirkt von dieser die grundsätzlichen Entscheidungen. Den schematischen Ablauf mit Genehmigungsregelung zeigt Bild 24, (S. 53).

Der Projektleiter steht an der Spitze des Planungsteams und ist der Unternehmensführung gegenüber für das Planungsergebnis, für Ordnung und Zusammenarbeit im Team und für die Teamgrenzen überspringende Koordination zu anderen Unternehmensbereichen und zu außerhalb des Unternehmens stehenden Stellen verantwortlich. Von der Unternehmensführung erhält er die dazu notwendige Autorität und begrenzte Entscheidungsfreiheit.

Der Projektleiter wird an der erfolgreichen Teamführung und der Erreichung des Projektziels gemessen.

Die Stellung des Projektleiters überlagert eine bestehende Linienorganisation von verschiedenen Bereichen, z. B. Produktion, Verfahrenstechnik, Anwendungstechnik, Arbeitsvorbereitung, Verkauf, Einkauf, Lagerwesen, Produktplanung, Technische Dienste, Energieversorgung, Werksinspektion usw. Die legitime Einflußnahme dieser Bereiche auf das Planungsergebnis sollte durch sogenannte Konsultationsgespräche ermöglicht werden.

Die Praxis zeigt, daß alle Fäden, die mit der Planung und Ausführung zusammenhängen, zentral durch die Projektleitung zusammengehalten werden müssen. Diese verfügt zwar nicht über völlige Entscheidungsfreiheit, dafür aber über uneingeschränkte Planungsfreiheit, die sie an das Planungsteam weitergibt. Der Planer kann die ihm gestellte Aufgabe nur dann ganz und richtig erfüllen, wenn er seine Ideen zunächst im Feld des zukünftig Möglichen sucht. Seine Aufgabe besteht in der *Schaffung neuer Strukturen*. Dazu braucht er die Freiheit, die Grenzen des Bekannten, das sein Handeln einengt, zu verlassen. Diese Freiheit der kreativen Phantasie ist eine wichtige Voraussetzung erfolgreicher Produktionsstättenplanung.

Das Organigramm (Bild 25) zeigt, als Beispiel einer möglichen Organisationsform, den Standort der Projektleitung. Hier wird klar unterschieden zwischen Betriebsführung, Planung und Entscheidungsgewalt.

Die „Konsultationslinien" in beiden Richtungen – Projektleitung und Betriebsleitung – sollen verdeutlichen, daß eine *frühzeitige und umfassende Information an alle beteiligten Bereichsleiter* erfolgen muß, damit diese bei Bedarf zur Beratung und Entscheidung hinzugezogen werden können. Nur so ist eine kooperative Mitarbeit zwischen Planern und späteren Benutzern sichergestellt. Auf diese Weise wird auch im vorhinein der Aufbau von Informationsbarrieren vermieden.

Die Aufgaben des Projektleiters während des Planungsablaufs setzen schon wegen ihrer Vielfältigkeit und der erhöhten fachlichen Führungsanforderungen überdurchschnittliche Qualifikationen voraus. Die notwendigen Kenntnisse und Eigenschaften lassen sich wie folgt zusammenfassen:

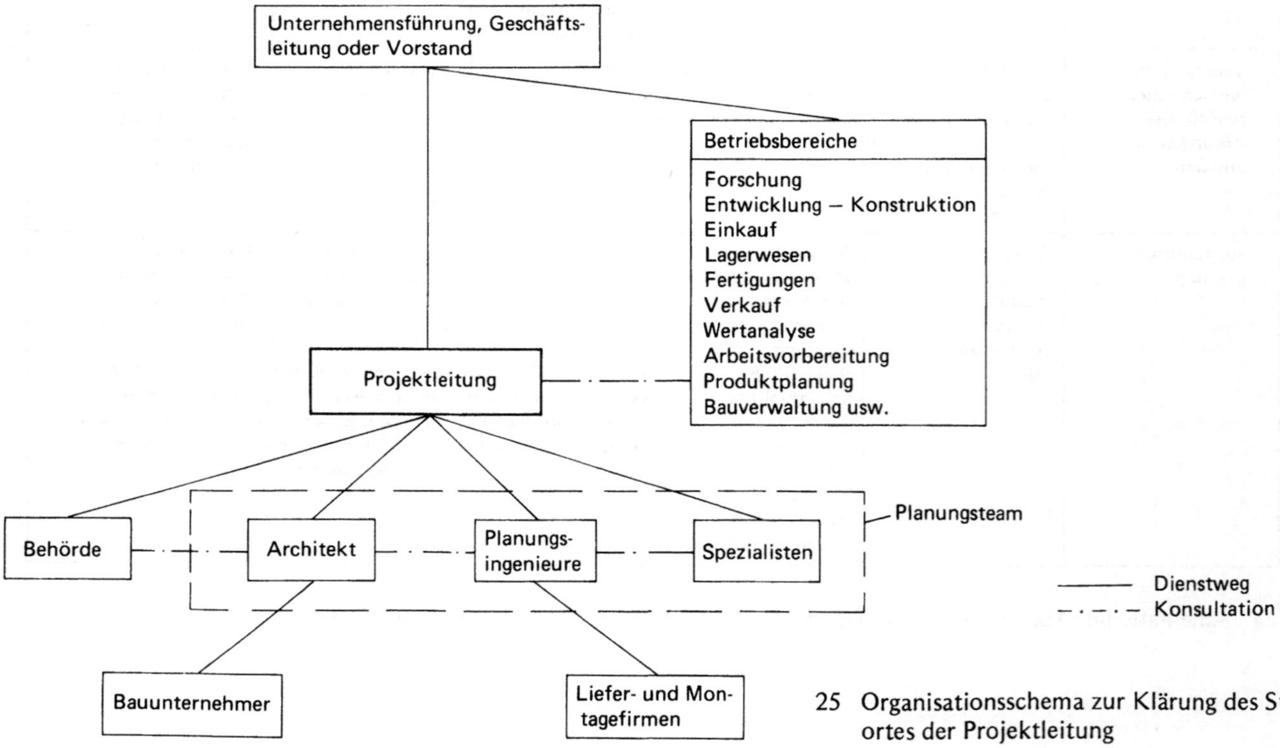

25 Organisationsschema zur Klärung des Standortes der Projektleitung

- O gute allgemeine (ingenieurmäßige) technische Ausbildung, Überblick über die verschiedenen Fachgebiete eines Unternehmens;
- O umfassende betriebswirtschaftliche Kenntnisse, kostenbewußtes Denken;
- O allgemeine kaufmännische Kenntnisse;
- O umfangreiche Kenntnisse der Methoden der Arbeits- und Zeitwirtschaft (REFA) sowie des Industrial-Engineering;
- O Beherrschung der planungstechnischen Methoden;
- O Verhandlungsgeschick, Initiative, dynamische Persönlichkeit mit organisatorischer Begabung und Erfahrung in Menschenführung.

Der Projektleiter ist also kein Spezialist, sondern ein *Generalist*. Er muß alle Zusammenhänge der Produktionsstättenplanung kennen. Von ihm kann nicht erwartet werden, daß er in allen Fachgebieten spezialisiert ist; er muß aber die Grundlagen beherrschen, um sich in Spezialfragen schnell einarbeiten zu können.

6.3 Arbeitsorganisation

Die Planung von Produktionsstätten ist zunächst eine Organisationsaufgabe. Diese ist als erste zu lösen [57, 58].

Zweckmäßig ist es, vor Beginn der Planung die wichtigsten Regeln der Projektabwicklung schriftlich zu fixieren

1. Nennung der Projektleitung mit Pflichten, Rechten und Verantwortung.
2. Nennung der Teammitglieder.
3. Nennung der zuständigen Beratungsmitglieder (Spezialisten) der einzelnen Bereiche.
4. Darstellung der Punkte 1–3 in einem Organigramm (Bild 25).
5. Regelung des Informationsverfahrens mit Nennung des Verteilers der zeitlichen Informationsintervalle und der Informationsform.
6. Regelung des Genehmigungsverfahrens. Es ist festzulegen, welche Planungsschritte zur Verabschiedung (Entscheidung) der Unternehmensführung vorzulegen sind. (Bild 24 zeigt einen solchen Ablauf). Er ist zweckmäßigerweise vor Beginn der eigentlichen Planungsarbeit aufzustellen.
7. Regelung der administrativen Abwicklung.
8. Regelung der Termin- und Kostenverfolgung.

Bild 24 zeigt den schematischen Ablauf der Planung von Produktionsstätten unter Einbeziehung der Planungsstufen des Systemablaufs mit den notwendigen Genehmigungen durch die Unternehmensführung und den Tätigkeitsmerkmalen der einzelnen Planungsgruppen im Planungsteam. Somit ist klar, wer was und wann zu tun hat bzw. wer wann eingeschaltet werden muß.

Durch diese Form der Arbeitsorganisation ist die Unternehmensführung in der Lage, *rechtzeitig* Beschlüsse fassen zu können, die sich auf den Planungsablauf auswirken sollen. Diese Arbeitsorganisation ist Grundlage für den Aufbau eines Netzplans, in der alle einzelnen Arbeitsschritte und Vorgänge unter Berücksichtigung der Zeiten und Kosten fixiert sind. Dieser Netzplan ist das Steuerinstrument des Projektablaufs (S. 65). In Abschnitt 7, Planungshilfsmittel, die Bestandteile der Arbeitsorganisation sind, wird ein Überblick über die Terminplanung mit Hilfe der Netzplantechnik gegeben.

6.4 Planungsumfang, Planungskosten, Point of no return

Die Planungskosten, die für eine gute Planung bereitgestellt werden müssen, sind – gemessen am Objektwert – klein. Dennoch wird häufig mit dem Beschluß zur Planung zu lange gewartet. Meist steht dann der Faktor Zeit der Durchführung einer sorgfältigen Planung im Wege.

Die Planungskosten setzen sich aus folgenden Kostengruppen zusammen:

1. Personalkosten des Planungsteams.
2. Honorare für externe Berater.
3. Aufwandsentschädigung für Spezialplanungen, z. B. Heizung, Lüftung, Bau etc.
   Dieser Aufwand für Fachingenieure und Architekten wird durch die Gebührenordnung für Ingenieure (GOI) und die Gebührenordnung für Architekten (GOA) geregelt.*
4. Kosten für Bodenanalysen und andere Gutachten.
5. Kosten für Modelle.
6. Kosten für Planungshilfsmittel.
7. Kosten für Versuche und Simulationen.
8. Kosten für Berichtschreibung (Schreibkräfte).
9. Spesen für eigene und externe Mitarbeiter.

Diese Kosten fallen nicht mit einem Schlag an, sondern kontinuierlich, und zwar zunehmend mit dem Planungsfortschritt, also jeder weiteren Planungsstufe der Systemplanung. Bild 26 (S. 56) zeigt den Projektkostenverlauf in Abhängigkeit von der Projektlaufzeit.

Die Praxis hat gezeigt, daß es zweckmäßig ist, die Gesamt-Projektkosten grob den einzelnen Planungsstufen 1–6 zuzuordnen. Sie sind als die „Projekt-Meilensteine" anzusehen. Diese *Projekt-Meilensteine* sind auch gleichzeitig die *Kosten-Arbeitspakete* [16]. Die hier beschriebene Darstellungsweise und Arbeitsmethode erleichtert zum einen die Projektkosten-Verfolgung durch Soll-Ist-Vergleich; zum an-

* 1976 durch HOAI (Honorarordnung für Architekten und Ingenieure) ersetzt.

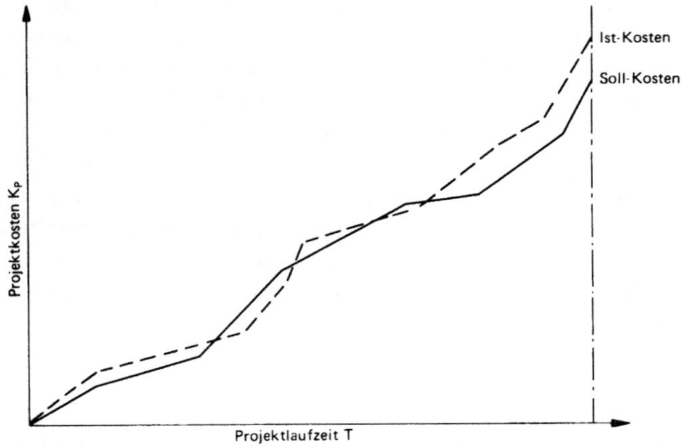

26 Projektkostenverlauf in Abhängigkeit von der Projektlaufzeit

deren ist so auch der Zeitpunkt bestimmbar, an dem ein Projektabbruch entweder ohne großen Schaden noch möglich oder bereits unsinnig geworden ist. Dabei darf aber nicht verkannt werden, daß die eigentlichen Projektkosten bei der Bestimmung des kritischen Abbruchpunktes eines Projekts nur einen geringen, teilweise sogar den unbedeutendsten Teil ausmachen.

Zur Abschätzung der Planungskosten ist es notwendig, sich über den Umfang der Planungsaufgabe *vor* Planungsbeginn Klarheit zu verschaffen. Der Planungsumfang bestimmt zwangsläufig den notwendigen Planungszeitraum, dieser wiederum die Planungskosten. So schließt sich der Kreis, vorgegeben aus der Stufe 1 und 2 des Planungsablaufs.

Bei der Festlegung des *Planungsumfangs* müssen folgende Fragen geklärt sein:

1. Mit welchem Feinheitsgrad sollen die einzelnen Planungsstufen durchgeführt werden und wie tief soll die Detailplanung der einzelnen Bereiche erfolgen?
2. Soll neben der Planung auch die Realisierung der ersten Baustufe in die Projektführung eingeschlossen werden?
3. In welchem Umfang sind die zur Planung notwendigen Unterlagen vorhanden und sind diese aktuell? Z. B.: frühere Verkaufszahlen, Fertigungspläne und Fertigungszeiten, Geländepläne, Grundstücksplan, Verbrauchskennzahlen für Elektrizität, Gas, Wasser, Druckluft, Dampf etc. Sind solche Unterlagen nicht vorhanden, so müssen sie beschafft werden. Das erfordert zusätzliche Planungszeit und erhöht nicht unerheblich die Planungskosten.
4. Zu welchen Wunschterminen (Vorgabetermine) sollen
   a) die Planung und
   b) die Projektrealisierung abgeschlossen sein?

   Mit dieser Frage wird vorentschieden, in welchem Umfang externe Beratungs- und Ausführungskapazitäten beschafft werden müssen, die wiederum zusätzliche Kosten verursachen und die Projektkosten nach oben treiben.

Hier gilt es, die optimale Projektdauer zu ermitteln. Den Zusammenhang zwischen dem zeitlichen Projektablauf und den Projektkosten zeigt Bild 27.

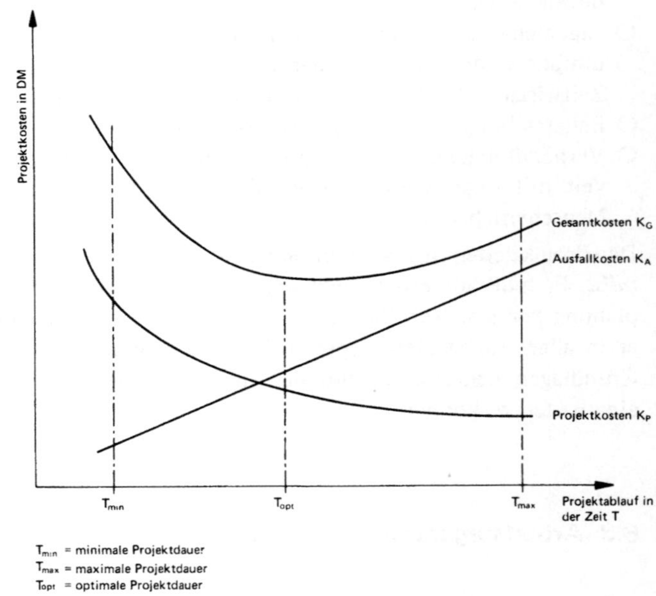

27 Zeit-Kosten-Optimierung

Bei der laufenden Kontrolle des Projektablaufs durch Soll-Ist-Vergleich der Kosten-Arbeitspakete ist auch grundsätzlich auf die mögliche *Mortalität* zu achten, d. h. auf die Möglichkeit, daß das Projekt abgebrochen werden muß.

Mortalität bedeutet im allgemeinen Sprachgebrauch Sterblichkeit. Im zeitlichen Ablauf der Produktionsstättenplanung können externe und interne Veränderungen, z. B. auf den Absatzmärkten, die Unternehmensstrategie in bestimmten Richtungen verändern und damit die Planung zum Abbruch („Sterben") zwingen. Diese Sterblichkeitsmöglichkeit wird mit Moralität eines Projektes bezeichnet. Anders ausgedrückt: Die Mortalität ist die potentielle Chance, daß das Projekt abgebrochen werden muß. Diese „Chancen" werden im Frühstadium eines Projektes größer sein, mit zunehmender Dauer eines Projektes jedoch abnehmen.

Bei jedem Projekt gibt es einen *point of no return*, nach dem ein Abbruch nicht mehr sinnvoll oder gar nicht mehr möglich ist.

Die Kriterien hierfür sind:

1. Folgeschäden ökonomischer Art.
2. Folgeschäden sozialer Art.
3. Die Notwendigkeit, bestehende Verträge zu erfüllen.
4. Imageverlust auf dem Markt.
5. Prestigeverlust bei den Kunden.
6. Verlust ganzer Märkte.
7. Folgen unübersehbarer Art.

Es ist also notwendig, alle diese Punkte im Projektablauf (Projektführung) genau zu beobachten und laufend zu prüfen, wann dieser point of no return erreicht ist. Es besteht dann die Möglichkeit, das Projekt noch rechtzeitig vor diesem Punkt abzubrechen. Danach besteht dann keine Möglichkeit mehr, das Projekt ohne größere Schäden abzubrechen. Die genaue Quantifizierung des point of not return wird in [16] behandelt.

Dort wird auch zum Thema „Halbwertzeit eines Systems" (Projekt) berichtet, wobei unter Halbwertzeit der Projektzeitpunkt verstanden wird, an dem die ursprünglich vorhandenen Erkenntnisse zur Hälfte bereits überholt sind. Dieses Problem tritt allerdings nur bei sehr langfristigen Projekten auf (Waffensysteme, Raumfahrt).

Weitere vertiefende Information findet der interessierte Leser in [59–66].

7 Planungshilfsmittel

7.1 Hilfsmittel der Planung

Es ist notwendig, daß sich der Planer geeigneter Hilfsmittel und Instrumente bedient.
Hierbei handelt es sich um:

1. *Begriffe und Notationen für die gegenseitige Verständigung*

Eindeutige Begriffe sind bei Planungen zwingend notwendig, um Systeme exakt beschreibbar und beurteilbar zu machen.
Viele Notationen sind aus der Mathematik, Physik, Chemie und Arbeitswissenschaft übernommen worden, z. B.
m für eine bestimmte Menge
t für Zeit allgemein
te für Zeit je Einheit
v für Geschwindigkeit
f für Funktion
∇ für Lagerung im Materialfluß
⇒ für Transportrichtung

2. *Mathematische Modelle für die Lösung einzelner Systemprobleme*

Sie dienen zur Lösung begrenzter Optimierungsprobleme, z. B. Wartezeitprobleme, Lagerhaltungsprobleme, Bedarfsprobleme etc.
Die Anwendung mathematischer Modelle gehört zu den bekannten Lösungsmethoden der Objektplanung. Die mit der Erstellung und Anwendung der mathematischen Modelle des Operations Research verbundenen Probleme werden in [67–75] diskutiert; sie sind nicht Gegenstand dieses Buches. Die Literatur zu diesem Thema ist lediglich ausgewählt, gibt aber gleichzeitig einen Überblick über die modernen Entwicklungstendenzen auf diesem Gebiet.

3. *Die Netzplantechnik zur Planung, Steuerung und Überwachung der Projektabläufe*

Einzelheiten hierzu unter 7.5 Terminplanung.

4. *Zweidimensionale Layouts als Gesamtdarstellung oder als Detailplanung von Subsystemen oder Systemelementen*

Einzelheiten hierzu unter 7.3 Darstellungsformen der Planungsergebnisse.

5. *Mehrschichtige synoptische Klebepläne für die zusammenfassende Darstellung aller Systemelemente*

Die Darstellungen erfolgen mit genau festgelegten grafischen und farblichen Symbolen. Synoptische Klebepläne stellen Systeme, Strukturen und Elemente von Produktionsstätten auf durchsichtigen Kunststoff-Folien in getrennten Schichten dar. Die Transparenz der einzelnen Schichten erlaubt es, Elemente, Strukturen und Systeme direkt zueinander in Bezug zu setzen und in ihren Zusammenhängen zu beurteilen. So können auch komplizierte Zusammenhänge übersichtlich dargestellt werden.

6. *Maßstäbliche Modelle zur Darstellung räumlicher Strukturen*

Die Verwendung dreidimensionaler Modelle ist von besonderer Nützlichkeit, wenn man Mitarbeitern, die zweidimensionale Darstellungen nicht lesen können, ein gutes Bild der Planungsergebnisse vermitteln will. Hierfür eignen sich
- maßstäbliche Holz- oder Plexiglasmodelle mit übereinander angeordneten, möglichst demontierbaren Geschossen;
- Modelle aus Polystyrol, einem Material, das sich mit heißem Draht bzw. Spezialwerkzeugen leicht bearbeiten läßt. Vorzüge: Die Modelle sind vom Gewicht her sehr leicht und außerdem billig in der Herstellung;
- handelsübliche Raummodelle aus Holz, Kunststoff oder Metall;
- maßgenaue Kleinelemente mit genormten Abmessungen (Modulex, Lego etc.). Vorzüge: Flexibilität und Wiederverwendbarkeit.

Weitere Angaben zur Modelldarstellung findet der Leser in [76, 77].

7.2 Das Projektbuch

Es wird mit der Projektbeschreibung zu Beginn der Planung angelegt. Hier werden alle Daten über Planungsunterlagen, Terminpläne, über an der Planung beteiligte Personen, Behörden und Institutionen festgehalten. Es zeigt am Projektende in chronologischer Reihenfolge den gesamten Planungsablauf.

7.3 Darstellungsformen der Planungsergebnisse

Grundlage der Planung ist das Layout. Unter Layout wird die Anordnung von Gegenständen auf einer Fläche verstanden. Je nach Verwendungszweck wird unterschieden zwi-

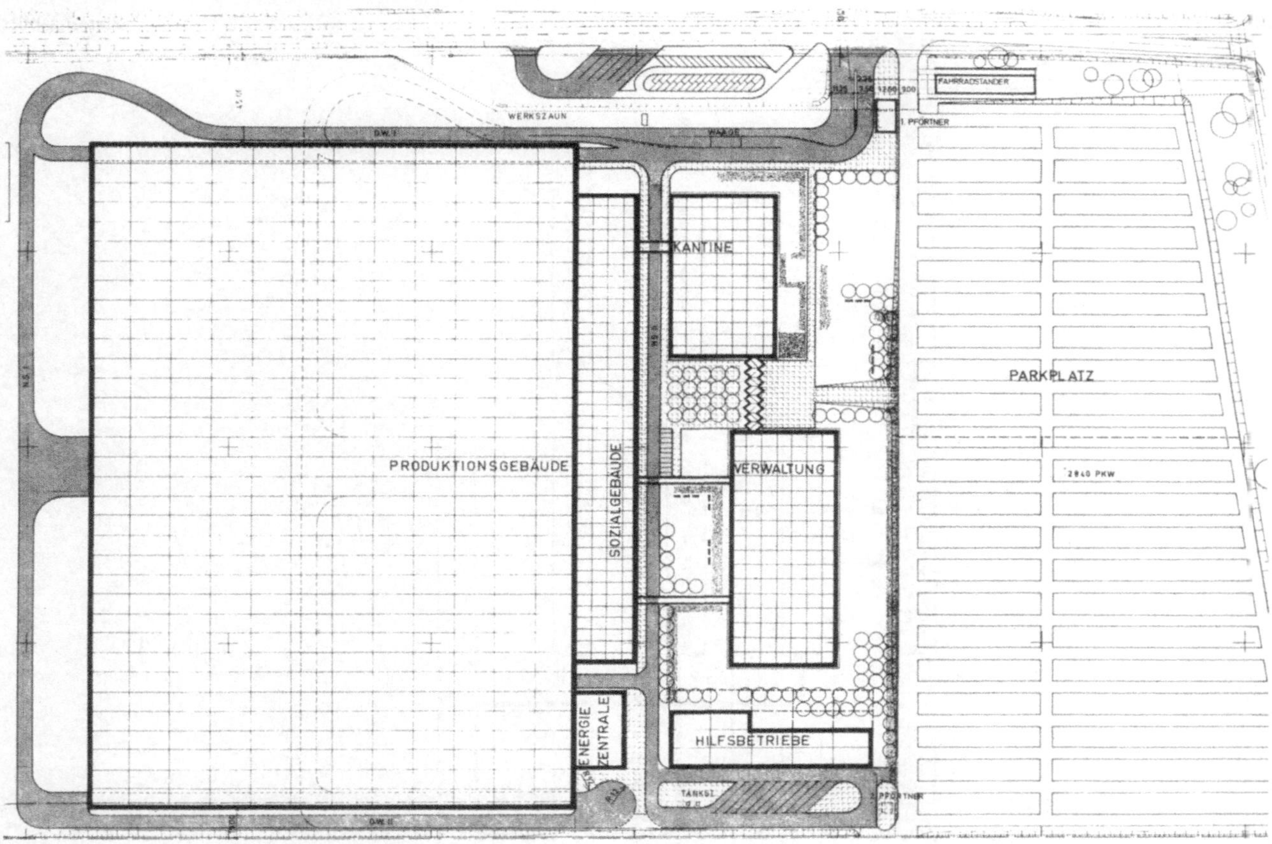

28 Flächendarstellung einer Werksanlage *Bildquelle:* Zentralblatt für Industriebau 9/71

schen General-Layout oder General-Strukturplan in den Maßstäben 1:1000; 1:500; 1:200; 1:100 und dem Detail-Layout, Fein-Layout oder Einrichtungs-Layout in den Maßstäben 1:50, 1:20; 1:10.

Weitere Maßstäbe sind in den VDI-Richtlinien 3242 [76] festgelegt und in [77] im Detail erläutert.

Man unterscheidet zwischen zwei Darstellungsmodellen.

1. der Flächendarstellung = Flachmodell (Bild 28) und
2. der räumlichen Darstellung = Raummodell (Bild 29).

Flachmodelle:

- Zeichnen auf Transparentpapier (geeignet für Lichtpausen),
- Aufstecken von schematischen Pappe-Flachmodellen mittels Nadeln,
- Aufkleben von Klebestreifen und Flachmodellen auf transparenten Folien,
- Planen auf Magnettafeln mit Flachmodellen, unterstützt durch Klebestreifen und Klebefolien.
- Zur Darstellung von Wänden, Grundstücks- und Wegbegrenzungen, Stetigförderern, Materialfluß-Mengen etc. eignen sich vorzüglich Selbstklebebänder in verschiedenen Breiten, Ausführungen und mit unterschiedlichen Symbolen.

Die Vervielfältigung der Magnet-Flachmodelle ist nicht ganz problemlos (fotomechanische Reproduktion).

Bei der Planung von Produktionsstätten wird besonders in der Phase der Ausführungsplanung und Betriebsmittelzuordnung eine Vielzahl verschiedener Pläne und Zeichnungen benötigt. Sie dienen zur Verständigung zwischen Planungsteam, Architekt, Bauunternehmen, den Gewerken und Lieferanten sowie den Behörden.

Genauso wie bei der Konstruktion von Erzeugnissen haben Zeichnungen bei der Produktionsstättenplanung die Funktion, die wachsende Konkretheit des Planungsprozesses exakt wiederzugeben. Man unterscheidet:

- Schema-Zeichnung,
- Grob-Layout und
- Fein-Layout.

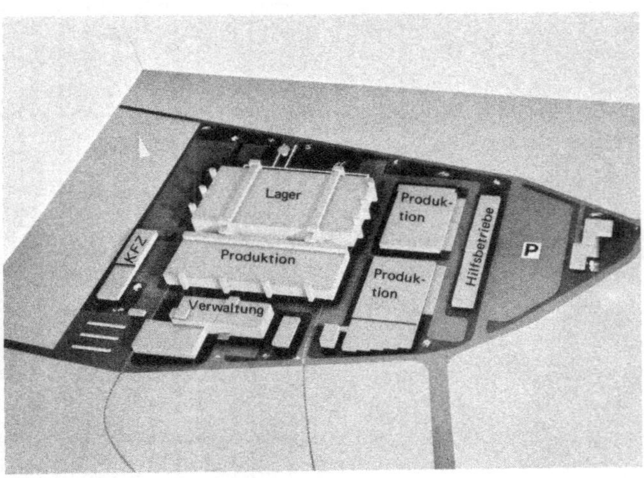

29 Raumdarstellung einer Werksanlage

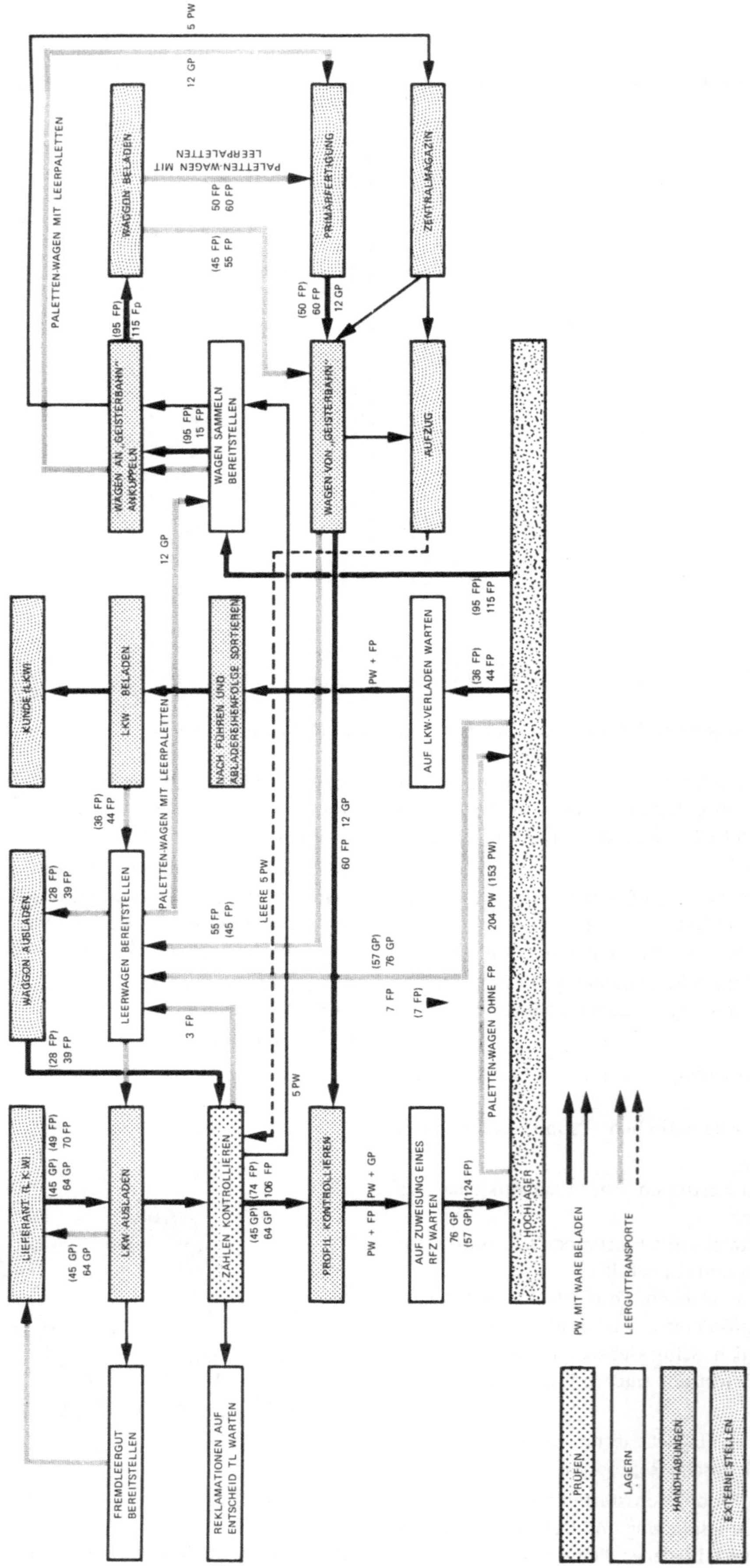

30 a Layout eines Produktionsablaufes. Schemazeichnung

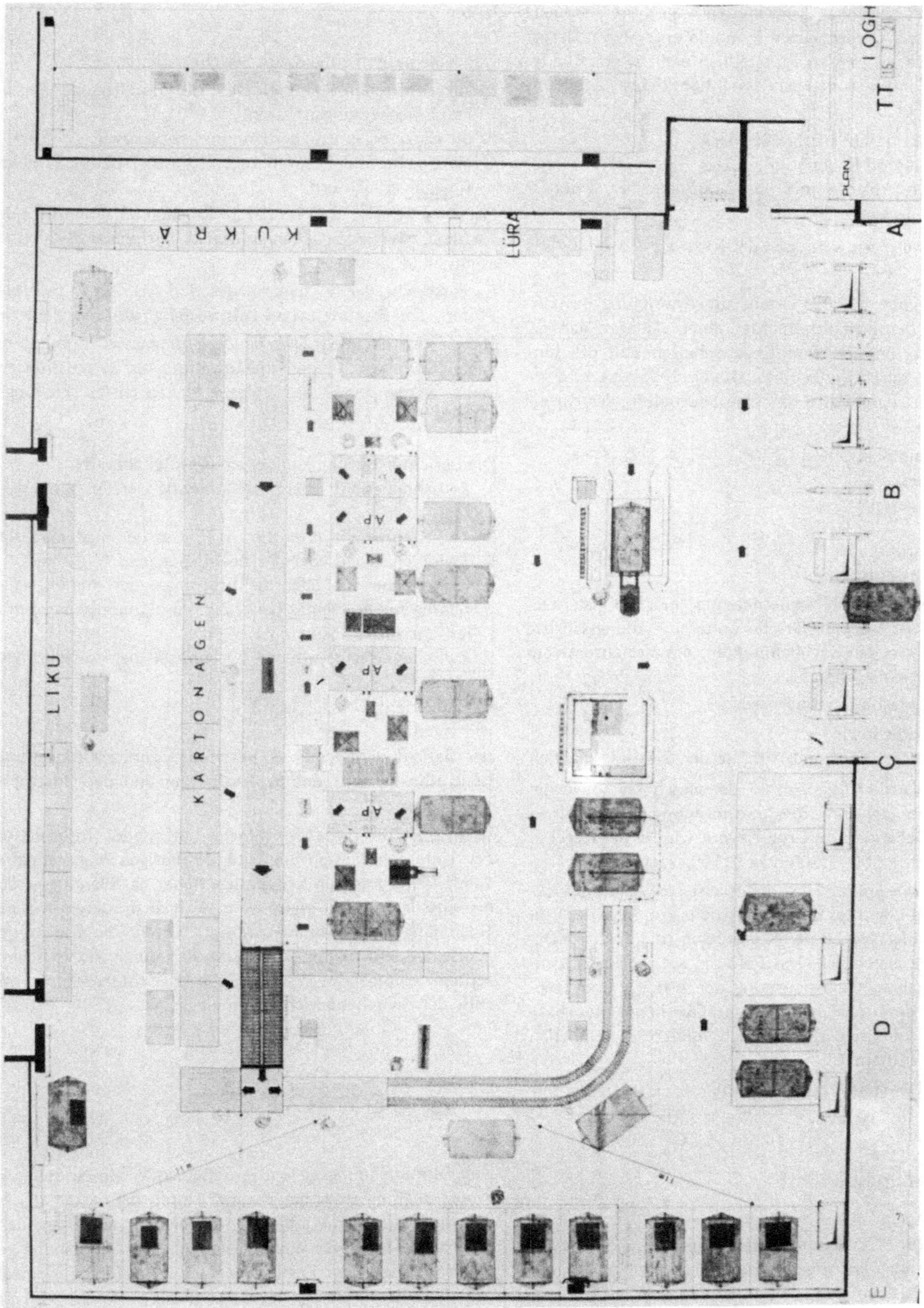

30 b Layout eines Produktionsablaufes. Feinlayout

Schema-Zeichnungen (Bild 30) zeigen bestimmte Zusammenhänge auf, bei denen Einzelheiten weggelassen werden. Wichtige Details werden durch Symbole unterstützt. Derartige Darstellungen müssen maßstäblich nicht wirklichkeitsgetreu sein, denn sie sollen ja nur wichtige Prozesse abbilden, wie etwa

- den Produktionsablauf (Fließbilder),
- Materialfluß und Energiefluß,
- funktionale Abläufe mit ihren einzelnen Funktionen oder/und Elementen etc.

Schema-Zeichnungen werden in der Regel als Block-Layouts dargestellt.

Das Grob-Layout (Bild 31) stellt die Anordnung des Gesamt-Werkes der Produktion oder deren Anlagen dar. Es berücksichtigt die örtlichen Gegebenheiten und die Einschränkungen durch Festpunkte. Das Grob-Layout wird soweit detailliert dargestellt, daß eine Beurteilung der einzelnen Elemente, wie

- Produktionsablauf,
- Materialfluß,
- Transportwesen,
- Lagerung,
- Energieführung,
- Gebäudestruktur etc.

mit entsprechender Kostenschätzung möglich ist. Das Grob-Layout ist Vorgabe für alle weiteren Planungsschritte und für die Arbeiten des Architekten, des Verfahrenstechnikers und des Anlagenplaners.

Anhand dieses Grob-Layouts werden

- Gebäuderaster sowie
- Grundrisse, Schnitte und Aufrisse der Gebäude maßlich

festgelegt, außerdem die Anzahl der Geschosse sowie die Geschoßhöhen, die funktionale Anordnung der einzelnen Räume und Gebäude. Das Grob-Layout wird in der Regel in den Maßstäben 1:500, 1:200 oder 1:100 gezeichnet.

Das *Fein-Layout* (Bild 32) ist die präzisierte Weiterentwicklung des Grob-Layouts. Es ist die Arbeitsgrundlage der Einrichtungsplanung. Neben der Konzeption sind auch die Details eindeutig ersichtlich. Das Fein-Layout muß alle wichtigen Maßangaben, die Anordnung der Aufzüge und Treppenhäuser sowie Tore, Türen, Fenster, Oberlichte, Rauchabzugsanlagen und selbstverständlich die ortsgebundenen Fördermittel enthalten.

Bevorzugte Maßstäbe 1:100 oder 1:50.

7.4 Der Planungsbericht

Der Bericht zur Produktionsstättenplanung ist eine umfangreiche Sammlung wichtiger Daten. Deshalb ist es angebracht, eine Zusammenfassung an den Anfang des Berichts zu stellen, um einen schnellen und klaren Überblick zu erhalten.

Der systematisch aufgebaute Bericht enthält

- alle ermittelten Planungsdaten, die Grundlage der einzelnen Entscheidungen waren,
- die Einzelergebnisse der Planungsarbeit sowie
- Vergleiche und Empfehlungen, die die spätere Projektfreigabe erleichtern.

Der Bericht wird ergänzt durch Tabellen, Diagramme, grafische Darstellungen, Zeichnungen im kleinen Maßstab und eventuell Modellfotos.

Es entspricht der Systematik des Berichts, ihn in mehrere Stufen, dem Planungsablauf entsprechend, zu untergliedern.

Die so entstehenden *Zwischenberichte* müssen mindestens gegen Ende einer jeden Planungsstufe zur Diskussion gestellt werden, um die Freigabe des nächsten Planungsschritts zu erwirken.

Die Berichterstattung kann etwa wie folgt ablaufen:

1. Zwischenbericht über Formulierung der Aufgabenstellung.
2. Zwischenbericht über die Ergebnisse der Systemstudie.
3. Zwischenbericht über die Ideal-Lösungen.
4. Zwischenbericht über die Ergebnisse der Planungs-Varianten mit Vorschlag der technisch-ökonomisch optimalen Varianten-Lösung.
5. Zwischenbericht mit den Ergebnissen der Ausführungsplanung.
6. Endbericht.

Der Bericht wird in dieser Systematik zum Führungs- und Kontrollinstrument der Projektleitung und der Unternehmensführung.

Wichtig ist die zwischenzeitliche, umfassende Information der Unternehmensführung und des übrigen Managements, damit keine falschen Erwartungen über das Planungsergebnis entstehen. Bei komplexen Aufgaben, deren Lösung einen längeren Zeitraum benötigt, besteht die Gefahr des „Auseinanderdenkens". Dies läßt sich durch die zwischenzeitlich erfolgende systematische Berichterstattung mit Hilfe der Zwischenberichte vermeiden.

7.5 Terminplanung

Die Terminplanung ist ein entscheidender Bestandteil der Projektplanung und -ausführung. Durch die systematische Erfassung aller Aktivitäten in ihrem Nach- und Nebeneinander ist die Basis für eine erfolgreiche Terminplanung geschaffen. Neben der Festlegung und Verkettung der einzelnen Aktivitäten ist die jeweilige Dauer, also der Zeitver-

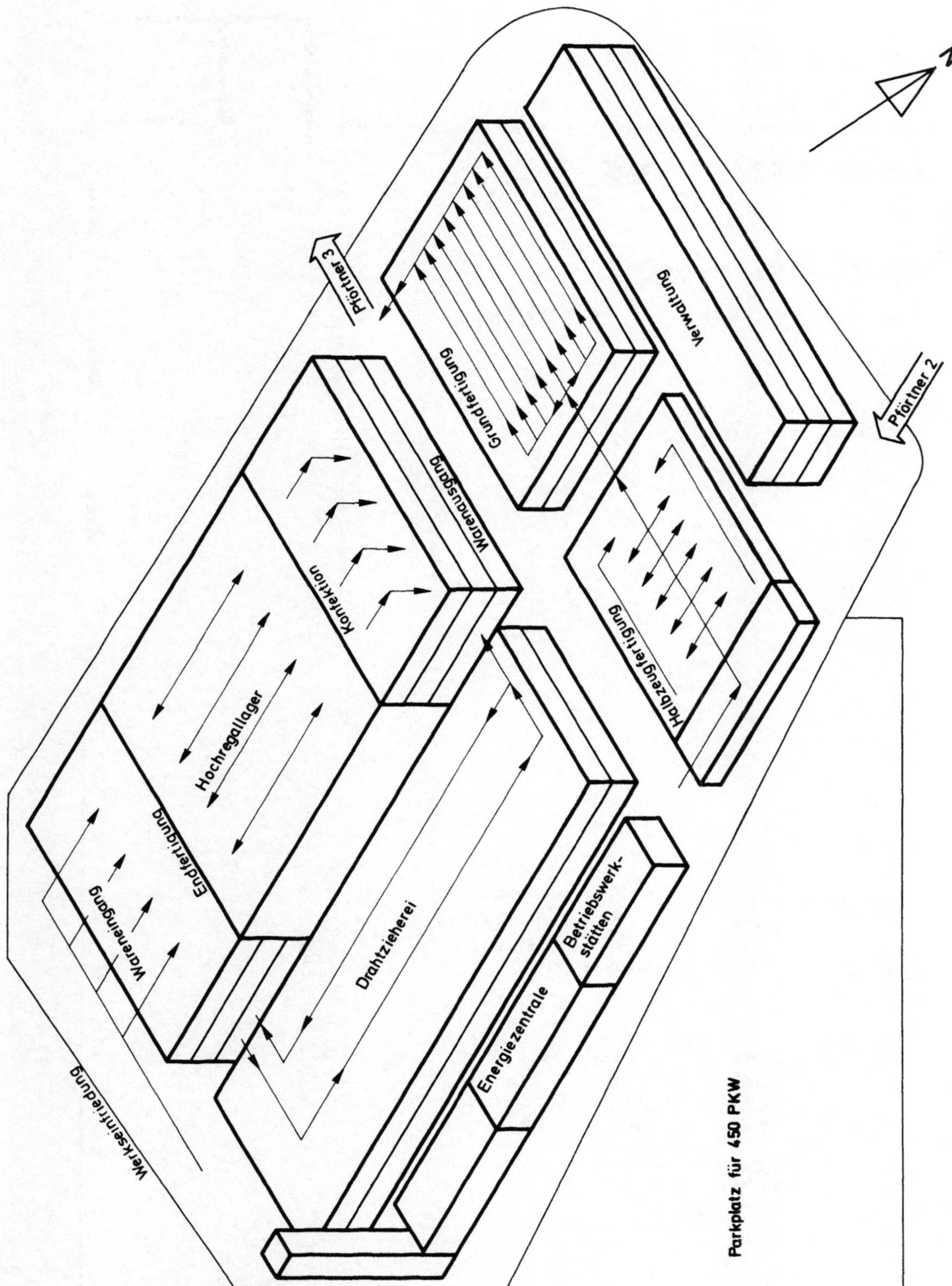

31 Grob-Layout der räumlichen Anordnung eines Werkes

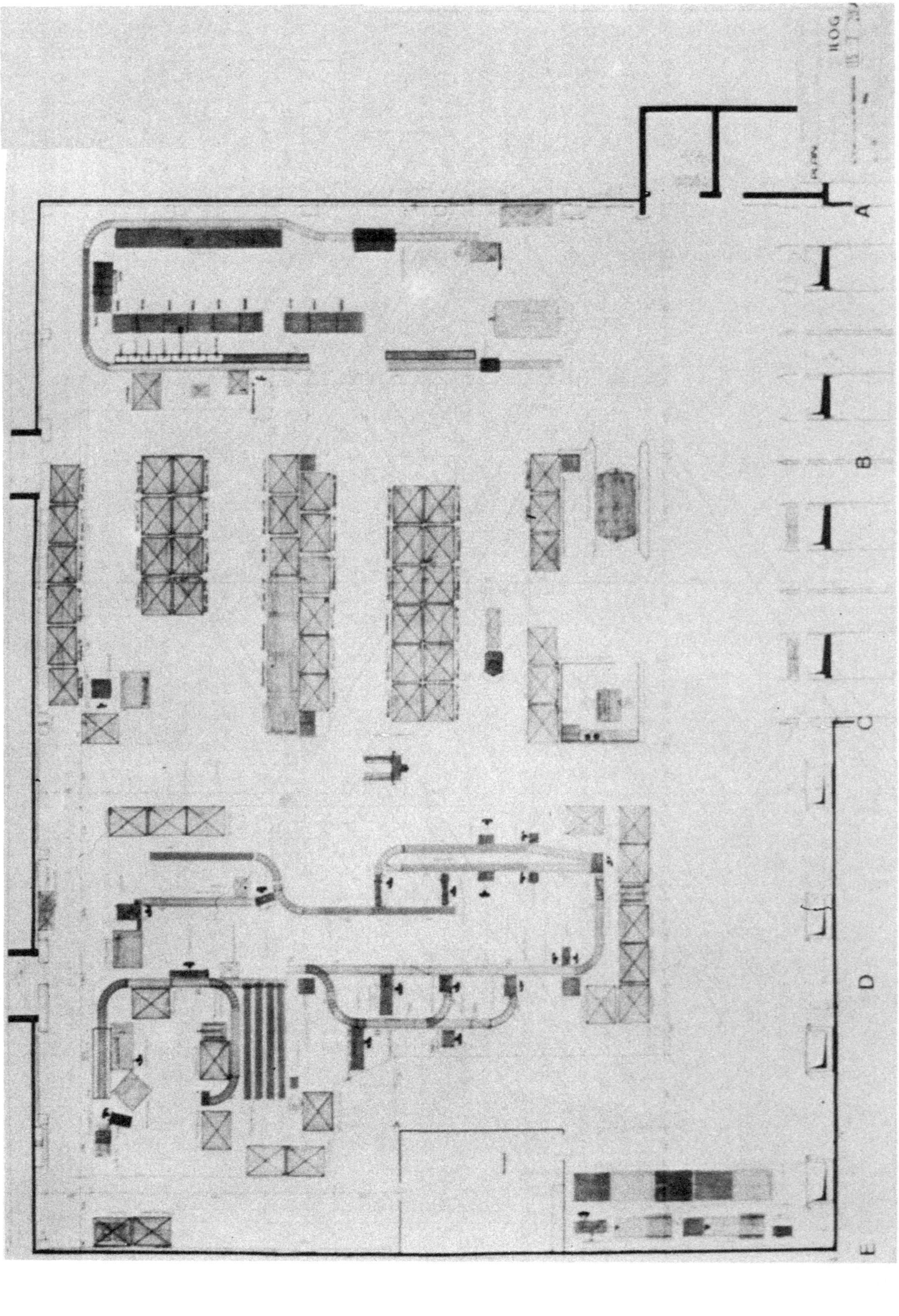

32 Fein-Layout einer Fertigung

brauch, zu ermitteln. Wichtig ist die lückenlose Erfassung aller Einzelaktivitäten und deren gegenseitige Abhängigkeit. Neben der

- O Vorgangsermittlung,
- O Strukturfestlegung,
- O Zeitermittlung,
- O Bestimmung des Endtermins,
- O Ermittlung des kritischen Weges,
- O Erstellung einer übersichtlichen Darstellungsform (Grafik)

hat die Terminplanung die Aufgabe, Möglichkeiten zu schaffen, um bei Zeitüberschreitungen oder Vorgangsveränderungen schnell und richtig reagieren zu können.

Vor der endgültigen Freigabe des Projektes durch die Unternehmensführung wird zunächst der *Grobterminplan* (Makro-Terminplan) für das Gesamtprojekt vom Planungsbeginn bis zur Inbetriebnahme bzw. Übergabe des Projekts an den Benutzer erstellt.

Für die einzelnen Planungs- und Ausführungsphasen werden *Teilterminpläne* auch Unter- oder partielle Terminpläne entwickelt, die die einzelnen Planungs- und Ausführungsphasen überwachen helfen.

Nach Abschluß der Ausführungsplanung und der Realisierungs-Genehmigung wird der *General-Ausführungsterminplan* erstellt. Er umfaßt den gesamten Zeitraum der Ausführung, Inbetriebnahme, Übergabe und eventuell erforderlich werdender Nacharbeit in allen Detail-Aktivitäten.

Die üblichen Methoden der Terminplanung und Terminüberwachung mit Hilfe des Gantschen Balkendiagramms (Bild 33) befriedigt dann nicht, wenn die Vorgänge eines Projekts zahlreich und komplex werden. Balkendiagramme ermöglichen nur begrenzt, die Abhängigkeit der Teilvorgänge untereinander überschaubar zu machen.

Wenn Balkendiagramme zur Darstellung gewählt werden, dann nur für Grob-Terminpläne, um zu zeigen,

- O welche Planungs- und Ausführungschritte und
- O welche Eckaktivitäten (Meilensteine) innerhalb der einzelnen Projektstufen

zu *welchen* Terminen *wie* ablaufen.

Bei der Planung von Produktionsstätten – wo allgemein Planung und Durchführung im Wettlauf mit der Zeit stehen, weil jeder Tag Verspätung, z. B. kostspielige Produktions- oder Prestigeverluste einträgt –, sind die Schwächen der Balkendiagramm-Methoden allzu deutlich.

Unter den bekannten und erfolgreich anwendbaren Methoden zur Planung und Steuerung von Projekten nimmt die Netzplantechnik eine zentrale Stellung ein. Sie zeigt neben den Terminen besonders die gegenseitige Abhängigkeit der einzelnen Teilvorgänge, aus denen sich das Projekt zusammensetzt.

Bild 34 zeigt einen Netzplan als General-Netzplan mit den sogenannten Meilensteinaktivitäten. Bei der Aktivitäten- und Terminplanung eines Projektes mit Hilfe der Netzplantechnik geht man zweckmäßigerweise in zwei Schritten vor:

1. Erstellen eines Grob-Netzplanes oder General-Netzplanes bei Planungsbeginn.
2. Erstellen weiterer Unternetzpläne – partieller Netzpläne – Detailnetzpläne mit fortschreitender Planung.

Die Netzplantechnik gehört zu den bekannten Prinzipien, Methoden und Lösungen der Projektplanung, die schon lange mit Erfolg angewendet werden. Der Planer kann heute schwerpunktbezogen zwischen verschiedenen Verfahren wählen.

Die Ziele der Netzplantechnik sind:

1. einen leicht verständlichen Überblick über das gesamte Projekt zu vermitteln,
2. eindeutige Darstellung des logischen Ablaufs und der gegenseitigen Abhängigkeiten der verschiedenen Teilvorgänge zu ermöglichen,
3. genaue Zeitschätzung bzw. Terminfestlegung (Terminplanung und -überwachung) aller Tätigkeiten durchzuführen,

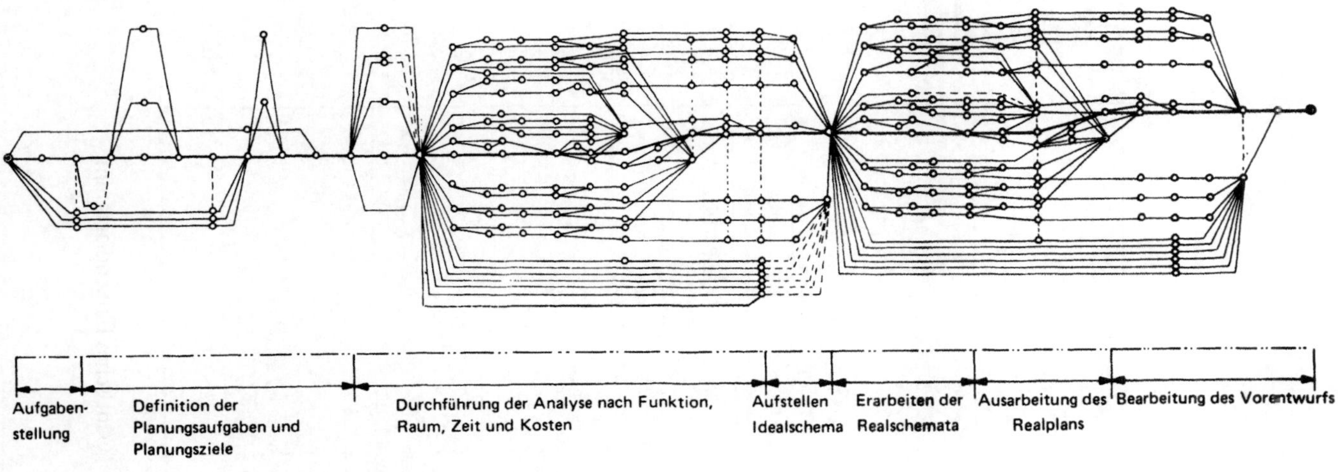

34 Überwachung der ganzheitlichen Planung mit Netzplan

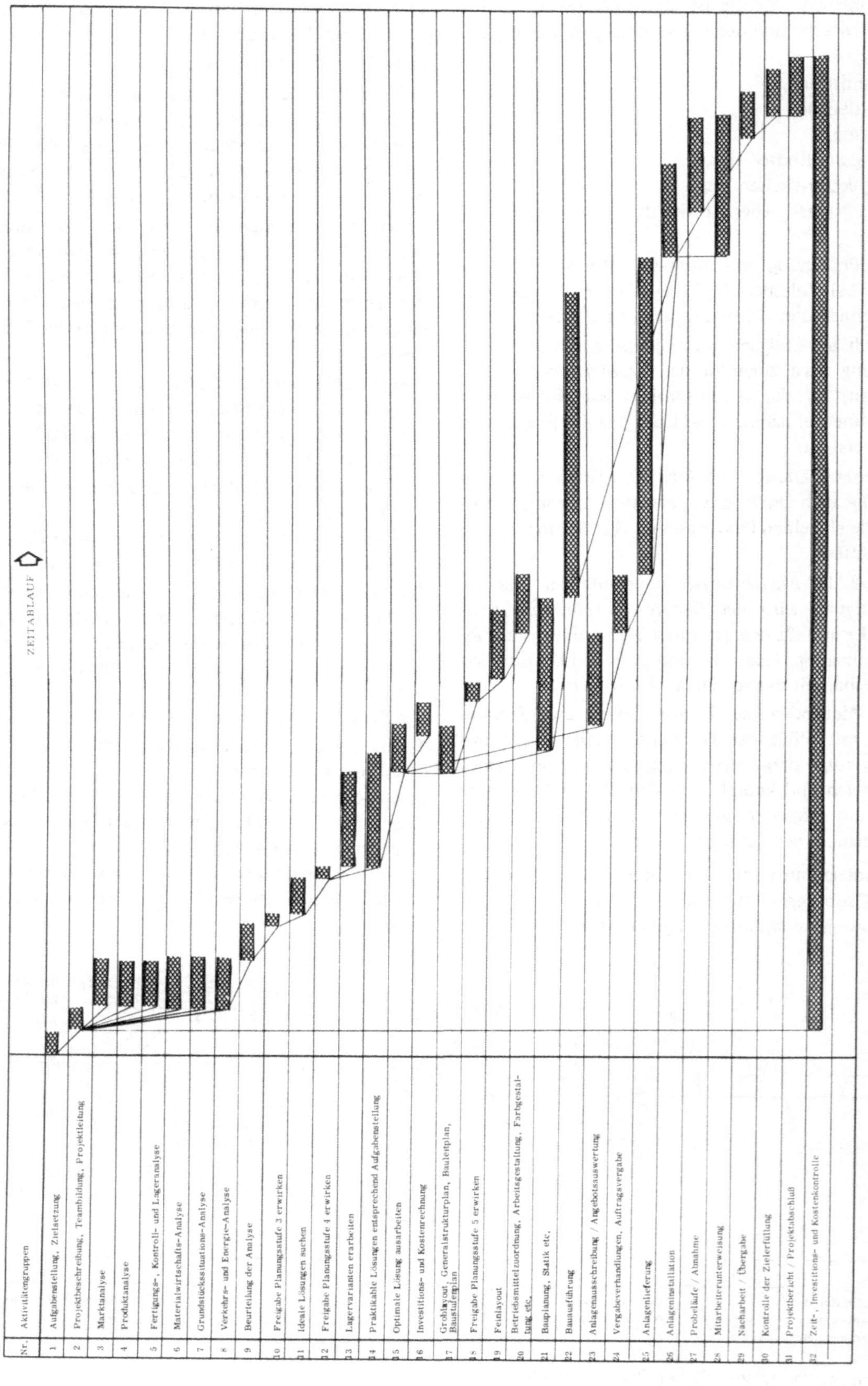

33 Gant'sches Balkendiagramm

4. den kritischen Weg, d. h. den am meisten Zeit beanspruchenden Teilablauf, der den Endtermin unmittelbar bestimmt, kenntlich zu machen,
5. rechtzeitige Kenntis zu geben über mögliche Störfaktoren, die eine geplante Fertigstellung beeinflussen,
6. objektive Vergleiche für die Planungsrealisierung der verschiedenen Planungsvarianten zu geben,
7. durch den Einsatz von Datenverarbeitungsanlagen von Routinearbeit zu entlasten.

Die nachfolgende Aufstellung gibt einen Überblick über das breite Anwendungsgebiet der Netzplantechnik (Reihenfolge zufällig), sie erhebt keinen Anspruch auf Vollständigkeit.

- Planungen und Bau von Produktionsstätten,
- Projekte der Bauwirtschaft,
- Planung von Planungsaufgaben,
- Planung von Forschungsarbeiten,
- Terminierung in der Maschinenindustrie,
- Entwicklung und Konstruktion neuer Produkte,
- Fertigungsvorbereitung und Markteinführung neuer Produkte,
- Instandhaltungsarbeiten in der Industrie,
- Groß-Projekte, wo es um das Zusammenspiel vieler Unternehmen und deren Überwachung geht,
- Kraftwerksbau,
- Dienstleistungserbringung,
- Projekte des Umweltschutzes,
- Rationalisierungsprojekte,
- Projekte aus Transport, Verkehr und Städtebau,
- Projekte der Wehrtechnik etc.

Die nachfolgend angegebenen Literaturhinweise sind nur beispielhaft aus der Vielzahl der bisherigen Veröffentlichungen zu diesem Thema ausgewählt. In [78–89] sind die mit der Erstellung, Auswertung, Überwachung und dergleichen verbundenen Probleme, Grenzen und Möglichkeiten ausführlich beschrieben. Da die Netzplantechnik heute zu einer allgemein gültigen und bekannten Methode gehört, kann sie nicht Gegenstand dieses Buches sein.

8 Methoden der Datenermittlung

Um Ist-Zustände auszuwerten und daraus Plandaten für die Zukunft zu ermitteln, werden arbeitswirtschaftliche und mathematisch-statistische Methoden angewendet.

Die Anwendung dieser Planungshilfsmittel ist von Projekt zu Projekt unterschiedlich. Bei kleineren Projekten reichen die arbeitswirtschaftlich-pragmatischen Methoden, wie Materialfluß-, Arbeits-, Multimomentstudien und ABC-Studien, schon aus. Bei größeren Projekten mit komplizierten Zusammenhängen ist der Einsatz von Operations-Research-Methoden notwendig.

8.1 Zeitspanne der Datenermittlung

Die ermittelten relevanten Daten müssen auf objektiver Grundlage basieren und dem typischen Betriebsablauf entsprechen.

Häufig erfolgt die Festlegung des Betrachtungszeitraumes „intuitiv". Dies führt zwangsläufig zu Prognose-Fehlern im weiteren Verlauf der Planung. Die Realplanung, die ja auf Mengen- und Wertkennzahlen (Basis der Vorhersage-Verfahren) dieses willkürlichen Betrachtungszeitraumes aufgebaut wird, ist dann mit den entsprechend hohen Fehlern behaftet und im Grunde wertlos.

Die Bestimmung des Betrachtungszeitraumes, für den die Daten erfaßt werden müssen, ist abhängig von der Datenart. Einige Daten sind nur für den Moment, in dem die Untersuchung durchgeführt wird, aussagefähig, z. B.

- die Daten über den Materialfluß,
- die Daten über Art und Anzahl der Betriebsmittel,
- die Daten über Gebäudezustände sowie über
- die Belegschaftsstärke.

Damit aber Langzeitvergleiche und Prognosen angestellt werden können, sind die Daten sowohl des Ist-Zustandes als auch deren Entwicklung in der Vergangenheit zu erfassen, wie

- Verkaufs- und Umsatzentwicklung,
- Lagerbestandsentwicklung,
- Preis- und Kostenentwicklung,
- Personalentwicklung,
- Produktions- und Lagerflächenentwicklung,
- Energieverbrauchsentwicklung etc.

Der Vergangenheitszeitraum ist aus Gründen der statistischen Datenabsicherung so groß wie möglich zu wählen. Bei einer Zeitreihe, basierend auf den Vergangenheitswerten der letzten 3–5 Jahre, kann schon ein klares Trendbild aufgezeigt werden.

Diese notwendigen Daten werden bei der Ist-Zustands-Aufnahme erfaßt (Stufe 2 der Systemplanung). Aus diesen Vergangenheitswerten muß die zukünftige Entwicklung prognostiziert und durch Daten quantifiziert werden.

Heute gibt es noch kein Verfahren, mit dessen Hilfe mathematisch genau der richtige Betrachtungszeitraum berechnet werden kann.

Zur Feststellung des geeigneten Zeitraumes lassen sich folgende sechs Regeln aufstellen:

1. Perioden saisonaler Höchst- oder Tiefstwerte des Absatzes, der Produktionsauslastung und der Lagerbelastung sind als alleinige Betrachtungszeiträume nicht geeignet; diese führen zu Fehlinterpretationen
2. Perioden mit starken saisonalen Verschiebungen des Produktionsprogramms (Phasenverschiebung zum Absatz, z. B. Frühjahrs- oder Weihnachtssortimente) sollen nicht als typische Betrachtungszeiträume gewählt werden.
3. Bei sehr dynamischen Entwicklungsphasen eines Unternehmens ist äußerste Vorsicht bei der Zukunftsprognose mit Basismaterial aus der „stürmischen Vergangenheit" geboten. Die Zukunft kann durch Konsolidierung bedeutend flacher im Trend verlaufen.
4. Bildung eines theoretischen Betrachtungszeitraums durch Stichproben bei starken und unregelmäßigen Absatzschwankungen.

   Vorgehensweise: Aus einem Absatzzeitraum von 3–6 Jahren werden durch Stichproben Partiellperioden ausgewählt und deren Umsatzverteilung auf die einzelnen Artikel ermittelt. Dabei kann jede zweite, dritte, vierte oder fünfte Periode als Basis für die zukünftige Zeitreihe herangezogen werden. Von einer willkürlichen Stichprobenentnahme ist abzuraten, da hier die Gefahr einer Klumpenstichprobe* gegeben ist. Aus den gezogenen Partiellperioden werden die arithmetischen Mittelwerte je Artikel gebildet. Ähnlich wie bei der *Methode der gewogenen gleitenden Mittelwerte* (vgl. S. 71), können die „Stichprobenperioden" mit Gewichtungsfaktoren multipliziert werden, bevor sie addiert werden. Die

* Stichproben werden nach bestimmten Auswahlverfahren aus einer großen Einheit (Grundgesamtheit) entnommen. Bei einer Klumpenstichprobe werden nur aus einem bestimmten Feld, Bereich oder Segment Stichproben-Daten (oder Teile) – sogenannte Klumpen entnommen. Die übrigen Daten (Teile) außerhalb dieses Segments haben keine Chance, entnommen zu werden.
Z. B. sind 1000 Glühlampen in Packungen zu 50 Stück sortiert. Eine Stichprobe von 100 Glühlampen soll von den 1000 Stück geprüft werden. Zwei Packungen a 50 Stück werden entnommen. Entnommen wurden zwei Klumpen, deshalb Klumpenstichprobe.
Das gilt auch für Absatz-Daten etc., wenn nur Daten ganz bestimmter Monate – z. B. Juli, August, September – entnommen werden, um auf den Jahresverlauf zu schließen. Die Daten sind als „Klumpen" entnommen. [30].

Ergebnisse dieser „repräsentativen Absatzwerte" werden tabellarisch oder mit den bekannten grafischen Mitteln dargestellt.

5. Bildung eines theoretischen Ermittlungszeitraums mit durchschnittlichen Absatzwerten bei gleichmäßigem Absatzverlauf.

   Vorgehensweise: Ermittlung des jährlichen Absatzwertes pro Artikelgruppe oder Artikel. Division dieser Jahresumsätze (in Mengen) durch die Anzahl der jährlichen Partiellperioden, z. B. 12 Monate = 25 Perioden je 10 Arbeitstage oder durch 4 Quartale. Das Ergebnis ist der durchschnittliche theoretische Umsatz pro Artikelgruppe oder Artikel in der jeweiligen Partiellperiode, (Monat oder Quartal).

6. Mitarbeiterbefragungen, wenn nicht genügend statistisches Datenmaterial aus der Vergangenheit vorliegt.

   Die Mitarbeiterbefragung kann darüber Auskunft geben, ob die Daten der vorhandenen letzten Absatz- oder Produktionsperioden als repräsentativ betrachtet werden können. Geeignete Mitarbeiter* hierfür sind aus den Bereichen Verkauf, Arbeitsvorbereitung, Einkauf und Produktion zu befragen.

8.2 Analytische Methoden der Vorhersage zur Ermittlung der Soll-Daten (Zukunftswerte)

Mit den Methoden der Vorhersagen, auch Prognoseverfahren genannt, sollen unter Einbeziehung von Wahrscheinlichkeitsverteilungen denkbare Zukunftsentwicklungen erkennbar gemacht werden.

Die modernen Prognoseverfahren liefern *qualitative*, also meist technologische Vorhersagen und *quantitative*, z. B. Absatz-Vorhersagen für einen jeweils festgelegten zukünftigen Planungszeitraum.

Mit Hilfe der Methoden quantitativer Vorhersagen, die auf statistischen Werten der Vergangenheit aufbauen, können z. B. Anhaltspunkte für den zukünftigen Trendverlauf ganzer Produktgruppen oder einzelner Produkte ermittelt werden. Die dabei angewendeten mathematischen Verfahren beruhen auf dem statistischen Gesetz der „großen Zahl".

* Die Methoden und Erfahrungen der Exploration (Einzelbefragung) und Betriebsumfrage bzw. Demoskopie (Befragung eines größeren Personenkreises) gelten auch teilweise für das Befragen nach Daten für die Produktionsstättenplanung. Die wichtigsten Kriterien für die Eignung der Befragten sind:
1. Der Befragte muß aufgrund seiner Ausbildung, seiner Erfahrung und Betriebszugehörigkeit in der Lage sein, die Fragen zu beantworten.
2. Der Befragte muß umfassend informiert sein, wozu seine Antworten benötigt werden.
3. Der Befragte darf bei der Befragung nicht unter Zeitdruck stehen.

So erhält man Prognoseergebnisse, deren Werte in Grenzen statistisch gesichert sind. Auf diesen in Grenzen gesicherten Ergebnissen wird der Soll-Zustand bei der Planung von Produktionsstätten aufgebaut – also die Planungs-Alternativen.

Aufgrund dieser Zukunftsvorhersage legt der Planer unter Einbeziehung neuer Fertigungs-, Lager- und Transport-Technologien die Fertigung, die Lager, die Fördermittel, den Energieverbrauch etc. aus.

Eine Prognose ist für die Planung von Produktionsstätten aber nur dann brauchbar und wertvoll, wenn ein einigermaßen vertretbares Verhältnis zwischen den reproduzierbaren und tatsächlich nachprüfbaren Fakten und der mit der Prognose verbundenen und nicht vermeidbaren Unsicherheit besteht.

In der Zukunftsforschung [18,90] wird unterschieden zwischen

- *Vermutungen* – Annahme, Abschätzung, Mutmaßung, also Urteilsbildung aufbauend auf unvollständigen Unterlagen
- *Vorhersagen* – nicht belegte und auch nicht zu widerlegende Feststellungen hinsichtlich der Zukunft und
- *Projektionen* – Feststellungen über die Zukunft, die aber an gewisse Bedingungen geknüpft sind.

Geeignet für die Produktionsstättenplanung sind *Vorhersage*methoden und Projektionen, z. B. für Umsatz-, Betriebs- und Lagerflächen- und Personalvorhersagen. Bei technologischen Vorhersagen sind Vermutungen statthaft, soweit sie von geeigneten Fachleuten objektiv abgegeben werden.

Diese für die Produktionsstättenplanung wichtige und notwendige *technologische Voraussage* wird in [90] wie folgt definiert:

„Die technologische Voraussage ist die mit einer bestimmten **Wahrscheinlichkeit versehene Voraussage des Erreichens** eines technologischen Fortschritts zu einem bestimmten Zeitpunkt, im Rahmen eines bestimmten, dafür vorgesehenen Aufwands und unter Berücksichtigung der möglichen Einflüsse der gesellschaftlichen und wirtschaftlichen Entwicklung."

Einen Überblick über die modernen Entwicklungstendenzen mit einer Beschreibung der verschiedenen Methoden findet der interessierte Leser in [4, 67, 90–95].

Nachfolgend eine zusammenfassende Darstellung der wichtigsten Punkte.

Neben den *intuitiven Verfahren*, die für rein qualitative, langfristige Vorhersagen von technologischen Entwicklungen in gewissem Umfange eingesetzt werden, wie

- Befragung von Fachleuten,
- Delphi-Methode und
- Umweltauswertungen,

die nicht auf logischen Schlüssen, sondern auf dem „Gefühl" (Erfahrung) beruhen, sind systematische Trendvorhersagen mittels Trendextrapolation und Trendkorrelation, die kurz-, mittel- oder langfristige Prognosen quantitativer Art liefern, die geeigneten Methoden der Vorhersage für die Produktionsstättenplanung.

Die *Trendextrapolation* ist die verbreitetste Methode zur Erstellung quantitativer Prognosen. Sie geht von der Annahme aus, daß ein bisherig beobachteter Entwicklungsverlauf, bei Fehlen von Störungen, nicht von selbst abbrechen kann, sondern in der bisherigen Weise eine gewisse Zeit weiterläuft. Diese Annahme trifft bei länger werdendem Planungs- und Vorhersagezeitraum (Horizont) immer weniger zu. Die Prognose wird mit länger werdendem Planungszeitraum ungenauer.

Werden neue, bisher unbekannte Informationen nicht in den Prognoserechnungen berücksichtigt, so ist das Prognoseergebnis zwangsläufig auch falsch. Damit werden die gewonnenen Erkenntnisse und schließlich das Planungsergebnis selbst auch falsch. Deshalb muß der Planer vor Anwendung der Verfahren sehr sorgfältig prüfen,

1. ob überhaupt von der Vergangenheit auf die Zukunft geschlossen werden darf,
2. ob Störungen oder erhebliche Abweichungen in der Zukunft zu erwarten sind,
3. ob die Entwicklung stetig verläuft.

Die Trendextrapolation wird grundsätzlich in drei Schritten durchgeführt:

- Der erste Schritt ist das quantitative Erfassen von Daten der vergangenen Entwicklung. Man erhält so die zeitliche Reihenfolge der relevanten Daten (= Zeitreihe).
- Der zweite Schritt ist die Trendberechnung, d. h. Ermittlung der richtigen Funktion.
- Der dritte Schritt ist das Ermitteln der Zukunftswerte durch Extrapolation mit Hilfe der in Schritt 2 gefundenen Funktion.

In der Praxis werden die nachfolgenden Extrapolations-Methoden von Fall zu Fall angewendet.

Methode 1: Die Bestimmung des arithmetischen Mittelwertes

$$\bar{X} = \frac{\sum_{1}^{n} X_t}{n}$$

$\bar{X}$ = arithmetischer Mittelwert
x_t = Einzelwert x der Periode t.
n = Anzahl Perioden

ist die einfachste und bekannteste mathematische Methode der Mittelwertbestimmung. Sie ist zugleich auch die anfälligste, da sie die zeitliche Herkunft der Daten nicht berücksichtigt. Diese Methode liefert brauchbare Ergebnisse nur in ganz seltenen Fällen, dann aber auch nur mit kurzfristigem groben Vorhersagecharakter.

Methode 2: Errechnung der gleitenden Mittelwerte

Ein einfaches, häufig angewendetes mathematisches Verfahren. Mit ihm wird versucht, die allgemeine Trendrichtung dadurch zu ermitteln, daß für mehrere Zeitreiheneinzelwerte, z. B. Umsätze in einer bestimmten Zeitperiode x_t, die arithmetischen Mittelwerte berechnet werden.

„Gleitend" bedeutet, daß z. B. zuerst aus den ersten fünf Gliedern 1, 2, 3, 4, 5 einer Zeitreihe der Mittelwert gebildet wird. Danach aus den Gliedern 2, 3, 4, 5, 6, dann aus den Gliedern 3, 4, 5, 6, 7 usw. Ein Berechnungsbeispiel zeigt Tabelle 2.

Tabelle 2: Verfahren der gleitenden Mittelwerte

Zeitperiode t	Zeitreihe x (Einheiten)	Summe x_n (Einheiten)	Gleitender Mittelwert M_t (Einheiten)
1	50		
2	53		
3	55	279	55,8
4	59	293	58,6
5	62	292	58,4
6	64	306	61,2
7	62	307	61,4
8	59	310	62,0
9	60	314	62,8
10	65	323	64,6
11	68	338	67,6
12	71	354	70,8
13	74	369	73,8
14	76	383	76,6
15	80	395	79,0
16	82	400	80,0
17	83	406	81,2
18	81	410	82,0
19	80	414	82,8
20	84	421	84,2
21	86	435	87,0
22	90	445	89,0
23	95	461	92,2
24	90		
25	100		

M_t = gleitender Mittelwert der Zeitperiode t
x_t = Menge x der Zeitperiode t
x = Menge einer Zeitperiode
t = Zeitperiode der Zeitreihe
n = Anzahl Glieder, aus der Mittelwert M_t gebildet wird.

$$M_t = \sum_{t-n}^{t} \frac{x_t}{n} \text{ für alle } t > n = \frac{x_{t-(n-1)} + x_{t-(n-2)} + \dots x_{t-(n-n)}}{n}$$

Beispiel:

$$M_{t3} = \frac{x_{t-(n-1)} + x_{t-(n-2)} + x_{t-(n-3)} + x_{t-(n-4)} + x_t}{n}$$

$$M_{t3} = \frac{x_{t-4} + x_{t-3} + x_{t-2} + x_{t-1} + x_t}{n} =$$

$$= \frac{50 + 53 + 55 + 59 + 62}{5} = \underline{\underline{55.8 \text{ Einheiten}}}$$

Vorteil dieser Methode: Es werden keine Annahmen über die mathematische Formel des Trends vorausgesetzt, wie es bei den höheren Prognoseverfahren nötig ist.

Nachteil: Durch die Bildung der Mittelwerte gehen an beiden Enden der Zeitreihe immer einige Werte verloren.

Alle Werte der Vergangenheit haben für die Prognose das gleiche Gewicht wie die Gegenwartswerte. Wichtig für die richtige Bewertung der Zukunftsdaten ist aber, daß die jüngsten Werte einer Zeitreihe bedeutsamer sind als die weit in der Vergangenheit liegenden.

Methode 3: Rechnung der gewogenen gleitenden Mittelwerte

Diese Methode berücksichtigt die jüngsten Daten einer Zeitreihe stärker als die der Vergangenheit, gleicht also damit die Schwächen der Methode der gleitenden Mittelwerte aus. Dies geschieht mittels eines Koeffizienten k_t, der den Periodenwert x_t entsprechend *gewichtet*. Das Problem dieser Methode liegt in der Bestimmung des Koeffizienten k_t.

Der Vergleich der beiden Prognoseverfahren „Gleitender Mittelwert" und „Gewogener gleitender Mittelwert" zu den Ist-Werten zeigt Bild 35.

Deutlich erkennbar:

1. Die Methode der gleitenden Mittelwerte liefert für die Extrapolation bessere Mittelwerte, wenn die Zeitreihe keine Trendveränderung aufweist, also „gerade" Ist-Verläufe hat.
2. Die Methode der gewogenen gleitenden Mittelwerte ist bei Trendschwankungen überlegen, d. h. sie paßt sich den Trendveränderungen (Sprüngen) gut an.

Methode 4: Zeitreihenanalyse mittels „Exponential Smoothing"

Hier wird unterschieden in:

○ *Prognose 0. Ordnung*, d. h. die Prognosewerte der nächsten Periode sind gleich dem Mittelwert. Ein Trend wird nicht berücksichtigt.

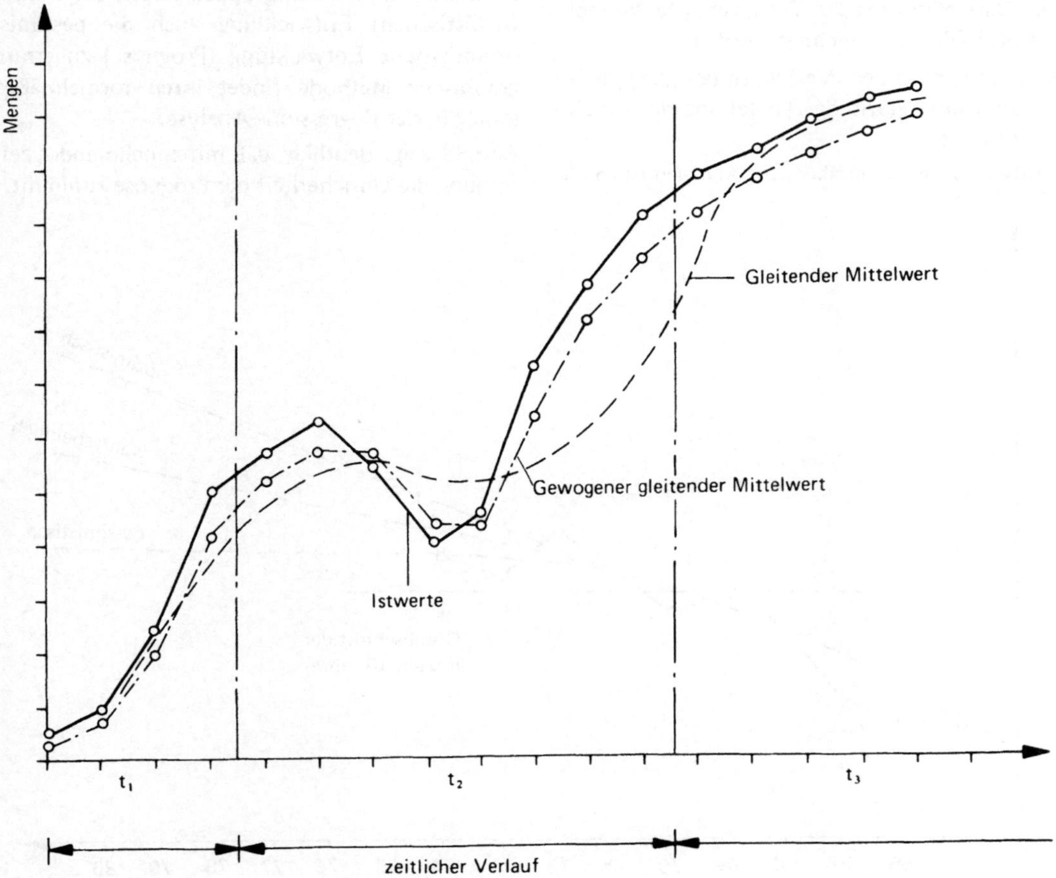

35 Vergleich der Prognoseverfahren „gleitender Mittelwert" und „gewogener gleitender Mittelwert" zu den Ist-Werten

- *Prognose 1. Ordnung*, hier wird mathematisch ein linearer Trend berücksichtigt.
- *Prognose 2. Ordnung*, hier wird mathematisch ein exponentieller Trend berücksichtigt.

Die Methode des „Exponential Smoothing" unterscheidet sich vom Verfahren der gewogenen gleitenden Mittelwerte dadurch, daß die jüngeren Zeitreihenwerte im Verhältnis zu den älteren überproportional gewichtet werden. Das geschieht dadurch, daß die Koeffizienten (Gewichtungsfaktoren) exponentielle Werte erhalten. Auch hier liegt wieder die größte Schwierigkeit in der Bestimmung dieser Koeffizienten. Sie werden mit α (alpha) bezeichnet. Diese α-Faktoren können mathematisch nicht vorbestimmt werden. Weiß man, welche Auswirkungen die verschiedenen großen Werte der α-Faktoren haben, können sie durch Iteration* (Wiederholung) ermittelt werden. Diese Rechenoperationen sind manuell nicht mehr durchführbar. Die Zeitreihenanalyse mittels „Exponential Smoothing" ist ohne EDV-Einsatz wirtschaftlich nicht möglich. Die Reaktion der Mittelwerte bei verschiedenen α-Werten zeigt Bild 36.

Kleiner α-Wert bedeutet geringe Empfindlichkeit; großer α-Wert bedeutet empfindliche Reaktion des Systems gegenüber gelegentlichen Schwankungen.

Die graphischen Darstellungen der Trendverläufe können manuell und mittels EDV aufgezeichnet werden.

Eine Trendbestimmung nach dem Verfahren des „Exponential Smoothing" und eine grafische Darstellung der Ergebnisse zeigt Bild 37 (S. 73).

* **Iteration: Schrittweises Rechenverfahren zur Annäherung an die Lösung einer Gleichung.**

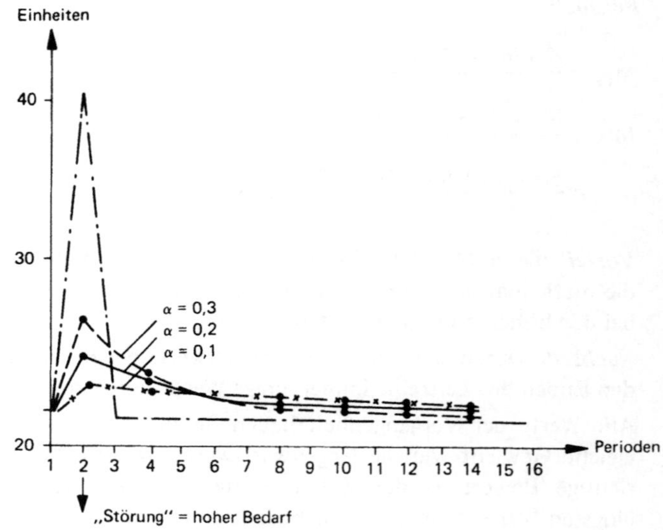

36 Reaktion der Mittelwerte beim Exponential-Smoothing für verschiedene α-Werte bei einmaliger „Störung".

Aus der Praxis heraus ist zu empfehlen, für die einzelnen Produkte und Produktgruppen neben der wahrscheinlichen (realistischen) Entwicklung auch die pessimistische und optimistische Entwicklung (Prognose) zu ermitteln. Diese graphische Methode findet ihren formelmäßigen Niederschlag in der Regressions-Analyse.

Bild 38 zeigt deutlich, daß mit zunehmender zeitlicher Entfernung die Unsicherheit der Prognose zunimmt.

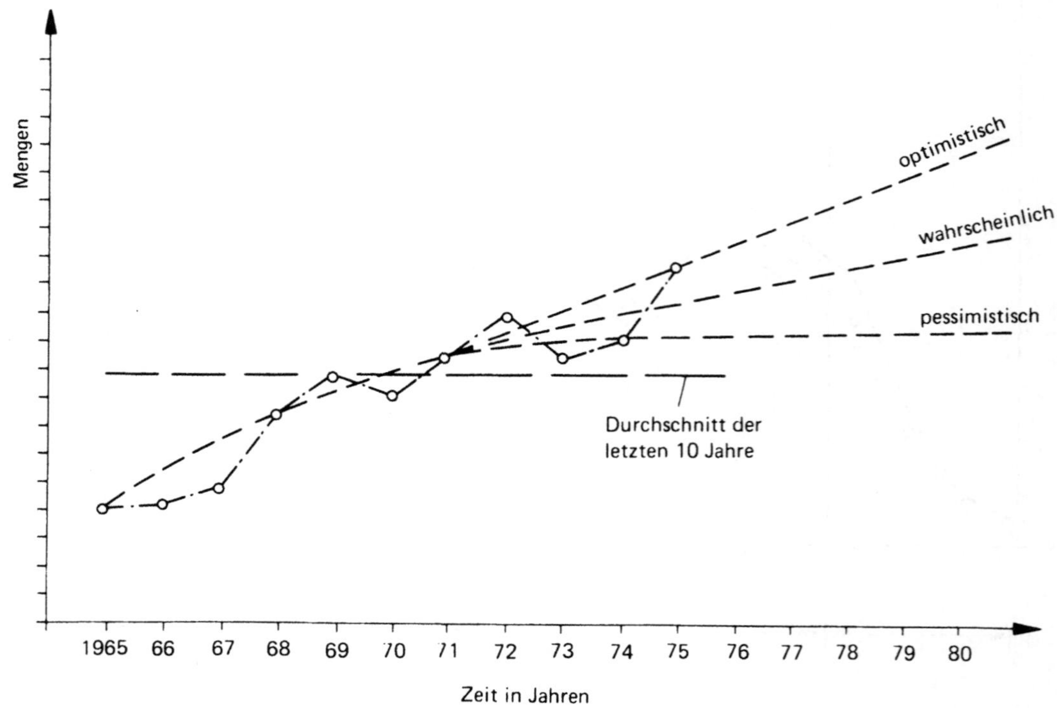

38 Optimistische, wahrscheinliche und pessimistische Trendbestimmung mit graphischer Methode

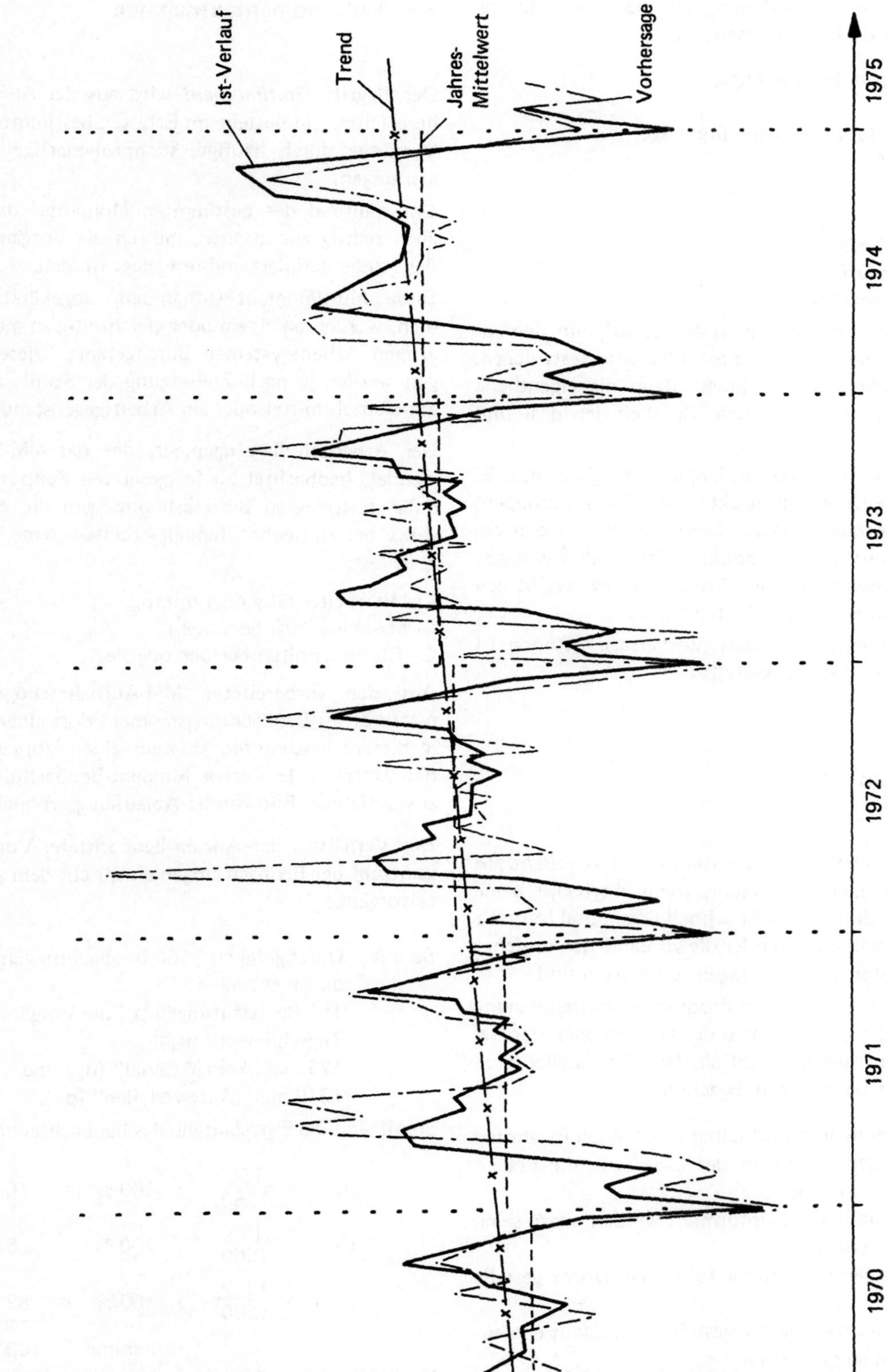

37 Vorhersage mittels Exponential-Smoothing im Vergleich zu den Ist-Werten

Für die Produktionsstättenplanung ist die Durchführung von Prognosen für die Einzelelemente, z. B.

- O Absatz- und Produktionsmenge,
- O Lagerbestände,
- O Flächenbedarf für Produktion und Lager,
- O Personalbedarf,
- O Energiebedarf,
- O Müllanfall,
- O Betriebsmittelbedarf,
- O Arbeitsplatzbedarf,
- O Fördermittelbedarf etc.

ein Planungszwischenschritt im Systemablauf, um den zukünftigen Bedarf der vorgenannten Elemente festzulegen. An diesen Zwischenschritt schließt dann die eigentliche werks- und produktionsplanerische Tätigkeit der Ideal- und Real-Planung an.

Für quantitative Vorhersagen im langfristigen Bereich, z. B. für den Absatz einzelner Produkte oder Produktgruppen, eignen sich *Wachstumsmodelle*. Diese gehen von den bekannten Lebenskurven der Produkte oder Produktgruppen aus. Unter Zugrundelegung der Sättigungsgrenze ergibt sich im allgemeinen ein S-förmiger Trendverlauf.

Problem und Fehlerquelle dieser Vorhersage-Methode ist die Bestimmung der Sättigungsgrenze.

8.3 Befragungen

Genau wie im modernen Arbeitsstudium ist das *Befragen von Mitarbeitern* dann angebracht, wenn überhaupt keine Daten vorhanden sind, aber sehr schnell Daten und Informationen zur Hand sein müssen oder die vorhandenen unsicher erscheinenden Daten durch Befragen zu erhärten sind.

Bei Befragungen im Rahmen der Produktionsstättenplanung gelten natürlich die Grundgesetze der Demoskopie, der Betriebsumfrage und der Exploration. Der Fragesteller muß danach folgende 5 Grundregeln beachten:

1. Der Befragte muß aufgrund seiner beruflichen Erfahrung und Firmenzugehörigkeit in der Lage sein, die Fragen beantworten zu können.
2. Der Befragte muß darüber informiert werden, wozu seine Antwort gebraucht wird.
3. Die Fragen dürfen nicht unter zeitlichem Druck gestellt werden.
4. Die Fragen müssen eindeutig gestellt sein, damit eindeutige Antworten möglich sind.
5. Keine Frage darf die Intimsphäre des Befragten berühren.

Einzelheiten über Verfahren der Befragung liefern [5, 6, 96].

8.4 Multimomentaufnahmen

Der Begriff *Multimoment* wird aus der Aufnahmetechnik hergeleitet. Sie besteht im Erfassen bestimmter ablaufender Vorgänge durch häufige, stichprobenartige Kurzzeitbeobachtungen.

Um während des bestimmten Momentes das Geschehene auch richtig zuzuordnen, müssen die Vorgänge vor Beginn der Studie definiert und festgelegt werden.

Diese Multimoment-Aufnahmen, abgekürzt MM-Aufnahmen, werden an einem oder gleichzeitig an mehreren gleichartigen Arbeitssystemen durchgeführt. Diese Beobachtungen werden je nach Zielsetzung der Studie am Menschen, am Betriebsmittel oder am Arbeitsgegenstand durchgeführt.

Der Arbeitsstudien-Ingenieur, der das MM-Verfahren anwendet, beobachtet zu festgesetzten Zeitpunkten auf den dafür festgelegten Betriebsbegehungen die einzelnen Vorgänge der zu beobachtenden Arbeitssysteme. Dabei stellt er z. B. fest:

- O Mitarbeiter tätig oder untätig,
- O Maschine läuft oder steht,
- O Transportmittel beladen oder leer.

Auf den vorbereiteten MM-Aufnahmebogen (Bild 39) macht er im Beobachtungsmoment dort einen Strich, wo er in diesem bestimmten Moment einen Vorgang beobachtet hat. Durch viele solcher Moment-Beobachtungen kann ein aussagefähiges Bild von Ist-Abläufen gewonnen werden.

Das Verhältnis der Anzahl beobachteter Vorgänge zur Gesamtzahl der Beobachtungen entspricht dem Anteil der Einzelvorgänge.

Beispiel: Durchgeführt: 1560 Beobachtungen,
davon entfallen
156 Beobachtungen auf die Vorgänge „Warten auf Zugschlepper" (p_1),
125 mal „kein Material" (p_2) und
1279 mal „Ware verladen" (p_3).

Somit sind die Einzelanteile des beobachteten Ablaufs:

$$p_1 = \frac{156}{1560} \cdot 100\,\% = 10\,\%$$

$$p_2 = \frac{125}{1560} \cdot 100\,\% = 8\,\%$$

$$p_3 = \frac{1279}{1560} \cdot 100\,\% = 82\,\%$$

$$\text{Summe} \quad 100\,\%$$

Daraus kann geschlossen werden:

- O Während einer Schicht muß die Verladekolonne 10 % der Arbeitszeit auf den Zugschlepper warten.
- O 8 % der Schichtzeit tritt Wartezeit wegen fehlenden Materials auf.

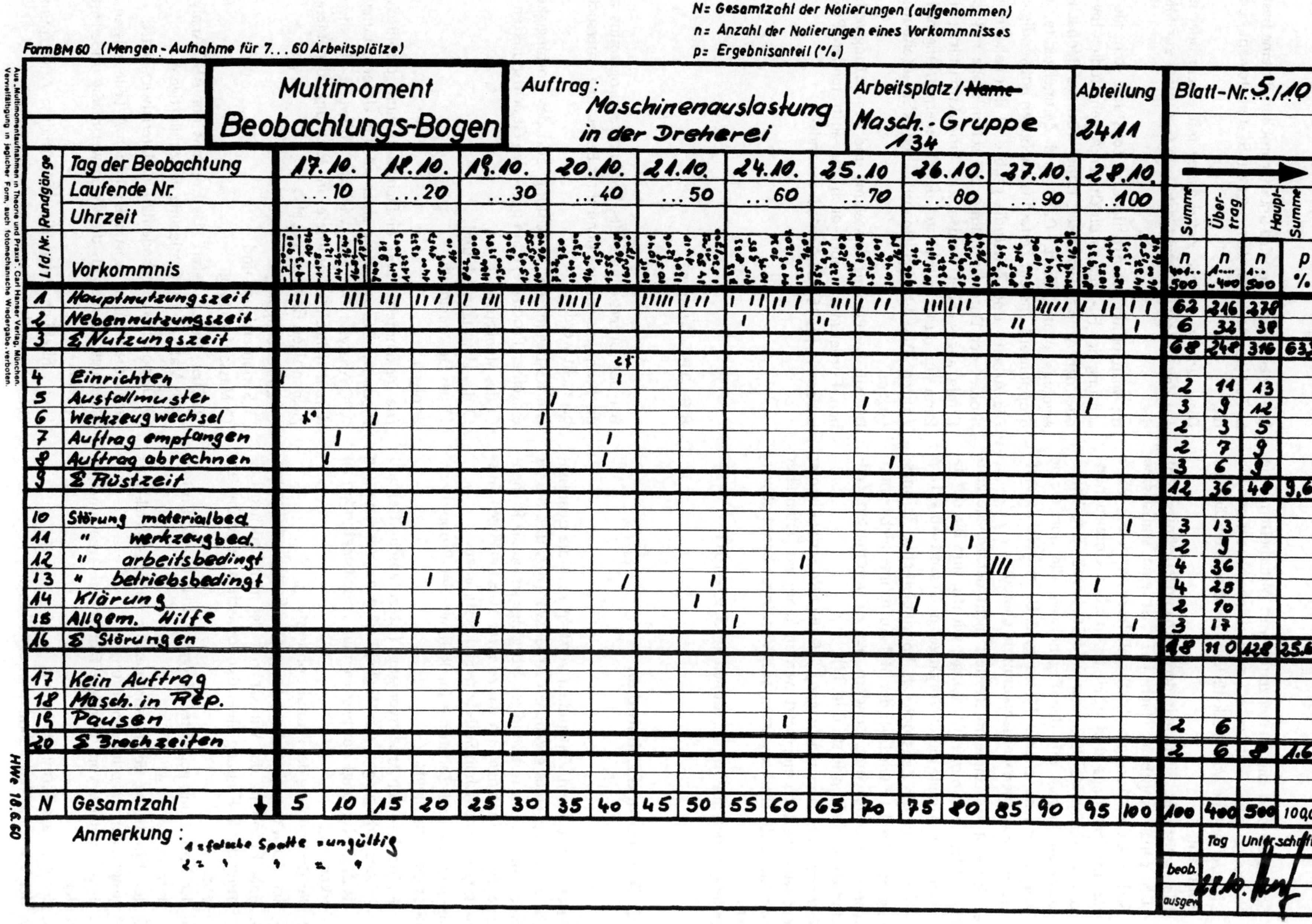

39 Multimoment-Beobachtungsbogen

So lassen sich die Verteilzeiten von Mitarbeitern, die Nutzungs- bzw. Brachzeiten von Betriebsmitteln und die Liegezeitanteile von Werkstücken (Arbeitsgegenständen) ermitteln.

Die statistische Sicherheit der Aufnahmeergebnisse läßt sich genau angeben. Nach [97] ist eine statistische Sicherheit (= Aussagewahrscheinlichkeit) von S = 95 % für alle fertigungs- und arbeitstechnischen Untersuchungen ausreichend. 95 % der MM-Stichprobenergebnisse stimmen hierbei mit den Ergebnissen, die durch eine kontinuierliche exakte Messung, z. B. mittels Zeitaufnahme gewonnen werden konnten, überein.

Bei der MM-Aufnahme interessiert nicht der genaue zeitliche Ablauf bestimmter Vorgänge; wichtig sind die durchschnittlichen Anteile dieser Vorgänge am Gesamt-Ablauf.

Im Gegensatz zur Zeitstudie als kontinuierlicher Zeitmessung mit der Uhr wird bei der MM-Aufnahme nicht ununterbrochen beobachtet, sondern nur zu bestimmten Zeitpunkten (siehe Kopfleiste Bild 39).

Grundsätzlich kann man sagen, daß die MM-Studie immer dort wirtschaftlich eingesetzt werden kann, wo Daten über die relative Zusammensetzung von Vorgängen benötigt werden.

Weitere vertiefende Informationen in [5, 97–101].

8.5 Arbeits- und Zeitstudien

Unter Arbeits- und Zeitstudien versteht man die quantitative Erfassung eines gegebenen Arbeitsvorgangs und die zu seiner Ausführung notwendigen Vorgänge sowie die Reihenfolge dieser Vorgänge, um die zu ihrer zweckmäßigen Ausführung erforderlichen Soll-Zeiten zu bestimmen.

Die Arbeits- und Zeitstudie im Rahmen der Produktionsstättenplanung dient:

1. der Analyse der Arbeitsvorgänge (Ablaufabschnitte) und Arbeitsbedingungen, um Möglichkeiten zur Verbesserung (Rationalisierung) der bestehenden Arbeitsmethoden zu erkennen,
2. der Bestimmung der Produktionsleistung,
3. der Auswahlvorbereitung geeigneter Fertigungssysteme,
4. einer Erhöhung der Wirksamkeit der menschlichen Leistung durch Findung eines ökonomischen Bewegungsablaufs,
5. der Ermittlung gerechter Vorgabezeiten für die Entlohnung,
6. der Ermittlung übereinstimmender Betriebsmittel-Belegungszeiten (Maschinenbelegung),
7. dem Vergleich von Arbeitsverfahren und Arbeitsmethoden,
8. der Auftrags-Terminsteuerung,
9. der Vor- und Nachkalkulationserstellung.

Bei einer Zeitstudie wird ununterbrochen für eine bestimmte Zeit das Arbeitssystem oder ein Systemelement beobachtet.

Diese *kontinuierliche Zeitmessung* mit einem oder mehreren Zeitmeßgeräten steht damit im Gegensatz zur MM-Studie.

Im Mittelpunkt der Arbeits- und Zeitstudie steht die Beobachtung des Ist-Ablaufs durch den Arbeitsstudien-Ingenieur oder den Arbeits-Techniker. Dabei wird das Beobachtungsergebnis protokolliert. Dazu sind Zeitmeßgeräte, (meist Stoppuhren) und ein Zeitaufnahmebogen notwendig.

Die Arbeits- und Zeitstudie gehört zu den bekannten Methoden der Datenermittlung, die schon lange mit großem Erfolg angewendet werden. Die Produktionstättenplanung kann auf dieses Hilfsmittel der Datenermittlung nicht verzichten. Bild 40 zeigt einen solchen REFA-Zeitaufnahmebogen.

Die mit der Planung, Erstellung und Auswertung verbundenen Forderungen, aber auch die auftretenden Probleme werden in [5, 16] ausführlich behandelt.

8.6 ABC-Analyse

Bei der Untersuchung des Produktionsprogramms müssen die Produkte entsprechend ihrer Bedeutung untersucht und beurteilt werden.

Die Festlegung der Bedeutung, also der Vorrangigkeit der einzelnen Produkte, kann unter den Gesichtspunkten

- des Mengenanteils,
- des Umsatzanteils und
- des Gewinnanteils

erfolgen.

Die bekannteste und einfachste planungstechnische Methode zur Durchführung einer solchen Untersuchung ist die ABC-Analyse. Sie gibt wichtige Hinweise für die später durchzuführende Synthese in Richtung der Menge der gleichartigen Erzeugnisse, also

- Einzelfertigung,
- Serienfertigung und
- Massenfertigung.

Darüber hinaus liefert das Ergebnis der ABC-Analyse das Basis-Material zur Festlegung der zukünftigen

- Dispositions-Methode für die Materialwirtschaft.

Denn die wenigen wertmäßig hohen A-Teile müssen anders disponiert werden als die vielen wertmäßig unbedeutenden C-Teile.

Und schließlich liefert die ABC-Analyse Ansatzpunkte für eine eventuelle Sortimentsbereinigung.

Z2 neu	**REFA-Zeitaufnahmebogen** für Abläufe mit Wiederholungen	Ablage-Nr. / Blatt von Blättern

Arbeitsaufgabe			
Auftrag Nr.	Menge m des Arbeitsauftrages	Abteilung	Kostenstelle
Datum der Zeitaufnahme	Beginn Uhrzeit Menge	Ende Uhrzeit Menge	Dauer

Zusammenstellung der Zeit je Einheit	Zeit in	Herkunft
Grundzeit t_g		
Erholungszeit t_{er} bei z_{er} = %		
Verteilzeit t_v bei z_v = %		
sonstige Zuschläge		
Zeit je Einheit t_{e1}		
t_{e1} ; t_{e100} ; t_{e1000} in min; h		
Rüstzeit t_r in min; h		

Arbeitsverfahren und Arbeitsmethode

Arbeitsgegenstand (Eingabe)	Benennung	Werkstoff	Zustand bei Eingabe	Zeichn.-Nr.	Werkstoff Nr.	Maße, Formen, Gewichte

Mensch	Name	Personalnummer	m	w	Alter	Dauer der Ausübung ähnlicher Aufgaben	Dauer der Ausübung untersuchter Aufgaben

Betriebsmittel	Benennung, Type	Anzahl	Betriebsmittel-Nr.	Baujahr	technische Daten, Zustand

Umgebungseinflüsse	Entlohnung

Bemerkungen

Qualität des Arbeitsergebnisses

Bearbeiter	geprüft	Datum	gültig ab	bis

Vordruck zu beziehen beim Beuth-Vertrieb GmbH, 5 Köln ...senplatz 16: Bestell-Nr. 37503. Nachdruck nur mit Genehmigu...s Verbandes für Arbeitsstudien – REFA – e.V., Darmstadt.

40 REFA-Zeitaufnahmebogen

Nr.	Ablaufabschnitt und Meßpunkt	Bez.-menge	Einflußgröße	Meßwert, Klasse	Zy / m_z	1	2	3	4	5	6	7	8	9	10	11	12	13	14	15	$\Sigma L/n$ / $\Sigma t_i/n$	$\frac{\overline{L}}{\overline{t_i}}$	$t=\frac{\overline{L}}{100}\overline{t_i}$	Zeit-art
					L																			
					t_i																			
					F																			
					L																			
					t_i																			
					F																			
					L																			
					t_i																			
					F																			
					L																			
					t_i																			
					F																			
					L																			
					t_i																			
					F																			
					L																			
					t_i																			
					F																			
					L																			
					t_i																			
					F																			
					L																			
					t_i																			
					F																			
					L																			
					t_i																			
					F																			
					L																			
					t_i																			
					F																			

$n =$ $k =$ Summe der Zeiten je Zyklus t_z

$\overline{t}_z = \Sigma t_z/n =$ / = Spannweite je Zyklus R_z

$\overline{R}_z = \Sigma R_z/k =$ / = $z = \overline{R}_z/\overline{t}_z \cdot 100\,\% =$ / $100\,\% =$ % $\varepsilon =$ % $\varepsilon' =$ % $n' =$ Σt

Nr/Zy	von	bis	Dauer	zusätzliche Ablaufabschnitte

40 REFA-Zeitaufnahmebogen

Tabelle 3: Wertetabelle für A-B-C-Analyse nach Menge, Wert und Einzelpreis.

Artikel-Nr.	Mengenumsatz/ Zeitperiode	Wertumsatz/ Zeitperiode	Verkaufspreis DM/Stück
1	4.950	379.000,–	76,70
2	2.090	563.000,–	269,50
3	1.200	666.000,–	556,00
4	900	940.000,–	1.045,00
5	650	1.335.400,–	2.025,50
6	500	2.065.000,–	4.140,00
7	210	1.960.000,–	9.340,00
8	88	1.298.000,–	14.740,00
9	62	1.999.600,–	32.210,00
		11.206.000,–	

Die ABC-Analyse verteilt die einzelnen Produkte nach dem Wert (DM) und teilt diese entsprechend dem Umsatz oder dem Gewinn in Wertgruppen (Gruppen A-B-C). Sie zeigt, welche Bedeutung jedes Produkt für den Gesamtumsatz oder den Gesamtgewinn oder Gesamtdeckungsbeitrag hat. Die Tabellen 3 und 4 zeigen Wertetabelle und Rechnung, Bild 41 zeigt die graphische Darstellung der ABC-Analyse.

Die ABC-Analyse trennt gewinnträchtige von weniger gewinnträchtigen Produkten und damit Wichtiges von Unwichtigem. Sie gibt also Hinweise für eine Sortimentsbereinigung. Als Grundlage dieser Analyse dienen folgende Begriffsbestimmungen:

- Zur Gruppe der *A-Artikel* gehören die zahlenmäßig kleinen, aber umsatzstarken oder gewinnstarken Artikel, die den größten Teil des Gesamtumsatzes oder Gesamtgewinns ausmachen.
- Zur Gruppe der *C-Artikel* gehören die zahlreichen, aber umsatz- und gewinnarmen Artikel, die nur mit einem geringen Anteil zum Gesamtumsatz oder Gesamtgewinn beitragen.
- Zwischen diesen beiden Gruppen liegen die *B-Artikel*.

Ergebnis unseres Beispiels (Bild 41):

- A-Artikel machen nur ca. 14,2 % der Stückzahlen aus. Auf sie entfallen aber 77,2 % des Umsatzwertes.
- B-Artikel machen 19,7 % der Stückzahlen aus. Auf sie entfallen 14,4 % des Umsatzwertes.
- C-Artikel machen schließlich 66,1 %(!) der Stückzahlen der gesamten Umsatzmenge aus. Auf sie entfallen aber nur 8,4 % des Umsatzwertes.

Hier zeigen sich Ansatzpunkte für eine Sortimentsbereinigung. Diese ist Bestandteil der Produktpolitik eines Unternehmens. Eine Sortimentsbereinigung vor der Produktionsstättenplanung ist genauso notwendig wie die Marktanalyse. Weitere Informationen findet der interessierte Leser in [5, 102, 103].

Tabelle 4: Rangfolge – Wertetabelle für ABC – Analyse mit Verteilung nach Umsatz.

Bezeichnung der Gruppen nach dem Wertverhältnis	Nr.	Mengenumsatz als Gruppe in %	Wertumsatz als Gruppe in %	Wertumsatz kumulativ in %	Wertumsatz selektiv in %	Wertumsatz in DM/Jahr	Mengenumsatz in Stück/Jahr	Mengenumsatz selektiv in %	Mengenumsatz kumulativ in %
A-Teile	6	14,2	77,2	18,5	18,5	2.065.000,–	500	4,7	4,7
	9			36,2	17,7	1.999.600,–	62	0,6	5,3
	7			53,7	17,5	1.960.000,–	210	2,0	7,3
	5			65,6	11,9	1.335.400,–	650	6,1	13,4
	8			77,2	11,6	1.298.000,–	88	0,8	14,2
B-Teile	4	19,7	14,4	85,6	8,4	940.000,–	900	8,4	22,6
	3			91,6	6,0	666.000,–	1.200	11,3	33,9
C-Teile	2	66,1	8,4	96,6	5,0	563.000,–	2.090	19,6	53,5
	1			100,0	3,4	379.000,–	4.950	46,5	100,0
					100,0	11.206.000,–	10.650	100,0	

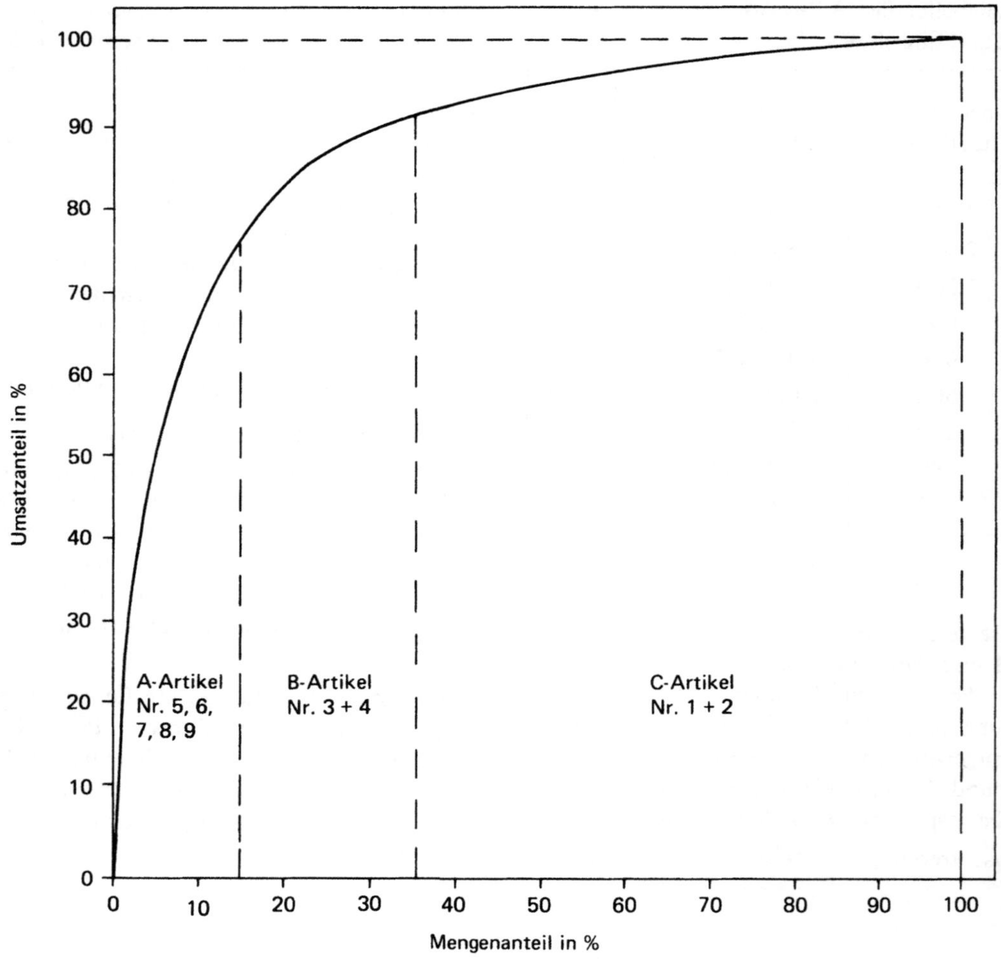

41 ABC-Analyse (graphische Auswertung)

8.7 P-Q-Analyse

In der Funktionsanalyse (vgl. Abschnitt 4.2.3.2) wird auch das Produktionsprogramm untersucht. Der Gewinn, der Deckungsbeitrag und die Herstellkosten geben darüber Auskunft, ob es ökonomisch sinnvoll ist, ein bestimmtes Produkt weiter herzustellen und zukünftig auch weiter zu verkaufen oder ob eine Produkt- und/oder Fertigungsverbesserung den Absatzerfolg steigern können.

Neben dem Arbeitsmittel ABC-Analyse steht dem Produktionsstättenplaner die *Produkt-Quantum-Analyse* (P-Q-Analyse) zur Verfügung. Ähnlich der ABC-Analyse wird das bestehende Produktsortiment tabellarisch und grafisch nach bestimmten Wertgrößen aufgeschlüsselt und kritisch verglichen. Man kann das zu untersuchende Sortiment nach folgenden drei Merkmalen grafisch darstellen:

1. Verteilung der Produktgruppen oder der einzelnen Produkte in Abhängigkeit von ihrer Absatzmenge (Bild 42a).

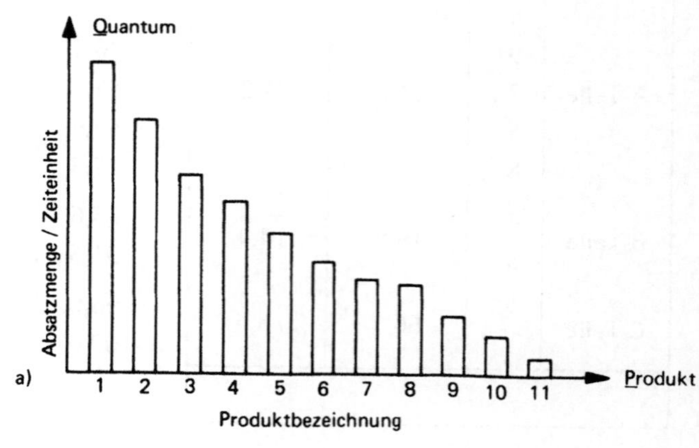

2. Verteilung der Produktgruppen oder der einzelnen Produkte in Abhängigkeit von ihrem Umsatz (Bild 42b).

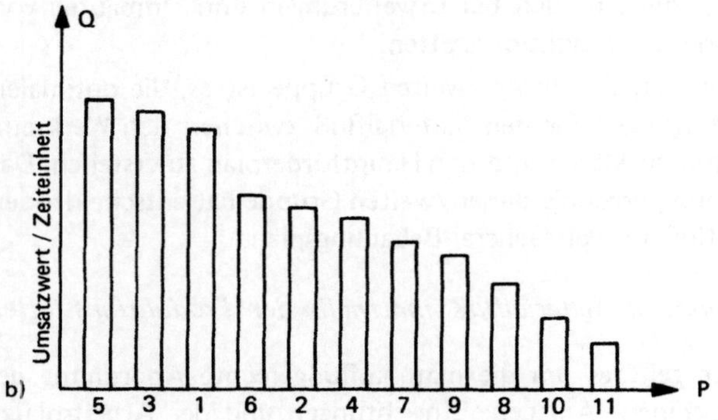

3. Verteilung der Produktgruppen oder der einzelnen Produkte in Abhängigkeit von Deckungsbeitrag und/oder Gewinn (Bild 42c).

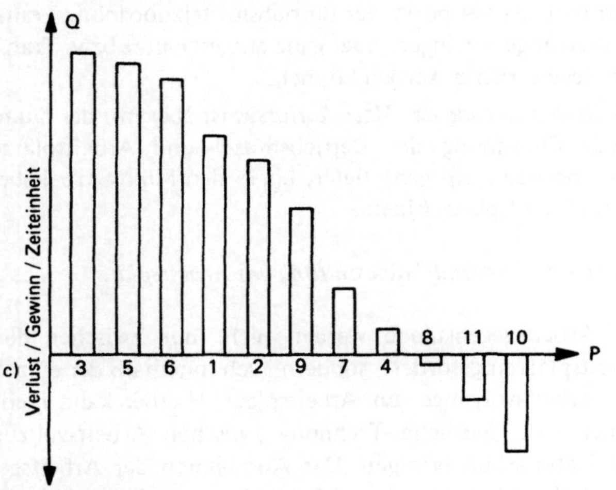

42 P-Q-Analyse

Diese Merkmale können entsprechend dem P-Q-Ziel noch erweitert werden, z. B. auf

- die Verteilung in Abhängigkeit von bestimmten Kostenanteilen,
- die Verteilung in Abhängigkeit vom Energie- und Rohstoffverbrauch,
- die Verteilung in Abhängigkeit zum Distributions-Aufwand etc.

Die Diagramme (Bild 42a–c) zeigen in eindeutiger Weise, wo die förderungswürdigen oder „kranken" Produkte stekken.

P-Q-Analyse und ABC-Analyse geben somit den Anstoß zu weiteren detaillierten Untersuchungen, die entweder Lösungsmöglichkeiten für eine Ergebnisverbesserung eröffnen, oder die Entscheidung für den Verzicht auf den weiteren Vertrieb einzelner Produkte herbeiführen.

Weitere Information zum Thema Planung und Entwicklung neuer Produkte in [104–107].

8.8 Materialfluß-Analyse und -Gestaltung

8.8.1 Notwendigkeit der Materialfluß-Gestaltung

Die Bezeichnung Materialfluß gilt als Sammelbegriff für den harmonischen Ablauf sämtlicher Transport-, Handhabungs-, Lagerungs-, Bearbeitungs-, Kontroll- und Verzögerungsvorgänge.

Aus der Sicht der *physical distribution* beginnt der Materialfluß mit der Warenauslieferung beim Lieferanten, durchfließt die gesamte Fertigung, Lagerung und den Transport während der Bearbeitung und endet schließlich bei der termingerechten Warenanlieferung beim Kunden.

In der VDI-Richtlinie 3300 wird der Materialfluß als die Verkettung aller Vorgänge beim Gewinnen, Be- und Verarbeiten sowie bei der Verteilung von stofflichen Gütern innerhalb festgelegter Bereiche definiert. Dabei sind Weg, Bewegungsgeschwindigkeit und bewegte Menge je Zeiteinheit veränderlich.

Im einzelnen gehören dazu:

Bearbeiten	Jeder Vorgang, bei dem ein Erzeugnis dem Zustand näher gebracht wird, in dem es den Betrieb verlassen soll.
Handhaben	Bewegungsvorgänge beim Einleiten oder Beenden von Vorgängen der Bearbeitung, des Förderns oder des Lagerns.
Transportieren	Jede bewußte Ortsveränderung von Gütern und Personen zwischen den einzelnen Bearbeitungsstufen und den Lagerungen.
Prüfen	Jeder messende, zählende, wiegende Kontrollvorgang.
Aufenthalt	Jede ungewollte Unterbrechung des Materialflusses ohne Übergang in ein vorgesehenes Lager.
Lagerung	Beabsichtigte Unterbrechung des Materialflusses mit Übergang in einen Lagerbereich.

Ziele der Materialflußplanung:

1. Zeit einsparen = Beschleunigung der Durchlaufzeit,
2. Geld sparen,
3. körperliche Schwerarbeit durch bessere Arbeits- und Transportmethoden sowie geeignete Fördermittel vermeiden.

Die Wichtigkeit dieser drei Ziele wird in vielen Betrieben heute noch häufig verkannt. Das hat seine Ursache vor allem darin, daß die Materialflußkosten meist nicht getrennt von den anderen Kosten in der Kalkulation als Einzelkosten ausgewiesen werden, sondern in dem „großen Topf" der Gemeinkosten untergehen. Sie fallen daher nicht direkt ins Auge.

Die Bedingung für einen wirtschaftlichen Materialfluß – die Ware muß auf kürzesten, zeitlich vorbestimmten Wegen vom Wareneingang durch die Fertigung zum Versand fließen – gilt für alle Unternehmungen unabhängig von ihrer Größe, ihren Aufgaben und den Wirtschaftszweigen.

Voraussetzung für die Analyse und Gestaltung des Materialflusses ist die Betrachtung der

- räumlichen Faktoren,
- fertigungstechnischen Faktoren,
- förderungstechnischen Faktoren und der
- lagertechnischen Faktoren.

Als Schlüssel für den wirtschaftlichen Erfolg eines nach modernen Gesichtspunkten geleiteten Produktionsbetriebes wird die Durchsetzung des Grundsatzes der *fließenden Fertigung* angesehen.

Ziel der Materialfluß-Analyse und -Synthese ist

- die günstige (optimale) Zuordnung der Gebäude, Maschinen, Anlagen und Arbeitsplätze untereinander und
- die Ermittlung (Festlegung) der Förder- und Förderhilfsmittel nach Art und Menge.

8.8.2 Systematische Materialfluß-Untersuchung

Die umfassende Gestaltung des Materialflusses erfolgt normalerweise in 4 Untersuchungsgruppen.

Gruppe 1: Standortbestimmung des Unternehmens oder des Betriebes

Die Materialflußgestaltung beginnt bereits bei der Wahl des Standortes des Unternehmens oder des Betriebes. Hierbei sind die *standortbestimmenden Faktoren*, wie z. B.

- verkehrstechnisch günstige Lage,
- Transportkosten,
- Materialbeschaffung,
- Energieangebot etc.

zu berücksichtigen.

Die Materialfluß-Untersuchungen dieser ersten Gruppe sind im allgemeinen Grundlage für die Entscheidung über den Standort.

Gruppe 2: Lage der Produktionsstätten innerhalb des Werkes zueinander

Die Materialflußgestaltung setzt sich bei der Planung der gesamten Werks- und Betriebsanlagen fort. Die Lage der Fertigungs- und Hilfsbetriebe, der Lager und Verwaltungsgebäude sowie deren Verbindung durch Werkstraßen und Gleise bestimmen die große Linie des Materialflusses. Die funktionale Zuordnung sollte dabei so geplant sein, daß sich möglichst kurze und leicht passierbare Förderwege ergeben. Wenn dieser Punkt nicht schon bei der Planung berücksichtigt wird, ist bereits eine wichtige Voraussetzung für den wirtschaftlichen Materialfluß im wahrsten Sinne des Wortes „verbaut".

Diese Erkenntnisse sind aber nicht nur bei Produktionsstätten zu beachten, die auf der „grünen Wiese" errichtet werden, sondern auch bei Erweiterungen und Umbauten vorhandener Produktionsstätten.

Hauptaufgabe dieser zweiten Gruppe ist es, die optimalen Bedingungen für den Materialfluß zwischen den Werkseinheiten zu klären und den Hauptförderplan zu erstellen. Das Planungsergebnis dieser zweiten Gruppe hat entscheidenden Einfluß auf den General-Bebauungsplan.

Gruppe 3: Materialfluß innerhalb der Produktionsstätten

Hier geht es um die materialflußgerechte Anordnung der Maschinen, Anlagen, Einrichtungen und der Arbeitsplätze untereinander und deren sinnvolle Verbindung mit Fördermitteln für einen wirtschaftlichen Produktionsablauf und die Erstellung der *Detailförderpläne*. Durch diese Maßnahme wird das Ausmaß des innerbetrieblichen Transports bestimmt, da bei optimaler Betriebsmittelzuordnung Transportvorgänge verringert oder ganz ausgeschaltet bzw. Transportwege verkürzt werden können.

Die *Bestgestaltung des Materialflusses* ist aber mit der räumlichen Zuordnung der Betriebsmittel und Arbeitsplätze nicht beendet. Sie geht tiefer, bis in den Mikro-Arbeitsbereich (Arbeitsplatz) hinein.

Gruppe 4: Materialflußgestaltung am Arbeitsplatz

Die Arbeitsgegenstände werden nicht nur zwischen den Arbeitsplätzen gefördert, sondern auch innerhalb der einzelnen Arbeitsvorgänge am Arbeitsplatz. Hierbei kann nicht immer eine deutliche Trennung zwischen Arbeitsvollzug und Materialfluß erfolgen. Das Aufnehmen der Arbeitsgegenstände (Werkstücke) zur Bearbeitung und das Ablegen der bearbeiteten Stücke zur Weiterleitung an den nächsten Arbeitsvorgang nimmt in der Regel einen erheblichen Teil der Zeit in Anspruch. Gerade die Nahtstellen zwischen Transport- und Bearbeitungsvorgängen sind Quellen der Unwirtschaftlichkeit.

Bild 43 zeigt die vier Gruppen der Materialflußgestaltung grafisch als Materialfluß-Gesamtsystem.

8.8.3 Ermittlung der innerbetrieblichen Transportarten entsprechend dem Verlauf des Transportweges

Die Materialflußuntersuchung muß über den Verlauf der Transportwege und die Arten des innerbetrieblichen Transports Auskunft geben. Dieser Verlauf wird durch die Gebäudestrukturen und die Betriebsmittelanordnung geprägt. Es wird unterschieden in

- Direkt-Verkehr,
- Stern-Verkehr und
- Ring-Verkehr.

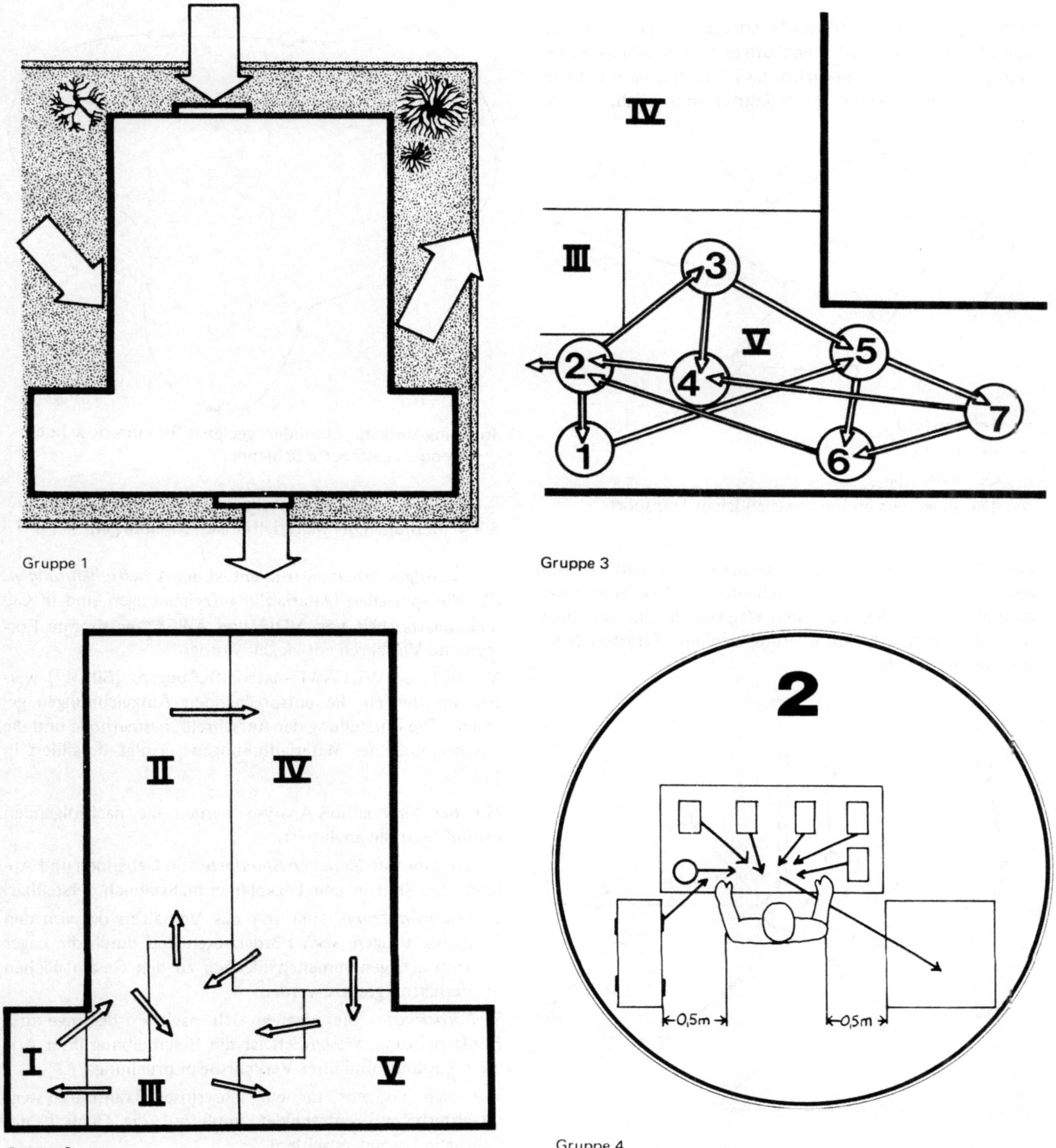

43 Die vier Materialflußgruppen

Beim *Direkt-Verkehr* (Bild 44) erfolgt der Transport auf dem kürzesten Weg zwischen Aufnahme- und Ablageort des Transportgutes. Von hier fährt das Fördermittel direkt zum neuen Aufnahmeort etc.; Einzelfahrten sind üblich.

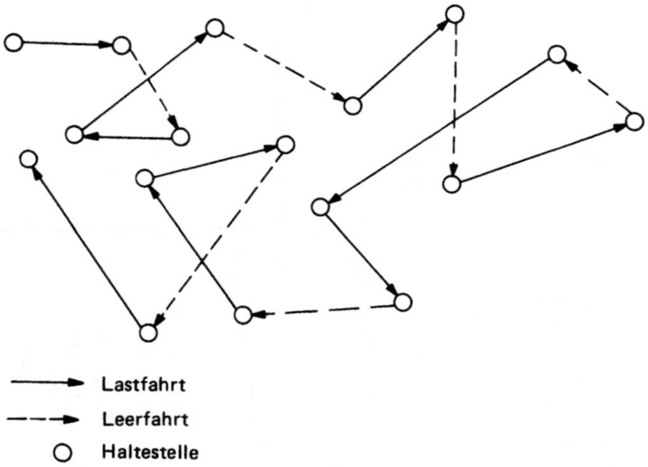

44 Direktverkehr im innerbetrieblichen Transport

Beim *Stern-Verkehr* (Bild 45) werden von einem Zentrum aus je nach Bedarf die verschiedenen Verkehrsstrecken abgefahren. Auf dem kürzesten Weg werden eine oder mehrere Stationen auf Anforderung bedient. Sammelfahrten sind hierbei üblich.

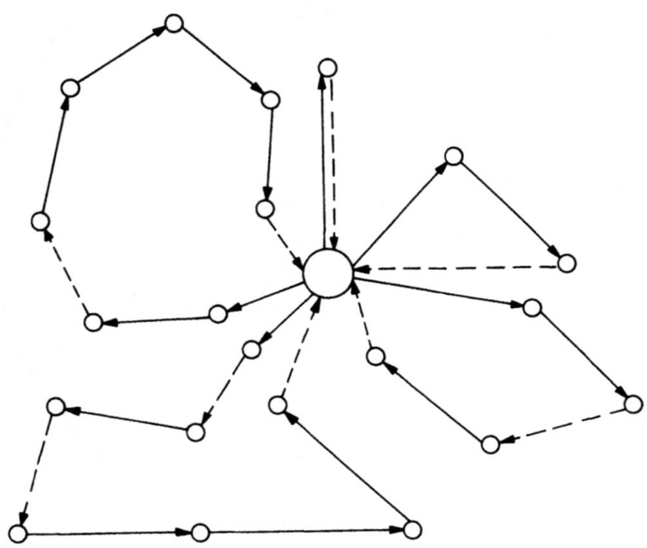

45 Stern-Verkehr, ein häufig angewendetes System des innerbetrieblichen Transports

Beim Transportsystem nach dem *Ring-Verkehr* (Bild 46) werden verschiedene Stationen auf immer gleichbleibender Fahrstrecke angefahren. Die Fahrstrecke ist geschlossen, d. h. die Fahrt endet an dem Punkt, an dem sie begonnen hat.

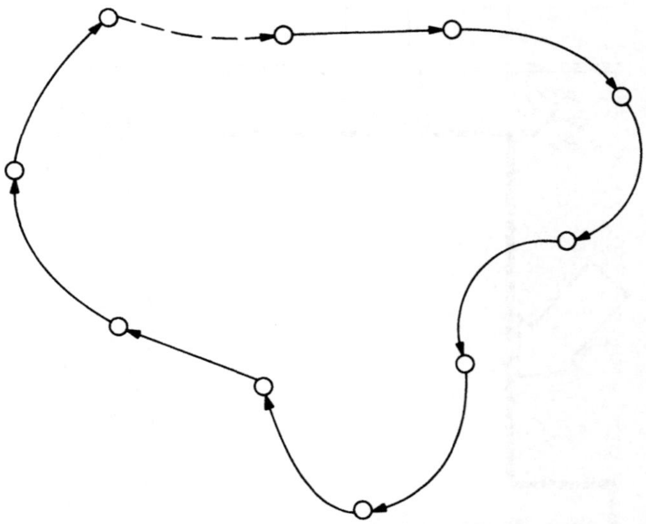

46 Ring-Verkehr, besonders geeignet für fahrerlose hochfrequenzgesteuerte Schlepper

8.8.4 Methoden der Materialflußaufschreibungen

Ein wichtiges Arbeitsinstrument ist der *Arbeitsablaufbogen*. Für die speziellen Materialflußaufzeichnungen sind in Gemeinschaftsarbeit von VDI* und AWF** bestimmte Formen und Verfahren entwickelt worden.

Mit Hilfe des VDI-AWF-Materialflußbogens (Bild 47) werden im Betrieb die entsprechenden Aufzeichnungen gemacht. Die Darstellung der Aufschreibungsmethode und die Beschreibung des Materialflußbogens erfolgt detailliert in [119].

Mit der Materialfluß-Analyse werden die nachfolgenden Einflußfaktoren analysiert:

1. Die *innerbetrieblichen Standorte* von Gebäuden und Anlagen. Sie sind in den Lageplänen maßstäblich darstellbar.

2. *Flächennutzung*. Hier soll das Verhältnis der von den Fertigungsanlagen, vom Förderwesen und durch die Lager in Anspruch genommenen Flächen zu den Gesamtflächen ins Verhältnis gesetzt werden.

3. *Förderwege*. Sie ergeben sich nach Förderlänge und Förderrichtung. Wesentlich ist die Beschreibung ihrer Art, ihrer Zustände und ihrer Verkehrsbeanspruchung.

Wer sich übrigens für ein fahrerloses Transportsystem („Geisterbahn") entscheidet, muß auf die Qualität der Fahrbahn besonders achten!

4. *Fördergüter*. Hierbei handelt es sich um

- Stoffe,
- Teile,
- Halbzeuge,

* Verein Deutscher Ingenieure (Düsseldorf)
** Ausschuß für wirtschaftliche Fertigung e. V. (Frankfurt)

~~Firma~~ ~~Werk~~ Kostenstelle: Schamotte-Fabrik

VDI/AWF-Materialflußbogen Nr. 1

Blatt Nr. 1 — gehört zu 1 u. 2

Bearbeiter: Wg. — Datum: 3.12.58

Gegenstand der Untersuchung: Steine-Transport vom Brennofen zum Steinlager

Jetziges Verfahren — ~~Vorschlag~~

Einzelzeiten in min/100

Lfd. Nr. (1)	Vorgang (2)	◆ Bearbeiten (3)	Bewegen: ○ Handhaben (4)	Bewegen: > Transportieren (5)	◻ Prüfen (6)	D Aufenthalt (7)	▲ Lagerung (8)	Fördermenge Zahl (9)	Fördermenge Einheit (10)	Entfernung in m ←→ (11)	Entfernung in m ↕ (12)	Fördermittel (13)	Arbeitskräfte Zahl (14)	Arbeitskräfte Lohn- bzw. Lohn-Gr. (15)	Arbeitskräfte Art (16)	Fortschrittzeit (17)	◆ Bearbeiten (18)	Bewegen: ○ Handhaben (19)	Bewegen: > Transportieren (20)	◻ Prüfen (21)	D Aufenthalt (22)	▲ Lagerung (23)	Bemerkungen (24)
1	brennen, abkühlen	+														—							
2	Stein aufnehmen		●					einzeln				} 60 ×	2		HA	—		100					} je 60 Stück
3	prüfen				◻			"					"		"	—				100			
4	auf Wagen legen		○					"					"		"	300		100					
5	vor d. Kammer fahren			>				60	Stck.	10		Handwg.	"		"	390			90				einschl. Rückfahrt
6	Warten auf TA					D										440					50		
7	zum Lager fahren			>				60	Stck.	30		Handwg.	2		TA	630			190				einschl. Rückfahrt, [illegible]
8	Stein aufnehmen		●					einzeln				v. Hd.	2		LA	—		60					} je 60 Stück
9	zum Stapel			>				"		2		"	"		"	—			80				
10	stapeln		○					"				"	"		"	830		60					
11	Lagerung						Δ									—						—	
	Summe/Übertrag	1	4	3	1	1	1			42			6			830		320	360	100	50	—	0/7 = 0 %

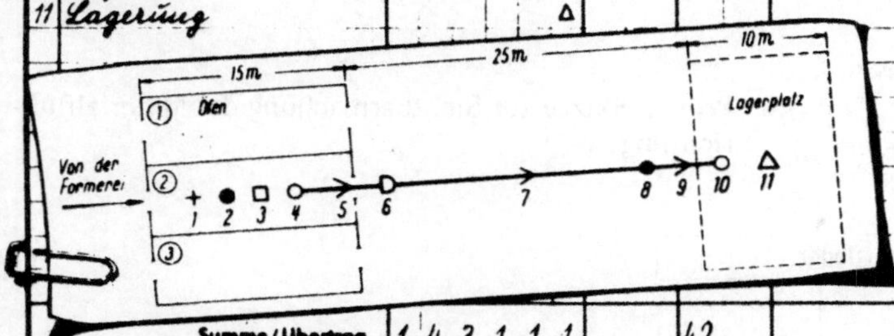

~~Firma~~ ~~Werk~~ Kostenstelle: Schamotte-Fabrik

VDI/AWF-Materialflußbogen Nr. 2

Blatt Nr. 2 — gehört zu 1 u. 2

Bearbeiter: Wg. — Datum: 3.12.58

Gegenstand der Untersuchung: Steine-Transport vom Brennofen zum Steinlager

~~Jetziges Verfahren~~ — Vorschlag

Einzelzeiten in min/100

Lfd. Nr. (1)	Vorgang (2)	◆ Bearbeiten (3)	Bewegen: ○ Handhaben (4)	Bewegen: > Transportieren (5)	◻ Prüfen (6)	D Aufenthalt (7)	▲ Lagerung (8)	Fördermenge Zahl (9)	Fördermenge Einheit (10)	Entfernung in m ←→ (11)	Entfernung in m ↕ (12)	Fördermittel (13)	Arbeitskräfte Zahl (14)	Arbeitskräfte Lohn- bzw. Lohn-Gr. (15)	Arbeitskräfte Art (16)	Fortschrittzeit (17)	◆ Bearbeiten (18)	Bewegen: ○ Handhaben (19)	Bewegen: > Transportieren (20)	◻ Prüfen (21)	D Aufenthalt (22)	▲ Lagerung (23)	Bemerkungen (24)
1	brennen, abkühlen	+											—			—							
2	Stein aufnehmen		●					einzeln				} 60 ×	4		HA	—		400					} je 60 Stück
3	prüfen				◻			"					"		"	—				100			
4	auf Palette legen		○					"					"		"	390		190					
5	Palette aufnehmen		●					60	Stck.			GS*	1		TA	400		10					
6	zum Steinlager			>				"	"	40		"	"		"	500			100				einschl. Rückfahrt
7	Palette stapeln		○					"	"			"	"		"	[illegible]		20					
8	Lagerung						Δ									—							
	Summe/Übertrag	1	4	1	1	-	1			40			5			520	—	220	100	100	—	—	3/5 = 60 %

*bedient 3 Öfen

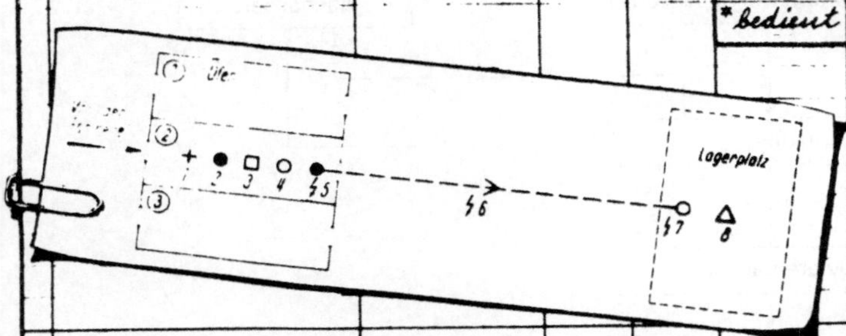

47 VDI-AWF-Materialflußbogen *Bildquelle* [119]

- Fertigwaren,
- Werkzeuge,
- Hilfsstoffe und
- Abfall (Müll)

die im normalen Betriebsablauf ortsverändert, also gefördert werden müssen.

Ziel dieser Untersuchung ist es, Werte über die Materialmengen und deren Transporthäufigkeit zu erhalten, die zwischen den einzelnen Orten in einer bestimmten Zeiteinheit bewegt werden. Die Messungen der zu transportierenden Materialmengen werden in Gewichts- oder Volumeneinheiten angegeben. Es ist vorteilhaft, die Materialbewegungen auf eine Zeitheinheit zu beziehen, z. B. Palettenladung/Tag, t/Tag etc.

Um Materialbewegungen sichtbar zu machen, werden Flußbilder gezeichnet. Die einfachste Darstellung ist die *Prinzip-Skizze* (Bild 48).

Das *Materialfluß-Schema* (Bild 49) ist eine weitere, verbesserte Darstellungsform der Materialbewegungen.

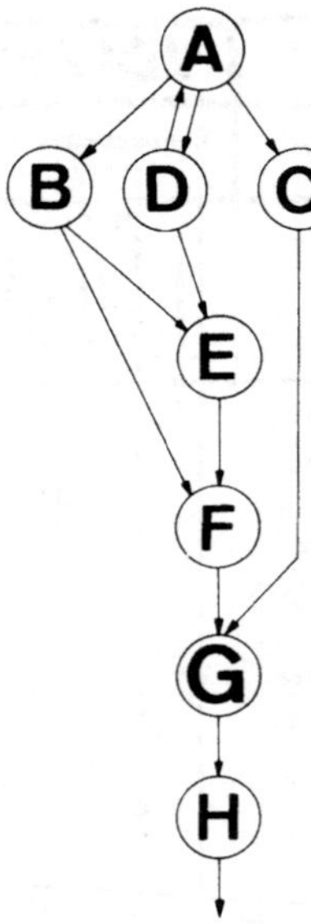

48 Prinzip-Skizze zur Sichtbarmachung der Materialflußrichtung

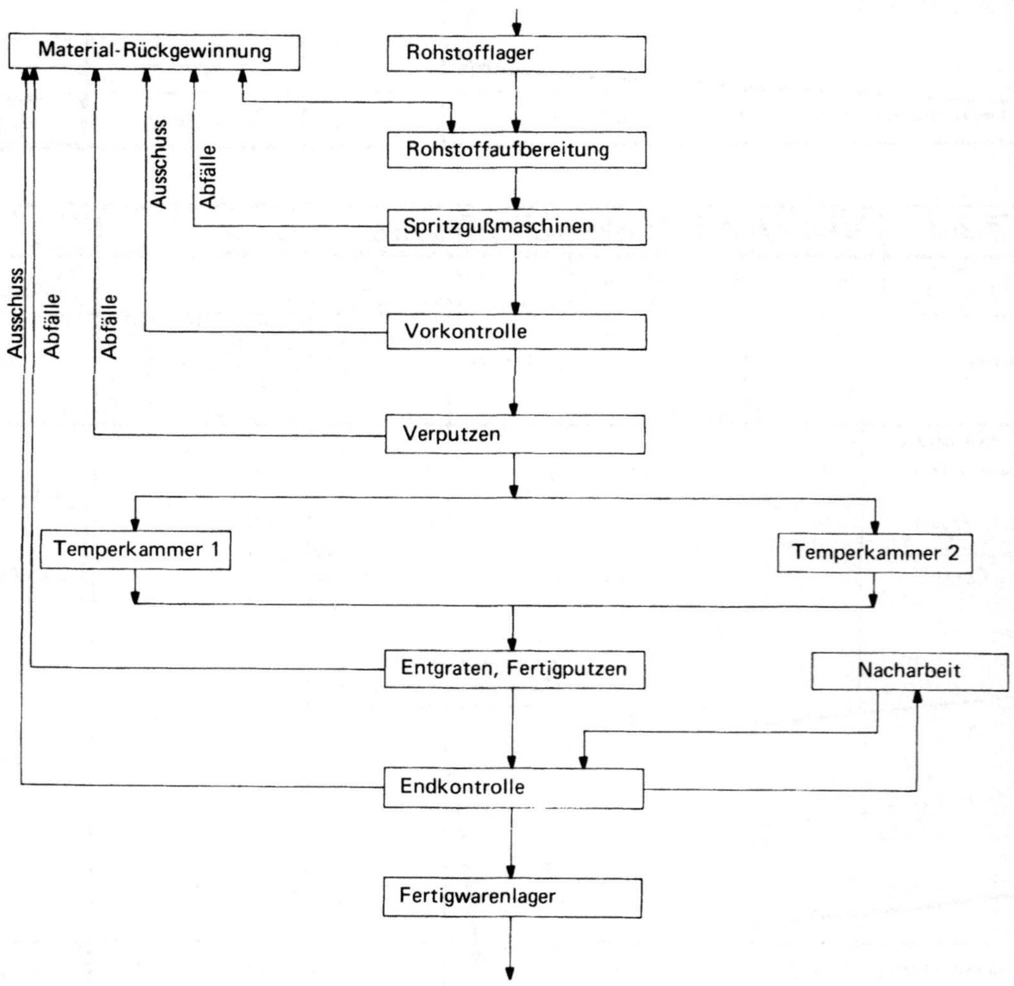

49 Materialflußschema einer Kunststoffspritzerei

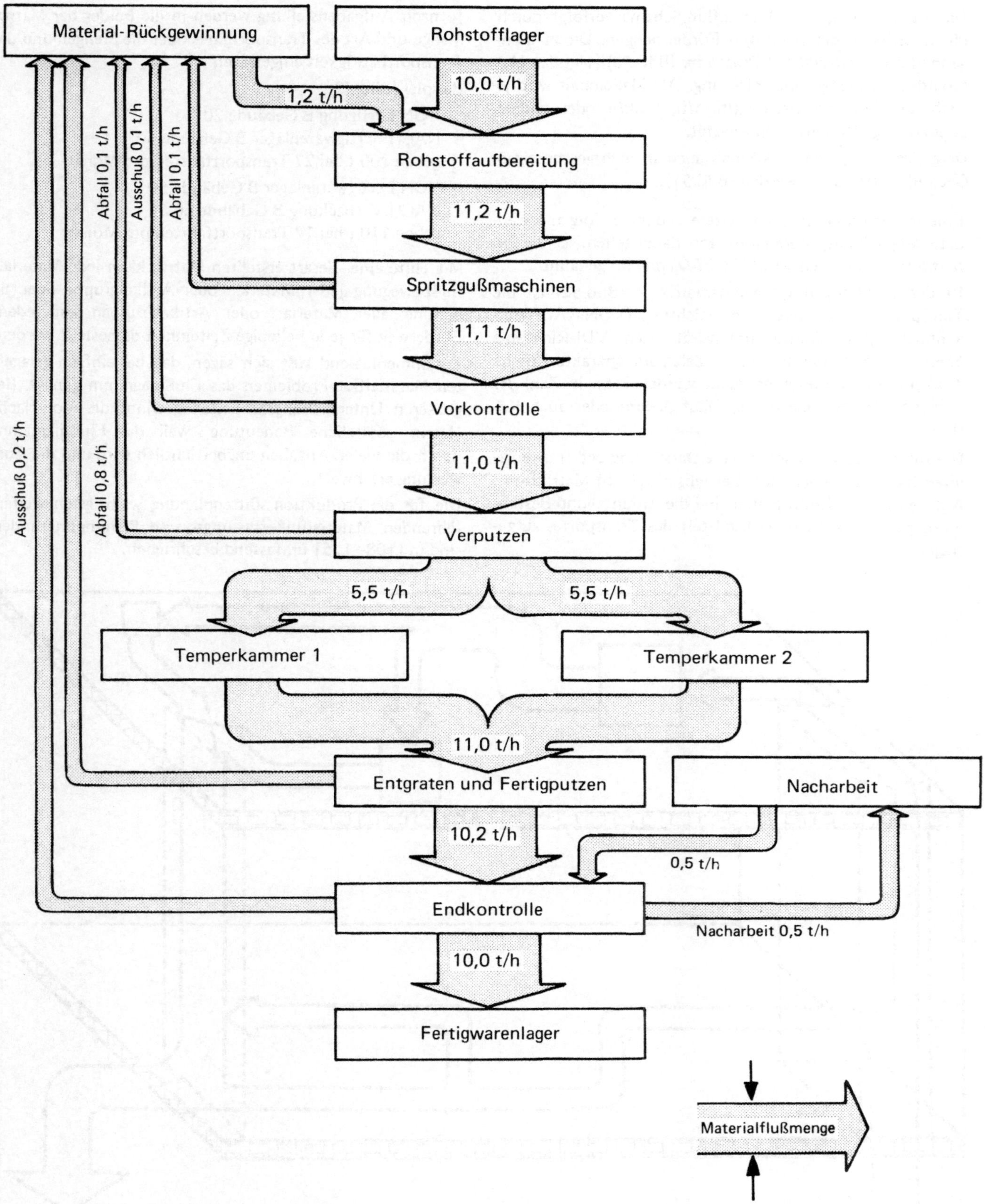

50 Materialflußdiagramm einer Kunststoffspritzerei

Die Verfeinerung des Materialfluß-Schemas erfolgt durch die Zuordnung der jeweiligen Fördermengen. Dieses Mengenbild oder *Materialfluß-Diagramm* (Bild 50) zeigt den Materialfluß in Menge und Richtung. Als Maßeinheit wird je nach den Erfordernissen kg/h, t/h, Stck/h oder andere zweckmäßige Dimensionen gewählt.

Derartige Mengenbilder können auch in mehrgeschossigen Gebäuden dargestellt werden (Bild 51).

Eine in der Praxis weit verbreitete und mit Erfolg angewendete Möglichkeit, Materialmengen darzustellen, ist die *Intensitätsmatrix*, auch *VON-NACH-Diagramm* genannt.

In der zweiseitigen Intensitätsmatrix – (Bild 52) ist die Transportintensität und deren Richtung (VON-NACH) erkennbar. „Die Transportintensität nach VDI-Richtlinie 3595 ist dabei die in einem Zeitraum charakteristische Transportgröße, die ausgedrückt werden kann in Zahl der Fahrten, Mengen, Gewichte, Häufigkeiten oder auch Kosten."

Die Intensitätsmatrix ist also die Darstellung der Transportintensitäten zwischen den Betriebsmitteln in Matrixform. Auf den beiden Koordinaten sind die Anfangs- und Bestimmungspunkte (z. B. Betriebsmittel) des Transportes aufgetragen.

Je nach Aufgabenstellung werden in die Felder der Matrix Menge und Art des Transportgutes oder die Mengen und die Transporthäufigkeit eingetragen.

Beispiel (Bild 52)

VON Fertigung B Gebäude 20
NACH Fertigwarenlager B Gebäude 50
gehen 200 t bei 27 Transportfahrten pro Monat.

VON Fertigwarenlager B Gebäude 50
NACH Verpackung B Gebäude 60
gehen 110 t bei 17 Transportfahrten pro Monat.

Mit Hilfe einer derart erstellten Matrix kann jede Materialflußbewegung jeder Material- oder Artikelgruppe oder als Summe aller Material- oder Artikelgruppen auf jedem Förderweg für jede beliebige Zeiteinheit dargestellt werden.

Zusammenfassend läßt sich sagen, daß bei einfach gelagerten Materialfluß-Problemen das Flußdiagramm genügt. Bei größeren Untersuchungsprojekten gewinnt die Von-Nach-Matrix zusätzliche Bedeutung, weil das Flußdiagramm durch die vielen Angaben unübersichtlich wird und die Auswertung erschwert.

Die für die Produktionsstättenplanung wichtigsten weiterführenden Materialflußerfassungs- und Planungsmethoden sind in [108–125] umfassend beschrieben.

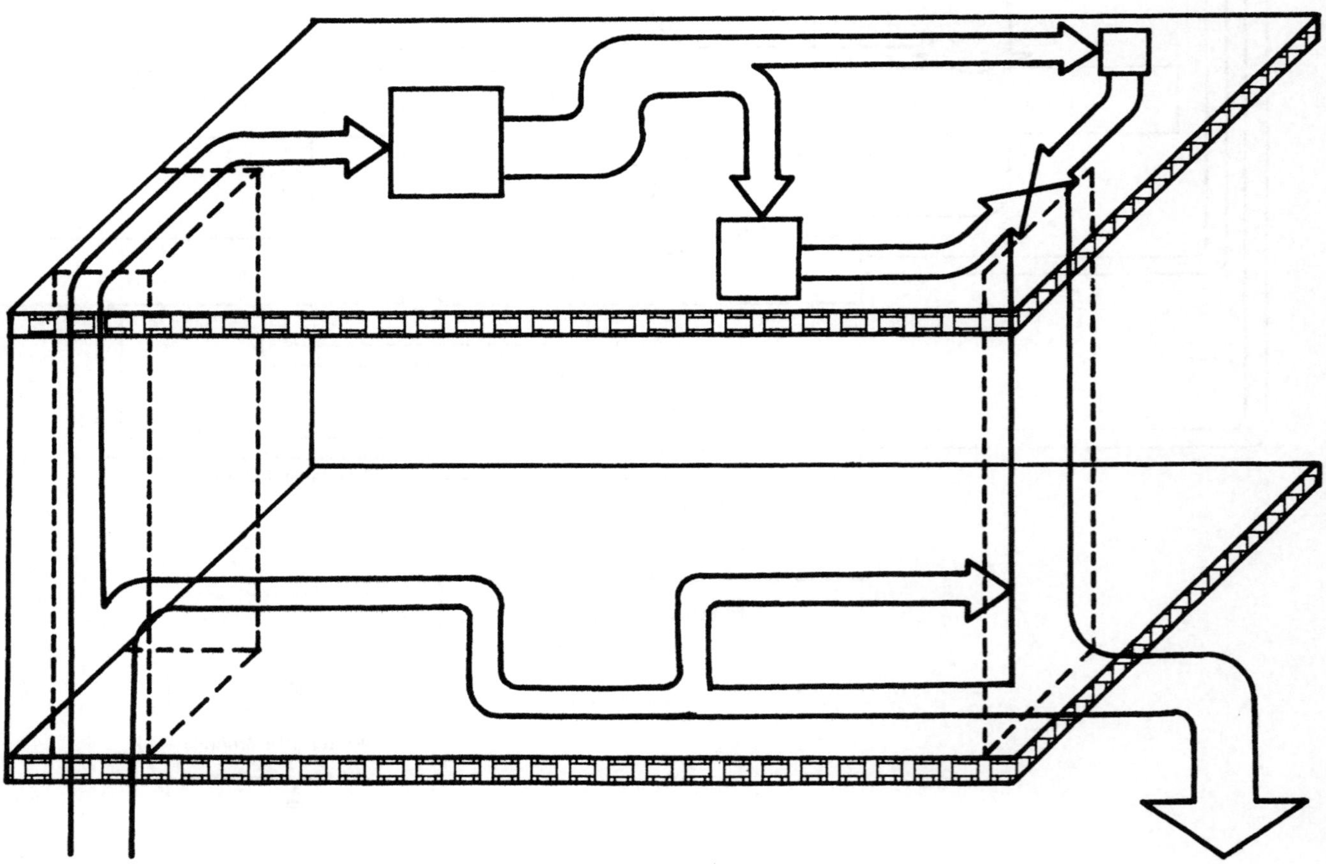

51 Materialflußdiagramm in einem mehrgeschossigen Fertigungsgebäude

Beziehungshäufigkeit VON \ NACH	Materiallager Gebäude 0	Fertigung „A" Gebäude 10	Fertigung „B" Gebäude 20	Fertigung „C" Gebäude 30	Fertigwarenlager „A" Gebäude 40	Fertigwarenlager „B" Gebäude 50	Verpackung „B" Gebäude 60	Montage „B" Gebäude 70	Versand Gebäude 80
	Transport-Matrix für: (z. B.) Mengenangabe in t und Transportfahrten pro Monat.								
Materiallager Gebäude 0		110/210	195/142	80/280	→Mengeneinheit in t/Monat →Transportfahrten / Monat				
Fertigung „A" Gebäude 10					80/150				25/30
Fertigung „B" Gebäude 20						200/27	85/102	70/220	42/82
Fertigung „C" Gebäude 30						300/900			70/165
Fertigwarenlager „A" Gebäude 40		30/90							72/65
Fertigwarenlager „B" Gebäude 50			100/159				110/17		56/91
Verpackung „B" Gebäude 60								280/1950	90/210
Montage „B" Gebäude 70						20/300			
Versand Gebäude 80			2/30		1,5/17		6/15		

52 Von-Nach-Matrix

8.8.5 Fördermittel und Förderhilfsmittel

Fördermittel und Förderhilfsmittel sind alle Maschinen, Einrichtungen sowie Geräte, die der Bildung von Ladeeinheiten und der Ortsveränderung von Gütern und Rohstoffen dienen. Durch ihren Einsatz werden Transportvorgänge und das Transport-Handling reduziert bzw. vereinfacht.

Die Auslastung der Fördermittel und der Fördermhilfsmittel wird mit Hilfe von *Auslastungsstudien* ermittelt. Die Kenntnis über die Auslastungsgrade ist insofern bedeutsam, da diese die Grundlagen für die Ermittlung der notwendigen neuen Fördermittel und Förderhilfsmittel liefern.

Eine eingehende Beschreibung der verschiedenen Fördermittel findet der interessierte Leser in [127–130].

Die Auslastungsermittlung kann durch Langzeitstudien nach der REFA-Methodenlehre [5] oder durch Aufschreibungen des Bedienungspersonals der Fördermittel erfolgen. Beim letzteren besteht die Gefahr der Ungenauigkeit, weil die Mitarbeiter für diese zusätzliche Arbeit Zeit benötigen und Einzelheiten leicht vergessen werden. In Grenzen ist der Einsatz selbsttätig registrierender Meßgeräte, wie in [126] beschrieben, möglich.

Besonders gut läßt sich hier die MM-Studie einsetzen. Durch diese Stichprobenstudie werden aussagefähige Werte bei geringem Studienaufwand geliefert.

Die auf eine Materialflußuntersuchung ausgerichtete spezielle MM-Studie ist in der VDI-Richtlinie 2492 mit genauer Anleitung beschrieben [97].

8.8.6 Kosten und Investitionen des Materialflusses

Das Ergebnis der Materialfluß-Planung sind technische Lösungen, die einen wirtschaftlichen Materialfluß ermöglichen.

Wie bei allen Gestaltungsmaßnahmen werden mehrere technische Alternativ-Lösungen vorliegen. Die Entscheidung für die Realisierung einer bestimmten Alternative wird nach technischen Gesichtspunkten durch Bewertungsverfahren – vgl. Abschnitt 9, Bewertung von Planungs-Alternativen – und nach ökonomischen Gesichtspunkten getroffen. Die ökonomischen Aspekte schließen die mit der Realisierung verbundenen Investitionen und deren Rentabilität ein.

Materialfluß-Investitionen haben im wesentlichen folgende Zielsetzung:

1. Verbesserung der bestehenden Arbeits- und Materialfluß-Abläufe.
2. Erweiterung der Förder-Kapazitäten.
3. Ersatz der vorhandenen Förderanlagen.
4. Aufbau neuer Produktions-, Lager- und Transportsysteme.
5. Reduzierung des in Güter-Beständen gebundenen Kapitals.

Die Methoden der Investitionsrechnung und ihre Anwendung sind unter 10, Methoden der Investitionsrechnung, aufgezeigt.

Über die Durchführung von Kostenstudien existiert umfangreiche Literatur; nachfolgend einige spezielle Literaturangaben: [108, 109, 122, 131, 132, 133].

In der VDI-Richtlinie 2693 [122] wird der Zusammenhang zwischen den technischen und wirtschaftlichen Überlegungen treffend dargestellt und formuliert:

„Materialfluß-Untersuchung und -planung sollen nicht nur technische, sondern auch die Ermittlung der für die Wirtschaftlichkeitsrechnung erforderlichen Ausgangswerte sowie die Durchführung der Rechnung selbst umfassen."

Dieser Zusammenhang wird in Bild 53 deutlich gemacht.

8.8.7 Materialfluß-Optimierung

Liegt nach Abschluß der Analyse der qualitative und quantitative Materialfluß fest, so muß, diesem Fluß entsprechend, eine möglichst optimale Betriebsmittel-Zuordnung gefunden werden, die die Durchlaufzeiten verringert und damit die Fertigungskapazitäten besser ausnutzt. Unter Betriebsmittel werden hierbei einzelne Maschinen, starre oder lose verkettete Maschinengruppen, Handarbeitsplätze oder ganze Abteilungen verstanden. Eine solche optimale Zuordnung der Betriebsmittel ist diejenige Zuordnung, die die geringsten Materialflußkosten verursacht, d. h.

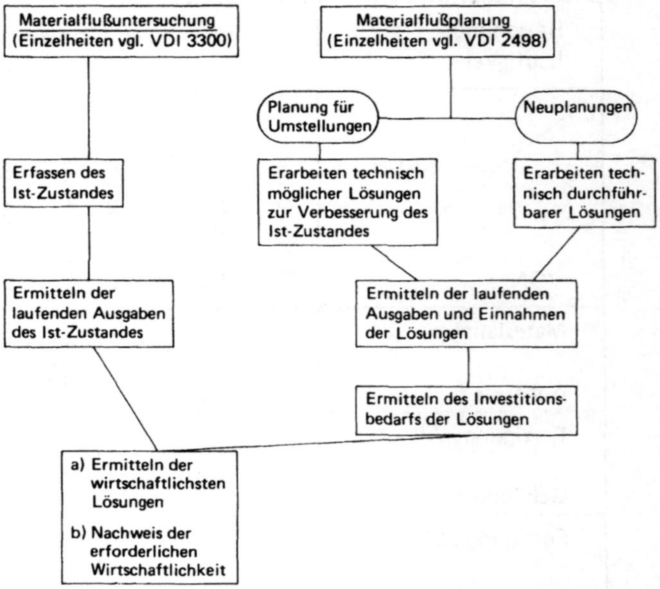

53 Zusammenhang zwischen technischen und wirtschaftlichen Überlegungen bei der Materialflußplanung
Bildquelle [122]

- ○ geringe Durchlaufzeiten,
- ○ geringe laufende Transportkosten,
- ○ niedrige Investitionskosten und
- ○ wenig gebundenes Umlaufkapital.

Neben den zeitraubenden manuellen Methoden zur Ermittlung einer optimalen Betriebsmittelanordnung stehen heute dem Materialflußplaner mathematische Methoden zur Verfügung, die es ermöglichen, Optimalpläne zu erarbeiten.

Die EDV-Hersteller bieten heute entsprechend universal anwendbare Optimierungs-Software-Pakete an. Allerdings muß an dieser Stelle gesagt werden, daß auch bei diesen Rechnerprogrammen deutliche Grenzen bei der Einbeziehung von Planungsdetails gegeben sind, die nicht überschritten werden sollten, weil dadurch die universelle Anwendbarkeit leidet. Auch wird ein derart hoher Speicherplatzbedarf benötigt, wie er den Anwendern meist nicht zur Verfügung steht.

Stehen den Anwendern keine EDV-Anlagen zur Verfügung, so können solche Programme im Service bei den meisten EDV-Herstellern laufen. Das ist aber nicht billig.

Bedenkt man aber, daß das Ergebnis weit besser als das „manuelle Optimierungsverfahren" ist, dann lohnt sich ein solcher Einsatz im Rahmen der Produktionsstättenplanung [123, 134, 75].

Die zur Lösung des Problems der optimalen Zuordnung entwickelten brauchbaren Methoden werden unter 14, Methoden der Betriebsmittelzuordnung, beschrieben.

8.9 Methoden zur Suche idealer Lösungen

Bei der Suche nach idealen Lösungen muß unterschieden werden zwischen

- O Suche nach Ideal-Lösungen für Neuplanungen und
- O Suche nach Ideal-Lösungen für Erweiterungs- und Umbauplanungen.

Im ersten Fall wird ohne Rücksicht auf Strukturen, Raum, Zeit, Kosten und ohne Beachtung der Mengengerüste und des Zeitplans – auf der „grünen Wiese" – geplant.

Im zweiten Fall müssen wichtige örtliche Gegebenheiten – sogenannte *Festpunktanlagen* – als Planungs-Restriktionen von Anfang an berücksichtigt werden.

Festpunktanlagen sind nicht veränderbare Hindernisse bei der Gestaltung eines optimalen

- O Produktionsflusses,
- O Materialflusses und
- O Gesamtablaufs.

Sie beeinflussen die Herstellkosten der Erzeugnisse und den Betriebserfolg in beträchtlichem Maße.

Festpunktanlagen sind aus

- O technischen Gründen oder durch
- O gesetzliche Auflagen,
- O natürliche Gegebenheiten oder aus
- O Kostengründen

voraussichtlich für eine lange Zeit an ihren derzeitigen Standort gebunden.

Man unterscheidet zwischen inner- und außerbetrieblichen Festpunkten.

Innerbetriebliche Festpunkte können beispielsweise sein:

- O vorhandene Bauwerke,
- O Energiezentrale,
- O Gleisanlagen,
- O schwer verlegbare Produktionsanlagen,
- O Hauptwerkstraßen.

Außerbetriebliche Festpunkte können beispielsweise sein:

- O Anschlußstraßen,
- O Bahnanschluß,
- O Energieeinspeisungspunkte,
- O Wohngebiete.

Fast jedes Werk hat einen oder mehrere solcher Festpunkte. Ihre Berücksichtigung engt die Möglichkeit einer Planung in Richtung Ideal-Lösung zwangsläufig ein.

Eines der wichtigsten Kriterien, das zu einer Bestimmung von Festpunktanlagen führt, sind die Kosten für die Veränderung. Zum einen dürfen diese Kosten nicht größer sein als der erzielte Erfolg durch eine Umstellung, zum anderen müssen sie in einem vernünftigen Verhältnis zu den Gesamt-Projektkosten stehen.

Bei der Suche nach Ideal-Lösungen bedient sich der Planer verschiedener Methoden zur *Lösungs- und Ideenfindung:*

- O Brainstorming
- O Morphologie
- O Synektik
- O Scenario
- O Delphi

Brainstorming ist eine Form der Gruppenaktivität, die darauf abzielt, zu einem vorgegebenen Thema völlig neue Ideen und Lösungsmöglichkeiten zu entwickeln.

Unter Brainstorming versteht man die spontane Produktion von Einfällen in angeregt, aufgelockert und spannungsfrei zu führenden Diskussionen. Der Teilnehmerkreis solcher Brainstormings-Sitzungen sollte aus 6 bis 10 Fachleuten und Nichtfachleuten bestehen. Das Diskussionsthema wird den Teilnehmern in der Regel definiert zugestellt. In der Sitzung ist jegliche Kritik an gemachten Vorschlägen, auch an abwegig erscheinenden, verboten. Jeder Vorschlag, jede Idee wird schriftlich festgehalten und später ausgewertet.

Durch die Zusammensetzung des Teilnehmerkreises, Fach- und Nichtfachleute, soll erreicht werden, daß keine Problemblindheit entsteht. Durch die freien, nicht auf Kritik stoßenden Äußerungen werden gerade wegen ihrer Abwegigkeit oft völlig neue Perspektiven eröffnet.

Wie zu erkennen, ist Brainstorming ein Verfahren, das der Anregung, der Intuition dient. Kreativität ist bei dieser Methode entscheidend.

Die *Morphologie* gehört zu den systematisierten Suchstrategien zur Findung von Lösungen.

Die Methode besteht darin, das anstehende Problem in seine Erfüllungsparameter zu zergliedern und dann auf der Ebene der einzelnen Parameter nach Lösungen zu suchen. Dabei ergibt sich eine Vielzahl von Kombinationen und Variationen der Einzelparameter. Anschließend werden alle Lösungskombinationen der Parameter konstruiert (zusammengebaut) und auf ihre Brauchbarkeit untersucht.

Die morphologische Methode versucht „vollständig" zu sein. Die Trennung und Bewertung der konstruierten Lösungen wird in einem gesonderten Schritt (Arbeitsgang) durchgeführt.

Kreativität ist nicht für den Gesamtprozeß dieser Methode entscheidend. Sie wird dem Suchprozeß der Detailbetrachtung von Einzelparametern untergeordnet.

Der Kernansatz ist, daß Neuerungen entdeckbar sind, also aus Kombinationen bekannter Teillösungen synthetisiert werden können.

Synektik ist eine Variante des Brainstorming. Sie wird für ganz besonders schwierig kreative Aufgaben eingesetzt.

Das Synektik-Team besteht aus 5 bis 7 hochqualifizierten und kreativen Fachleuten. Die Problemstellung wird zunächst unter allen möglichen Aspekten untersucht. Anschließend wird durch Analogien in andere Wissenschaftsbereiche oder auf scheinbar irrelevante Gebiete das Problem verfremdet und schließlich aus der Verfremdung wieder zum Problem zurückgeführt.

Die *Scenario*-Technik zielt darauf ab, von einer gegebenen Situation (= Ist-Zustand) die weiteren logischen Folge-Entwicklungen aufzuzeigen. Dies geschieht in schriftlicher Form. Unter Einbeziehung der verschiedenen Voraussetzungen werden verschiedene Zukunftsmöglichkeiten entwikkelt.

Das „Scenario-Schreiben" bezieht sich auf alles zur Verfügung stehende Material zu dem jeweils gestellten Thema. Fehlt derartiges Basis-Material, dann müssen vorab eigene Studien zum Problem-Thema durchgeführt werden. Scenario kann also als eine qualitative Prognose-Methode bezeichnet werden.

Die *Delphi*-Technik beabsichtigt ähnliche Ergebnisse zu erreichen wie bei einer Expertenumfrage, nur daß hierbei die Teilnehmer untereinander anonym bleiben. Es findet keine unmittelbare Konfrontation der Teilnehmer miteinander statt, wie bei Brainstorming oder Synektik. Es fehlt dabei auch der systematische Suchprozeß der Morphologie.

Die Delphi-Technik besteht aus der Durchführung mehrerer Befragungsrunden. Dabei werden die Befragten vor einer neuen Runde immer von den Ergebnissen der Vorrunde unterrichtet.

Ziel dieses Vorgehens ist es, eine Übereinstimmung von Experten-Aussagen zu erreichen, also ein breites Meinungsspektrum zu erzielen. Diese Methode geht von der Annahme aus, daß mehrere mehr wissen können als einer.

Die Anzahl der befragten Experten liegt zwischen 10 und 20, die den gleichen Informationsstand haben sollten.

Zum Thema „Methoden der Ideenführung" findet der Leser weiterführende Fachliteratur: [1, 90, 135, 136].

8.10 Flächenbedarfsermittlung

Die *Flächenermittlung der Fertigung* erfolgt durch Hochrechnung von der Ausgangsbasis in das Zieljahr.

Die Prämissen einer solchen Hochrechnung sind:

- ○ die erwarteten Umsatz- und Produktionsvolumen der einzelnen Produkte,
- ○ die erwarteten, absehbaren verfahrens- und produktionstechnischen Veränderungen,
- ○ die unterschiedliche Kapazitätsbelegung in den verschiedenen Fertigungsbereichen durch die einzelnen Produkte,
- ○ die Erhöhung der Flächenproduktivität durch
  - fertigungstechnische Verbesserungen,
  - Materialfluß- und Transportverbesserungen und
  - ablauforganisatorische Verbesserungen.

Auf der Basis der Analysewerte und der Prognosen ist für jeden Fertigungsbereich der Flächenbedarf für die einzelnen Jahre bis zum Zieljahr zu ermitteln.

Bei der Soll-Flächenermittlung ist neben dem Netto-Flächenbedarf der eigentlichen Arbeitsplätze auch

- ○ die Bedienungsfläche bei Maschinen,
- ○ die Wartungsfläche bei Anlagen,
- ○ die Abstellfläche für Arbeitsgegenstände und
- ○ die Verkehrsfläche

in der Rechnung zu berücksichtigen.

Die Ergebnisse der Einzelberechnungen werden in Flächenaufstellungs-Tabellen (Bild 54) dargestellt.

Die *Flächenermittlung der Nebenbetriebe* läuft analog den Fertigungen.

Hierzu liefern Kennzahlen brauchbare Leit- und Vergleichsgrößen [141–145].

Der *Flächenbedarf der Lager* ist abhängig vom Lagersystem und der Lagertechnik. Die moderne Lagertechnik ist nicht flächen-, sondern raumorientiert, wie in Bild 14 (S. 31) dargestellt.

Wichtigste Kenngröße für die Bestimmung des Lagersystems sind die Lagerartikel und deren Mengen. Dabei geht die Ermittlung der Lagermengen von den jeweils prognostizierten Umsatzwerten je Artikel aus.

In die Überlegungen einzubeziehen sind folgende Prämissen:

1. Das Lagervolumen kann je nach Unternehmen eine lineare Funktion der Produktionssteigerung sein.
2. Die Verteilung der einzelnen Produkte am Gesamtumsatzvolumen kann sich im Laufe der Jahre verändern.
3. Es besteht eine Beziehung zwischen Jahresumsatz und maximalem Lagerbestand bei saisonalem Marktverhalten und den Produktionskapazitäten.
4. Ein maximaler Lagerbestand von x % des Jahresabsatzes ist festzulegen, abhängig vom jeweiligen Marktbedarf – vor allem bei saisonalem Marktverhalten.

Die Mengenergebnisse aus diesen Rechnungen werden übersichtlich in Tabellen dargestellt. Diese Wertetabellen sind Grundlage für die Ermittlung des geeigneten Lagersystems.

Grundlage der Ermittlung des *Flächenbedarfs für die erforderlichen Sozialräume* sind die DIN–Normen und die Kennzahlen der Fachliteratur [143–148].

FLÄCHENAUFSTELLUNGSTABELLE																
Zeitabschnitt der Prognose / Baustufe / Produktionsbereich	1974		1975		1976		1977		1978		1979		1980		1985	
	Flächen m^2	Trend in %														

54 Flächenaufstellungstabelle

Nach [148] wurde in der Bundesrepublik ein Durchschnittswert von 0,09 m^2 je Belegschaftsmitglied ermittelt. Auf jeden Fall sind die gesetzlichen Vorschriften und die Vorschläge des Bundesministers für Arbeit und Sozialordnung zu beachten. Das seit dem 1.5.1976 in Kraft getretene Gesetz „Verordnung über Arbeitsstätten" (Arbeitsstättenverordnung, ArbStättV) vom 20.5.75 ist eine bundeseinheitliche Rechtsnorm für Arbeitsschutzanforderungen an Arbeitsstätten. Dieses Gesetz berücksichtigt nicht nur den Unfallschutz, sondern erstreckt sich ebenso auf arbeitswissenschaftliche Belange, wie z. B. Arbeitshygiene und Arbeitsmedizin, Arbeitsphysiologie und Arbeitspsychologie sowie die Ergonomie [209, 210].

Die Ermittlung des Flächenbedarfs der Sozialräume ist für den gleichen Planungszeitraum wie für die Fertigungs- und Lagerflächen zu ermitteln. Ausgangspunkt für die Ermittlung ist die geplante Personalentwicklung für diesen Zeitraum. Dies gilt natürlich gleichlautend für die *Flächenermittlung der Verwaltung.*

Hier kann man mit Hilfe von Kennzahlen [142, 145, 149–151] den Büroflächenbedarf durch Hochrechnung auf der Basis der Personalentwicklung ermitteln.

8.11 Produktplanung des zukünftigen Verkaufsprogramms

Neben der kritischen Analyse des bestehenden Verkaufsprogramms durch P-Q- und ABC-Analyse, ist die Frage des *zukünftigen* Verkaufsprogramms und der zukünftig anzuwendenden Technologien als eine wichtige Aufgabe der Produktionsstättenplanung anzusehen. Das Ergebnis ist für die Realplanung entscheidend.

Verbesserte Produkte, neue Produkte und neue Produktionskonzeptionen sollen den Absatz und den Gewinn in der Zukunft sicherstellen.

Da Produktionsstätten für die Zukunft geplant werden, muß neben dem laufenden Programm auch das zukünftige Produkt- und Verkaufsprogramm geplant werden. Das ist eine Aufgabe des Marketing.

Die daraus abgeleiteten technologischen, verfahrenstechnischen und fertigungstechnischen Zukunftserwartungen sind Grundlagen für die Arbeiten am Layout der Realplanung.

Die Planung der neuen Produkt- und Verkaufsprogramme geht von den derzeitigen Marktverhältnissen aus und untersucht dann die Bedürfnisse der Zukunft. Das ist eine Aufgabe der Produkt- bzw. Programmplanung.

Um den Markt der Zukunft mengen- oder wertmäßig quantifizieren zu können, werden Prognosen angestellt; vgl. 8.2 Analytische Methoden der Vorhersage . . .

Nach der Unternehmenszielsetzung und der daraus abgeleiteten Marketing-Konzeption werden die Typen, die Qualität und die Mengen pro Verkaufsartikel festgelegt.

Die Gestaltung und Optimierung des Verkaufsprogramms erfolgt aus den Marktbelangen und ökonomischen Kennzahlen der Produkte. Für weitere detaillierte Information zu diesem Gesamt-Thema sei auf [152–159, 105, 106, 107] verwiesen.

Dieses intuitive Vorgehen garantiert aber keine Zukunftssicherung des Unternehmens. Jedes Produkt wird – auch gegen den Willen des Unternehmers – einmal abgelöst. Dieser Ablöseprozeß erfolgt manchmal schnell und „scheinbar" überraschend, manchmal ganz allmählich und genau vorhersehbar. Auslösefaktoren dieses Prozesses sind Substitutionsvorgänge, Nachfragestrukturveränderungen oder technologische Veränderungen.

Die Gesetzmäßigkeit dieses Veränderungsprozesses spiegelt sich im sogenannten Lebenszyklus der Produkte wider. In jedem Unternehmen gibt es neben Produkten, die sich in der Einführungs- oder in der Wachstumsphase befinden, auch immer solche, deren Lebenserwartung nur noch kurz ist. Jedes Unternehmen sollte deshalb die Altersstruktur seiner Produkte analysieren und die Alterspyramide seines Produktprogramms kennen. Dazu ist es erforderlich, die voraussichtliche Lebenserwartung der Produkte (z. B. mit Prognoseverfahren und Abnehmeranalysen) abzuschätzen.

Neue Produkte tragen zur Sicherung des Unternehmensbestands bei und stärken die Ertragskraft. Neue Produkte werden aber nur dann zur Sicherung eines Unternehmens beitragen, wenn ihre wirtschaftlichen und technischen Merkmale den Marktbedingungen entsprechen.

Produktinnovation, also die marktorientierte Planung neuer Produkte, muß daher im vorhinein auf Zukunftsträchtigkeit ausgerichtet sein. Deshalb muß Produktplanung systematisch und permanent betrieben werden, nicht nur im Rahmen oder auf Anstoß der Produktionsstättenplanung.

Auch zu den Themen Produktplanung, Produkteinführung, Produktionsinnovation liegt umfassende Spezial-Literatur vor. Der interessierte Leser sei deshalb auf [105–107, 152–159, 205, 206] verwiesen.

9 Bewertung von Planungsalternativen

Im nachfolgenden Methodenüberblick werden die wichtigsten, heute in der Praxis angewendeten Bewertungsmethoden dargestellt.

9.1 Vergleich der Vor- und Nachteile

Diese Methode ist die einfachste, aber auch zugleich die unsystematischste.

Sie besteht in der Gegenüberstellung aller Vor- und Nachteile einer jeden Planungsvariante. Dies geschieht durch die Erfassung der Verbesserungen und Mängel, der Pros und Contras.

Die Gegenüberstellung der Vor- und Nachteile der einzelnen Varianten, wie auch deren Beurteilung, erfolgt nach dem Ermessen des Planers, also nicht ohne eine gewisse Subjektivität. Auch bei noch so objektivem Beurteilungswillen entstehen individuelle Streuungen bei der Bewertung durch die einzelnen Planer.

Wichtig ist, daß derartige Vergleiche — wenn angewendet — konsequent durchgeführt werden. Auf keinen Fall genügt es, die Alternative *„einmal zu überdenken“* oder beiläufig zu diskutieren.

9.2 Analyse der gewichteten Faktoren

Für die praktische Arbeit genügt zur Entscheidungsfindung die einfache Methode des Vergleichs von Vor- und Nachteilen im allgemeinen nicht. Deshalb werden Bewertungstabellen aufgestellt, die, aufbauend auf der Technik der Nutzwertanalyse, die einzelnen Anforderungen an ein System, also der Planungsvariante quantifizieren helfen.

Die Methodik besteht aus folgenden 8 Schritten:

Schritt 1: Aufstellung der wichtigsten Anforderungen (*Beurteilungsfaktoren*). Für eine analytische Bewertung, wie die hier beschriebene, ist es zunächst erforderlich, diejenigen signifikanten Eigenschaften herauszufinden, die für die Bewertung herangezogen werden sollen. Sie werden als Beurteilungsfaktoren oder auch als Bewertungsmerkmale bezeichnet.

Im nachfolgenden Beispiel werden 14 Beurteilungsfaktoren aufgestellt.

Nr.	Beurteilungsfaktor
1	Erweiterungsmöglichkeit
2	Personal- und Zeitaufwand
3	Materialfluß
4	Funktionelle Zuordnung
5	Technischer Aufwand
6	Flexibilität
7	Verkehrswege
8	Außenanlagen
9	Manipulationsflächen
10	Bewegungsfreiheit um Maschinen
11	Umweltbelästigung (Lärm, Staub etc.)
12	Leitung und Kontrolle des Systems
13	Anfälligkeit bei Betriebsstörungen
14	Instandhaltung/Reparatur

Die Festlegung dieser Beurteilungsfaktoren ist von Projekt zu Projekt und von Unternehmen zu Unternehmen verschieden.

Sie müssen immer wieder — der jeweiligen Situation angepaßt — neu erarbeitet werden. So kann z. B. bei einem Projekt die Müll- oder Spänebeseitigung von zentraler Bedeutung sein. Bei einem anderen Projekt kann dieser Faktor (weil unbedeutend) entfallen, dafür steht vielleicht die Lagerung von Material im Vordergrund und damit in der Reihe der festgelegten Beurteilungsfaktoren an führender Stelle.

Schritt 2: Die aufgestellten Beurteilungsfaktoren werden entsprechend ihrer Wichtigkeit mit einem *Gewichtungsfaktor* gewichtet.

Niedrigster Gewichtungsfaktor z. B.	1
Höchster Gewichtungsfaktor z. B.	10
Stufensprung	**1**

Die in diesem Beispiel festgelegten Beurteilungsfaktoren können — wie in nachfolgendem Beispiel gezeigt — mit folgenden Gewichtungsfaktoren *gewichtet* werden (vgl. auch Bild 55):

Nr.	Beurteilungsfaktor	Gewichtungsfaktor
1	Erweiterungsmöglichkeit	3
2	Personal- und Zeitaufwand	2
3	Materialfluß	10
4	Funktionelle Zuordnung	8
5	Technischer Aufwand	5
6	Flexibilität	8
7	Verkehrswege	3
8	Außenanlagen	1
9	Manipulationsflächen	3
10	Bewegungsfreiheit um Maschinen	4
11	Umweltbelästigung (Lärm, Staub etc.)	6
12	Leitung und Kontrolle des Systems	3
13	Anfälligkeit bei Betriebsstörungen	4
14	Instandhaltung/Reparatur	6

VARIANTENBEWERTUNG

Firma	Projekt	Nr.
Beschreibung der Varianten:		Datum:
A:		
B:		
C:		
Bewertungs-Team		

Nr.	BEURTEILUNGSFAKTOREN	Gewichtungs-faktoren	Variante A		Variante B		Variante C	
			Wertziffer	Wertzahl	Wertziffer	Wertzahl	Wertziffer	Wertzahl
1	Erweiterungsmöglichkeit	3	2	6	2	6	3	9
2	Personal- und Zeitaufwand	2	2	4	2	4	3	6
3	Materialfluß	10	2	20	3	30	3	30
4	Funktionelle Zuordnung	8	2	16	2	16	2	16
5	Technischer Aufwand	5	2	10	2	10	2	10
6	Flexibilität	8	2	16	2	16	3	24
7	Verkehrswege	3	1	3	3	9	2	6
8	Außenanlagen	1	2	2	3	3	2	2
9	Manipulationsflächen	3	2	6	3	9	4	12
10	Bewegungsfreiheit um Maschinen	4	3	12	1	4	5	20
11	Umweltbelästigung (Lärm, Staub)	6	0	0	2	12	4	24
12	Leitung + Kontrolle d. Systems	3	2	6	3	9	2	6
13	Anfälligkeit bei Betriebsstörung	4	4	16	3	12	3	12
14	Instandhaltung/Reparatur	6	4	24	4	24	3	18
	Bewertungsgröße		135		164		165	

55 Variantenbewertung mit dem Verfahren der gewichteten Faktoren

Schritt 3: Bezeichnung der zu bewertenden Alternativen unter Verwendung einer Kolonne im *Bewertungsplan (Bewertungstabelle).*

Im vorliegenden Beispiel (Bild 55) liegen drei Alternativen zur Bewertung vor:

Variante A, Variante B, Variante C.

Schritt 4: Festlegung von *Wertziffern* je Beurteilungsfaktor für das Planungsergebnis der einzelnen Varianten durch *klassifizierende Begriffe* die beispielsweise wie folgt bewertet werden:

5 ≙ ideal
4 ≙ sehr gut
3 ≙ gut
2 ≙ mittelmäßig
1 ≙ schlecht
0 ≙ sehr schlecht

Schritt 5: Den Beurteilungsfaktoren je Variante werden die Wertziffern durch *Notenvergabe* zugeordnet und in den Bewertungsbogen (Bild 55, obere Hälfte der Kolonne) eingetragen.

Schritt 6: Durch Multiplikation des Gewichtungsfaktors mit der jeweiligen Wertziffer ergibt sich die *Wertzahl*. Sie wird im Bewertungsbogen (Bild 55, untere Hälfte der Kolonne) eingetragen.

Schritt 7: Die Summe der Wertzahlen pro Variante ergibt die *Bewertungsgröße* oder das Bewertungsergebnis.

Schritt 8: Vergleich der verschiedenen Bewertungsgrößen (Totale). In Beispiel Bild 55 schneidet die Variante A mit der Bewertungsgröße von 135 am schlechtesten ab. Die Variante C mit 165 stellt die beste technische Lösung dar, annähernd gleich mit Variante B mit einer Bewertungsgröße von 164.

Achtung! *Es kann nur ein Plan wertmäßig den anderen überlegen sein!*

Eine solche wertmäßige Überlegenheit liegt dann vor, wenn der überlegene Plan mindestens ca. 10 % über der nächstfolgenden Bewertungsgröße liegt.

Diese Lösung ist dann von allen bewerteten Varianten die technisch-organisatorisch optimale.

Liegen zwei Alternativen in ihren Bewertungsgrößen annähernd gleich, dann könnten sie als gleichwertige Lösung betrachtet werden. In solchen Fällen wäre es falsch, die Aussagefähigkeit der hier beschriebenen Bewertungsmethode zu bezweifeln. Im Gegenteil, durch die analytische Bewertung und transparente Darstellung kann klar erkannt werden, bei welchen Beurteilungsfaktoren die Stärken und Schwächen der einzelnen Varianten liegen. In manchen Fällen ergeben sich durch eine solche Analyse Ansätze für weitere Alternativen mit noch besserem Gesamtergebnis.

9.3 Rangreihen-Analyse der Bewertungsmerkmale

Dieses Verfahren bedient sich der Erkenntnisse der analytischen Arbeitsbewertung und unterscheidet sich nur in einigen Punkten gegenüber dem Verfahren der gewichteten Faktoren.

Die Vorgehensweise soll auch hier kurz dargestellt werden:

Schritt 1: Aufstellung der wichtigsten Anforderungen an das System durch *Beurteilungsfaktoren (Bild-56)*.

Schritt 2: Festlegung der *Gewichtungsfaktoren* je Beurteilungsfaktor entsprechend seiner Wichtigkeit (wie unter 9.2 beschrieben) von 1 bis 10 und in Spalte 3 Bild 56 eingetragen.

Schritt 3: Bildung einer *Rangreihe* von Rangplatz 0 bis Rangplatz 100, abgestuft in 10er oder 5er Stufung für die spätere Einstufung der Planungsergebnisse.

Rangplätze in der Rangreihe:

0 10 20 30 40 50 60 70 80 90 100

Schritt 4: *Bezeichnung* der zu bewertenden Varianten, z. B. Variante A, Variante B, Variante C, wie in Bild 56 dargestellt.

Schritt 5: *Einstufung (Rangieren der Beurteilungsfaktoren)* entsprechend ihrer Lösungswertigkeit auf die Rangplätze der Rangreihe. Diese Einstufung erfolgt für jede Variante und für jeden Beurteilungsfaktor getrennt, siehe Bild 56 Spalten 4, 6 und 8. Die Höhe des zu vergebenden Rangplatzes entscheidet über die Güte des Planungsergebnisse.

Schritt 6: Durch *Multiplikation* des Rangplatzes je Beurteilungsfaktor mit dem entsprechenden Gewichtungsfaktor ergibt sich die Wertzahl (Bild 56, Spalten 5, 7, 9). Diese Wertzahl ist differenzierter als die mit dem Verfahren gewichteter Faktoren. Und genau da liegt die Stärke der Rangreihen-Analyse der Bewertungsmerkmale.

Schritt 7: Durch *Summenbildung* der Wertzahlen je Variante werden die Bewertungsgrößen ermittelt.

VARIANTENBEWERTUNG								
			Variante A		Variante B		Variante C	
Nr.	Beurteilungsfaktoren	Gewichtsfaktor	Rangplatz	Wertzahl	Rangplatz	Wertzahl	Rangplatz	Wertzahl
1	2	3	4	5	6	7	8	9
1	Erweiterungsmöglichkeit	3	30	90	30	90	50	150
2	Personal- und Zeitaufwand	2	30	60	40	80	50	100
3	Materialfluß	10	30	300	50	500	50	500
4	Funktionelle Zuordnung	8	40	320	40	320	30	240
5	Technischer Aufwand	5	40	200	40	200	30	150
6	Flexibilität	8	30	240	30	240	50	400
7	Verkehrswege	3	20	60	50	150	40	120
8	Außenanlagen	1	40	40	50	50	40	40
9	Manipulationsflächen	3	30	90	50	150	70	210
10	Bewegungsfreiheit um Maschinen	4	50	200	20	200	90	360
11	Umweltbelästigung (Lärm, Staub)	6	10	60	40	240	80	480
12	Leitung u. Kontrolle des Systems	3	40	120	50	150	40	120
13	Anfälligkeit bei Betriebsstörung	4	70	280	60	240	50	200
14	Instandhaltung/Reparatur	6	80	480	70	420	60	360
	Bewertungsgröße			2540		3030		3430

56 Variantenbewertung nach dem Verfahren der Rangreihenanalyse der Bewertungsfaktoren

Schritt 8: *Vergleich* der verschiedenen Bewertungsgrößen. Im Beispiel Bild 56 Variante A mit 2540, Variante B mit 3030 und, als „Sieger", Variante C mit 3430.

9.4 Kosten-Nutzen-Analyse

Die Kosten-Nutzen-Analyse ist eine Bewertungsmethode der Systemtechnik. Über sie gibt es entsprechende Fachliteratur [19, 137. 138]. In [19] wird die Kosten-Nutzen-Analyse als Bewertungsmethode wie folgt definiert:

„Die Kosten-Nutzen-Analyse ist eine praktikable Methode zur Einschätzung der Wünschbarkeit solcher Projekte, bei denen sowohl die direkten Kosten und Nutzwirkungen in der nächsten und ferneren Zukunft als auch der Nebeneffekte verschiedener Art auf Personen, Wirtschaftszweige, Regionen usw. wichtig sind. Die Anwendung der Methode verlangt die Benennung und Bewertung aller relevanten Nutzen und Kosten."

Aus der Definition ist erkennbar, daß bei dieser Methode die Variantenbewertung mit Hilfe ökonomischer Werte durchgeführt wird.

Bei der praktischen Anwendung wird unterschieden in die *reine* Kosten-Nutzen-Analyse und die *gemischte* Kosten-Nutzen-Analyse.

Bei der *reinen Kosten-Nutzen-Analyse* werden sowohl der Nutzen als auch die Kosten der einzelnen Varianten in Geldeinheiten bewertet.

Um die Nutzenseite in „vernünftigen" Geldeinheiten ausdrücken zu können, lassen sich nur solche Bewertungsfaktoren (der Systemtechniker spricht hier richtigerweise von Projektzielen) heranziehen, deren Nutzen oder Zielerträge in Geldeinheiten meßbar sind. Das ist nicht unproblematisch, weil die Bewertung der Nutzengrößen in Geldeinheiten einer subjektiven Schätzung des Bewerters unterliegt. Deshalb wird diese Methode zur Bewertung von Projektalternativen nur begrenzt einsetzbar sein.

Die *gemischte Kosten-Nutzen-Analyse* unterscheidet sich von der vorgenannten dadurch, daß die Nutzengrößen nicht durch Geldeinheiten, sondern durch zugeordnete Punktwerte, ähnlich der Rangreihen-Analyse, bewertet werden.

Die Projektkosten sind relativ leicht zuzuordnen, da sie ja ohnehin gesondert betrachtet werden. Für die Alternativen-Auswahl ist das jeweils besterzielte Punkte-Kosten-Verhältnis maßgebend.

9.5 Nutzwertanalyse

Die Nutzwertanalyse ist wie die vorbeschriebenen Bewertungsmethoden eine Planungsmethodik zur systematischen Entscheidungsvorbereitung bei der Bewertung und Auswahl komplexer Projektalternativen. Das besondere Kennzeichen dieser Methodik ist darin zu sehen, daß die Bestimmung des Projektwertes nicht nur aufgrund sachlicher Objekt-Informationen über die Zielerträge der Projektalternativen erfolgt, sondern gleichermaßen auch subjektive Informationen berücksichtigt werden.

Der ermittelte Gesamt-Nutzwert (Bewertungsmaß) einer Alternative ist in der Regel keine Ertragsgröße, sondern ein dimensionsloser Ordnungsindex ähnlich der *Bewertungsgröße* bei den Methoden *Analyse der gewichteten Faktoren* und *Rangreihenanalyse der Bewertungsmerkmale.*

Aus der Forderung: „Maximiere den Nutzwert, d. h. wähle diejenige Alternative, bei der die Gesamtheit der gewichteten Zielwerte am größten ist“ ergibt sich die Definiton der Nutzwertanalyse:

„Nutzwertanalyse ist die Analyse einer Menge komplexer Handlungsalternativen mit dem Zweck, die Elemente dieser Menge entsprechend den Präferenzen des Entscheidungsträgers bezüglich eines multidimensionalen Zielsystems zu ordnen. Die Abbildung dieser Ordnung erfolgt durch die Angabe der Nutzwerte (Gesamtwerte der Alternativen) [140, S. 45].“

Nach [140] ist der Nutzwert hierbei entsprechend der in der Wirtschaftswissenschaft gebräuchlichen Definition „der subjektive, durch die Tauglichkeit zur Bedürfnisbefriedigung bestimmte Wert eines Gutes“.

Kurzgefaßt die Methodologie der Nutzwertanalyse:

Schritt 1: Aufstellung der Projektziele

Die zu bewertenden Einzelkriterien einschließlich Zielvorstellungen festlegen und das Bewertungssystem als Hierarchie aufstellen (Bild 57).

Für die Bewertung von Arbeitssystemen (z. B. Produktionsstätten) sollten die Bewertungskriterien aus folgenden Bereichen stammen:

- O *Technischer Bereich:*
  Leistung, Qualität, Zuverlässigkeit, Flexibilität, Umweltbelastung etc.
- O *Wirtschaftlicher Bereich:*
  Investitionsaufwand, Sachkosten, Personalkosten, Energiekosten, Ertrag etc.
- O *Humaner Bereich:*
  Sicherheit, Belastungen, Wohlbefinden, Umwelteinwirkung etc.

Schritt 2: Festlegung der Gewichtungsfaktoren

Den Projektzielen der Bewertungskriterien entsprechend ihrer Bedeutung Gewichtungsfaktoren $g_1 \; \ldots g_n$ (relative Gewichte) zuordnen.

Die Gewichtung der Bewertungskriterien soll wie bei den vorbeschriebenen Bewertungsverfahren den unterschiedlich großen Einfluß der einzelnen Bewertungskriterien auf den Gesamtwert berücksichtigen.

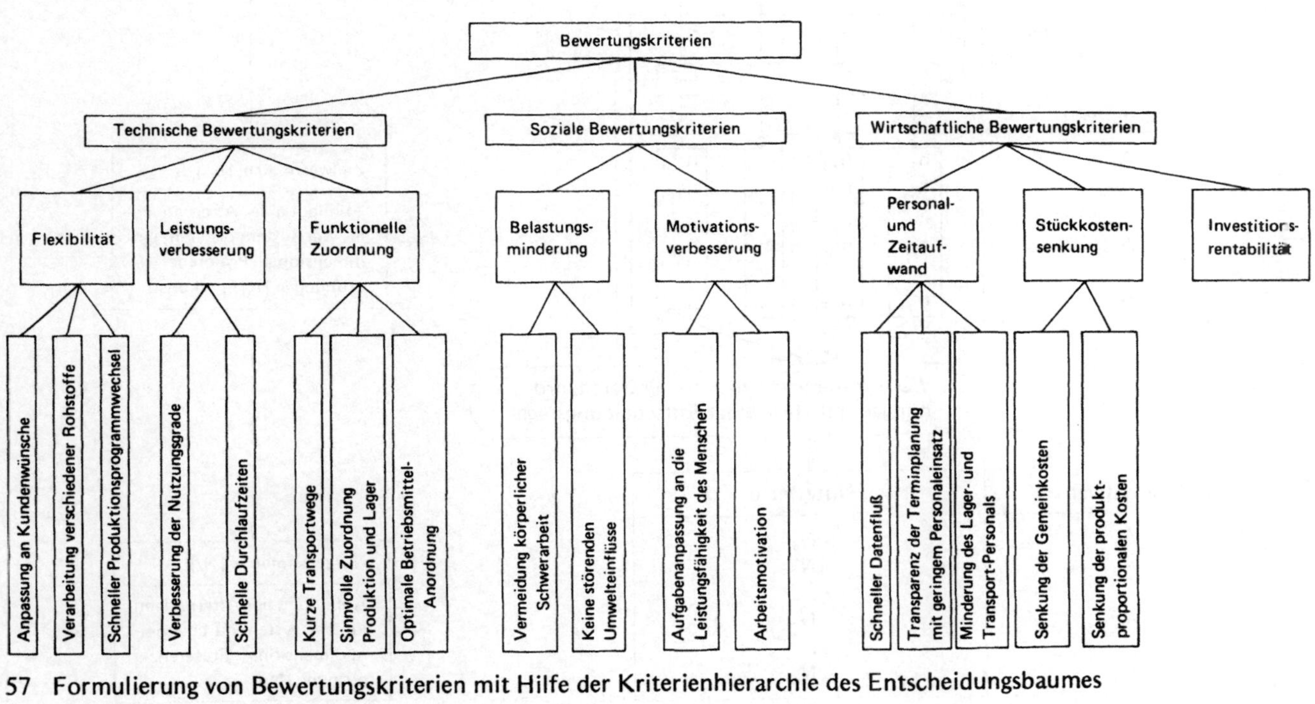

57 Formulierung von Bewertungskriterien mit Hilfe der Kriterienhierarchie des Entscheidungsbaumes

Schritt 3: Durchführung der Einzelbewertungen

Eindeutige Beschreibung der Zielerfüllung der einzelnen Planungsalternativen (Lösungsmöglichkeiten) durch Angabe der Zielerträge der einzelnen Bewertungskriterien.

Die einzelnen Planungsvarianten in den Bewertungskriterien nach einer Wertskala bewerten.

Schritt 4: Wertermittlung

Die Einzelwerte aus Schritt 3 mit dem jeweiligen Gewichtungsfaktor des Bewertungskriteriums multiplizieren (gewichten) und Wertermittlung (Wertsynthese) mit Hilfe einer Entscheidungsregel vornehmen.

Schritt 5: Wertzusammenfassung

Addition der gewichteten Einzelwerte und Bildung der Nutzwerte.

So werden die Einzelpräferenzen zu einer Präferenzordnung zusammengefaßt. Diese wird durch die Nutzwerte $N_1 \dots N_n$ der Planungsvarianten $A_1 \dots A_n$ ausgedrückt.

Bild 58 zeigt die prinzipielle Logik der Nutzwertanalyse entsprechend dem hier vereinfacht dargestellten 5-Schritte-Ablauf.

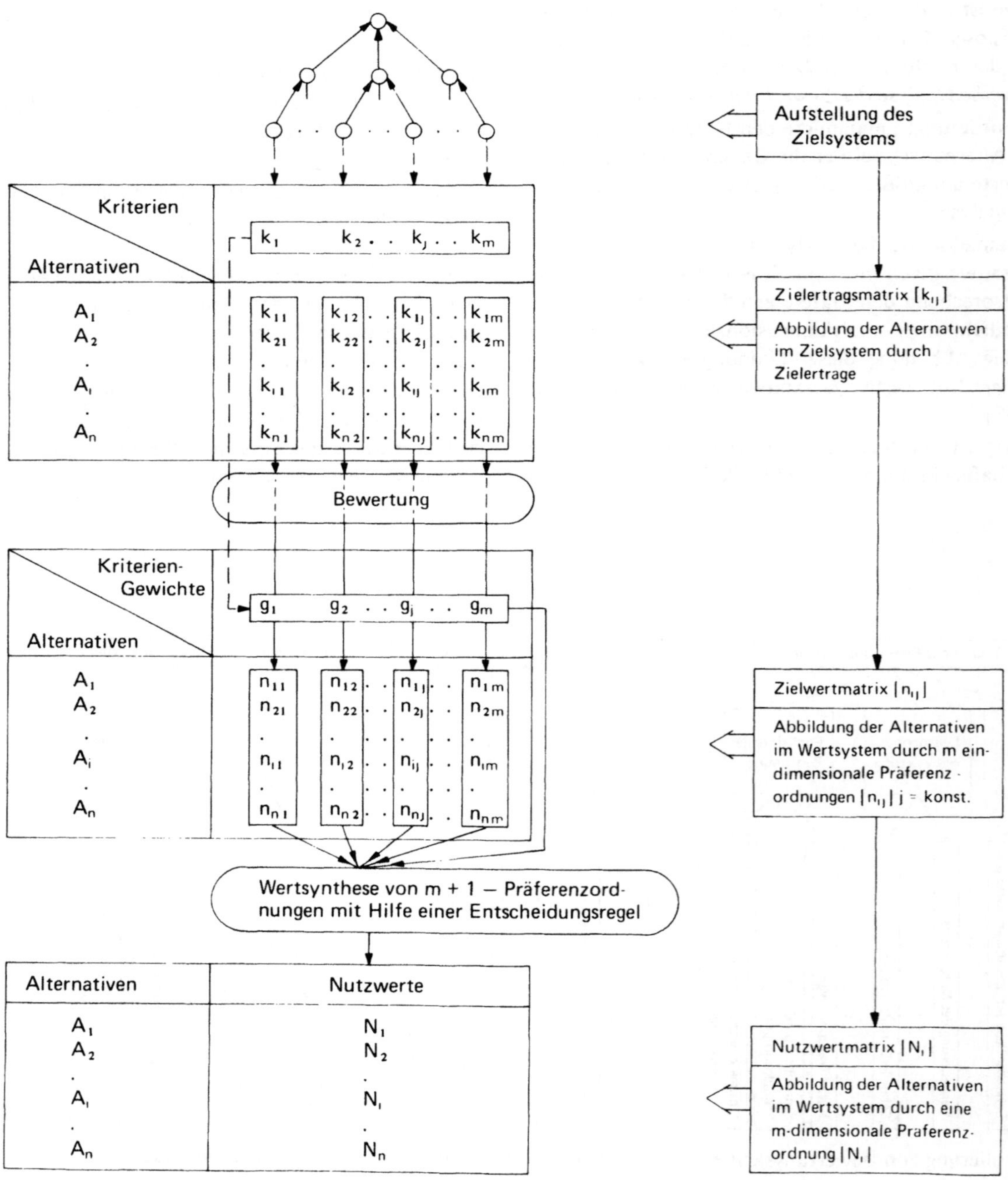

58 Logik der Nutzwertanalyse *Bildquelle* [19]

Zusammenfassende Schlußbemerkung

Wer heute an verantwortlicher Stelle komplexe Entscheidungen von großer Tragweite zu treffen hat, ist auf *Entscheidungshilfen* angewiesen, da Fehlentscheidungen aufgrund der Kapitalintensität und Langfristigkeit von Großobjekten in der Regel nicht wieder korrigiert werden können.

Die Methoden der *Investitionsrechnung* als eindimensionaler, rein ökonomischer Rechnung sowie die mehrdimensionalen Bewertungsmethoden, wie *Analyse der gewichteten Faktoren, Rangreihenanalyse der Bewertungsmerkmale, Kosten-Nutzen-Analyse* und die *Nutzwertanalyse*, sind die in der Praxis bewährten und wissenschaftlich untermauerten Entscheidungshilfe-Methoden.

Eines muß aber hier klargestellt werden: *Formale Bewertungen führen nicht automatisch zu Entscheidungen; sie sind Entscheidungshilfen* und nicht mehr!

Die letztliche Entscheidung bleibt nach wie vor von *Entscheidungsträgern* vorbehalten.

Der Leser findet vertiefenden Zugang über die auf diesem Gebiet vorliegende Fachliteratur in [12, 13, 19, 65, 73, 138, 140].

10 Methoden der Investitionsrechnung

10.1 Die Investitionsschätzung der Varianten

In Stufe 4 der Systemplanung (vgl. S. 43 ff.) werden praktikable Lösungsalternativen aus der Ideal-Planvorgabe erarbeitet. Dabei geht es in dieser Planungsphase nicht so sehr um's Detail, sondern vielmehr um die Festlegung der realisierbaren Gesamtkonzeption. Hier muß dann eine Vorentscheidung darüber getroffen werden, welche der erarbeiteten Varianten für die Feinplanung und spätere Realisierung weiter verfolgt werden soll. Dazu ist eine Investitionsschätzung der einzelnen Varianten durchzuführen.

Diese Investitionsschätzung umfaßt alle Baumaßnahmen, Transporteinrichtungen, Maschinen und Anlagen bezogen auf den Endausbau, untergliedert in die einzelnen Ausführungs- bzw. Baustufen.

Die Investitionen spielen bei der Gesamtbeurteilung eines Projektes in zweierlei Hinsicht eine wichtige Rolle:

1. bei der Finanzierungsfrage Bild 22 (vgl. auf S. 46),
2. bei der Frage nach den Selbstkosten, denn die Kapitalkosten der Investitionen beeinflussen die Selbstkosten, die wiederum vom Erlös der Produkte getragen werden müssen.

Die Ermittlung der Investitionen muß so genau erfolgen bzw. so weit detailliert werden, daß sie für die Beurteilung stichhaltige Grundlagen liefert. Die geforderte Genauigkeit des Investitionsergebnisses, bezogen auf den Gesamtwert, sollte zwischen 10 % und max. 12 % des mutmaßlichen Investitionswertes liegen.

Die Genauigkeit der Schätzung wird hauptsächlich durch 4 Faktoren bestimmt:

1. vom *Stand der Planung* (wie weit fortgeschritten und detailliert ist sie?),
2. von der *Vollständigkeit der Investitionsliste*, (sind alle Einzelheiten dem Planungsstand entsprechend gründlich durchdacht, fehlen keine Positionen?),
3. von der *angewendeten Schätzmethode*. Sie ist abhängig von der Erfahrung des Schätzers und den vorhandenen Richtpreisangeboten. Zwei Methoden werden angewendet:

   die *Gesamtschätzung* oder
   die *Teilschätzung*.

   Eine Erhöhung der Gesamtgenauigkeit wird durch die Methode der Teilschätzung erreicht, weil sich die Einzel-Ungenauigkeiten infolge der größeren Anzahl von Schätzungen – wie Bild 59 zeigt – kompensieren können und so einen genaueren Gesamtwert ergeben.

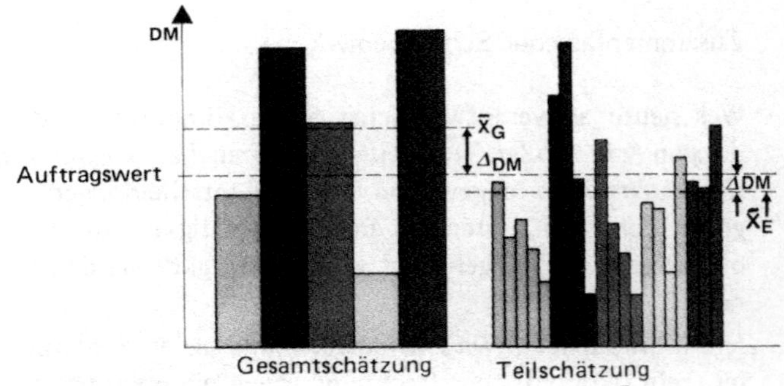

$\bar{X}_G$ = Mittelwert der Gesamtschätzung

$\bar{X}_E$ = Mittelwert der Teilschätzung

59 Die Investitionsschätzmethoden

4. vom *Wunschdenken des Schätzers*. Durch das Bestreben des Planers, die Investitionen so niedrig wie möglich zu halten, wird zwangsläufig die Objektivität in Mitleidenschaft gezogen.

Für die erarbeitete Variante (Bild 60) ergibt sich die in Tabelle 5 zusammengestellte Bauinvestitionsschätzung nach der Teilschätz-Methode. Um die Übersicht in diesem Beispiel zu wahren, wurde auf die Investitionsschätzung der Produktionsstätten-Einrichtung verzichtet.

10.2 Grundlagen der Investitionsrechnung

Der Investitionstätigkeit für die langfristige Entwicklung des Unternehmens kommt zentrale Bedeutung zu. Die Planung von Produktionsstätten ist somit auch als Bestandteil der Investitionspolitik des Unternehmens anzusehen. Mit der Investitionsrechnung innerhalb der Planung von Produktionsstätten soll eine ökonomische Beurteilung der Planungsergebnisse auf rationellem Wege ermöglicht werden. Hierbei müssen folgende drei Fragen beantwortet werden:

1. Welche von mehreren möglichen Investitionen (technischen Alternativen) sollte durchgeführt werden?

Es liegt also ein Auswahlproblem vor. Die Notwendigkeit einer solchen Auswahl besteht,

- weil mehrere technische Lösungen vorliegen, die sich gegenseitig ausschließen,
- weil die Finanzierungsmittel nicht ausreichen, um alle gewünschten Investitionen durchzuführen.

Die Investitionsrechnung bestimmt, welche der anstehenden Lösungen für das Unternehmen die ökonomisch günstigste ist, auch wenn die technische Variantenbewertung eine andere Alternative vorschlägt.

Dieser Handlungszwang resultiert aus der *betriebswirtschaftlichen Zielvorgabe, der sich alle Handlungen im*

Tabelle 5: Investitionsschätzung für das Bauvolumen der Planungs-Variante aus Bild 60 nach der Teilschätzungs-Methode

1. Baustufe	
Neubau Energiezentrale Teil 1	1.549.500,–
Neubau Verwaltungs- u. Sozialgebäude Teil 1	2.835.500,–
Ausbau Fertigung D	324.500,–
Asphaltieren Hoffläche u. Zufahrt	88.410,–
Σ	4.797.910,–*
2. Baustufe	
Neubau Zentrallager u. Fertigungsgebäude C Teil 1	12.000.000,–
Neubau Energiezentrale Teil 2	1.400.000,–
Asphaltieren Hoffläche	200.000,–
Σ	13.600.000,–
3. Baustufe	
Neubau Zentrallager, Wareneingang und Warenausgangsgebäude Teil 2	10.000.000,–
Neubau Fertigungshalle A Teil 1	2.500.000,–
Neubau Halle, Werkstätten u. Kfz-Wesen	2.000.000,–
Teilabriß alte Verwaltung	100.000,–
Neubau Verwaltungs- u. Sozialgebäude Teil 2	1.800.000,–
Σ	16.400.000,–
4. Baustufe	
Abriß altes Fertigungsgebäude B	100.000,–
Abriß altes Verwaltungsgebäude	250.000,–
Neubau Fertigungshalle B Teil 1	3.250.000,–
Neubau Verwaltungs- u. Sozialgebäude Teil 3	2.100.000,–
Asphaltieren Hoffläche und Zufahrt	300.000,–
Σ	6.000.000,–
5. Baustufe	
Abriß altes Fertigungsgebäude B	100.000,–
Neubau Fertigungsgebäude B Teil 2	2.250.000,–
Verlegung DB-Gleisanschluß	500.000,–
Asphaltieren Hoffläche	250.000,–
Σ	3.100.000,–
6. Baustufe	
Neubau Zentrallager Teil 3 und Erweiterung Fertigung C	8.000.000,–
Asphaltieren Hoffläche	300.000,–
Σ	8.300.000,–
7. Baustufe	
Abriß Rest altes Fertigungsgebäude B	350.000,–
Neubau Fertigungsgebäude B Teil 3	3.000.000,–
Neubau Fertigungsgebäude A Teil 2	5.500.000,–
Asphaltieren Hofflächen	600.000,–
Σ	9.450.000,–

* Finanzplan hierzu siehe Bild 22

Einzelwerte der Teilschätzung für die 1. Baustufe:

①	Rohbau Energiezentrale Teil 1	520.000,–
②	Gebäude-Ausbau Teil 1	222.000,–
③	ELT- und Kesselmontage Teil 1	807.500,–
	Energiezentrale	1.549.500,–
④	Rohbau Verwaltungs- und Sozialgebäude Teil 1	843.500,–
⑤	ELT- + HSL-Montage Teil 1	722.000,–
⑥	Ausbau	440.000,–
⑪	Rohbau Kantine	450.000,–
⑫	HSL- + ELT-Montage Kantine	250.000,–
⑬	Ausbau Kantine	130.000,–
	Verwaltung und Kantine	2.835.500,–
⑦	Ausbau Fertigung D	150.000,–
⑧	Fassade Fertigung D montieren	70.000,–
⑨	HSL + ELT Fertigung D	72.000,–
⑩	Ausbau Industrie-Palette	32.500,–
	Ausbau Fertigung D	324.500,–
⑭	Hoffläche asphaltieren	88.410,–
⑮		Σ 4.797.910,–

① ÷ ⑭ = Spalten des Finanplanes

Zusammenstellung

1. Baustufe	4.797.910,–
2. Baustufe	13.600.000,–
3. Baustufe	16.400.000,–
4. Baustufe	6.000.000,–
5. Baustufe	3.100.000,–
6. Baustufe	8.300.000,–
7. Baustufe	9.450.000,–
Bau-Investitionen	61.647.910,–

Hinzu kommen die Investitionen der Produktionsstätten-Einrichtung (Maschinen, Anlagen, Transporteinrichtungen)

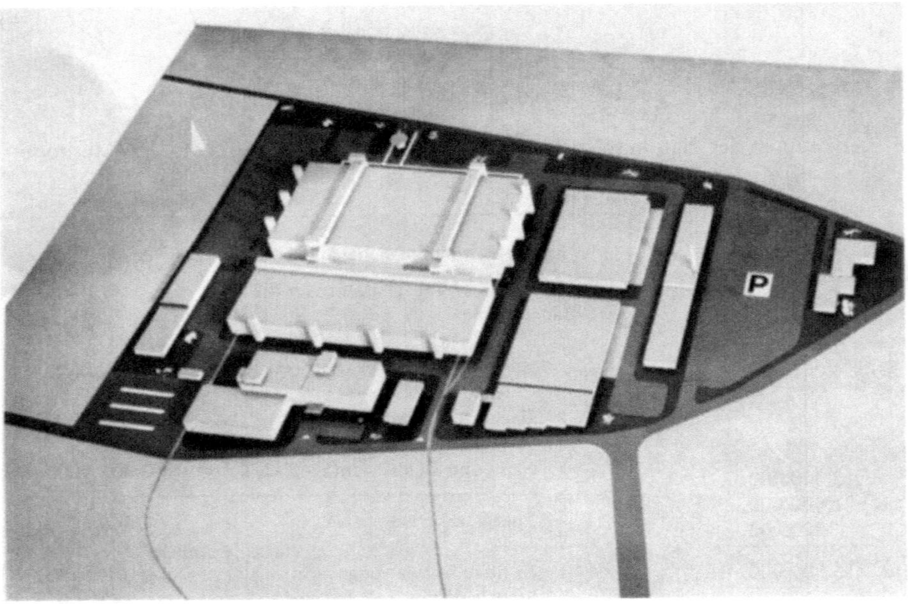

60a Gesamtdarstellung
der Planungsvariante am Modell

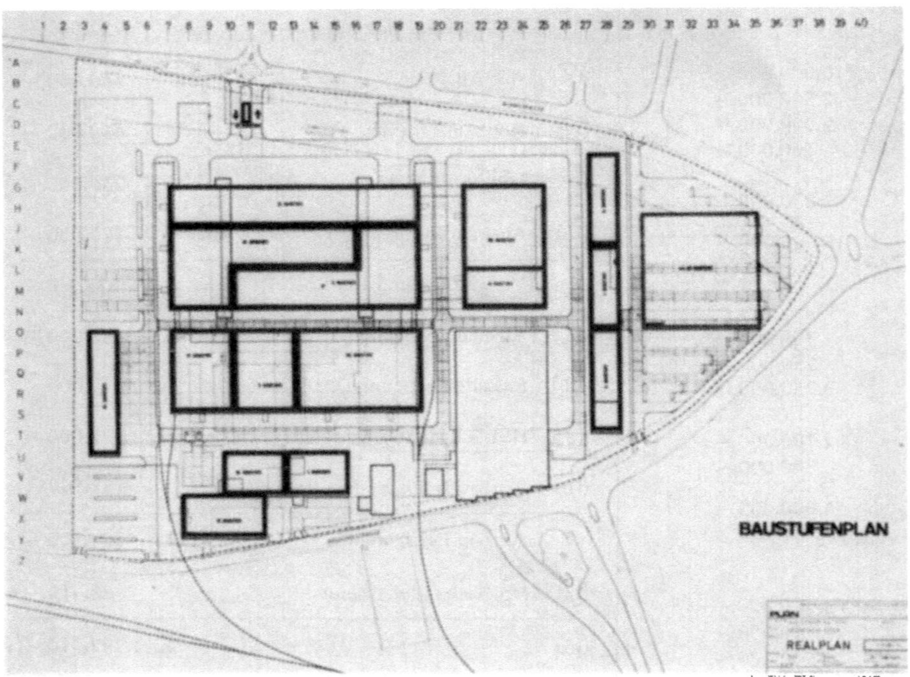

60b ~~Bebauungsleitplan~~
der ~~Planungsvariante~~

1. Baustufe: Neubau Energiezentrale Teil 1
Neubau Verwaltungs- und Sozialgebäude Teil 1
Ausbau Fertigung D
Asphaltieren der Hoffläche und Werkszufahrt.

2.Baustufe: Neubau Zentrallager Teil 1 mit Fertigungsgebäude C
Neubau Energie-Zentrale Teil 2 mit Müllverbrennung
Asphaltieren der Hoffläche

3. Baustufe: Neubau Zentrallager Teil 2 mit Wareneingang und Warenausgang.
Neubau Fertigungsgebäude A Teil 1
Neubau Betriebswerkstätten und Kfz-Gebäude
Teilabriß alte Verwaltung
Neubau Verwaltungsgebäude Teil 2

4.Baustufe: Teil-Abriß altes Fertigungsgebäude B
Abriß alte Verwaltung
Neubau Fertigungsgebäude B Teil 1
Neubau Verwaltung Teil 3
Asphaltieren der Hoffläche und weitere Zufahrt

5. Baustufe: Teil-Abriß altes Fertigungsgebäude B Teil 2
Verlegung DB-Gleisanschluß
Asphaltieren der Hoffläche

6. Baustufe: Neubau Zentrallager Teil 3 und Erweiterung Fertigungsgebäude C
Asphaltieren der Hoffläche

7. Baustufe: Rest-Abriß altes Fertigungsgebäude B
Neubau Fertigungsgebäude B Teil 3
Neubau Fertigungsgebäude A Teil 2
Asphaltieren der restlichen Hoffläche

(8.Baustufe): Neubau Fertigungsgebäude für noch unbekannte neue
Technologien und Produkte

60b Baustufenplan der Planungsvariante

Unternehmen unterordnen müssen: Erzeugung von Gütern und Dienstleistungen mit minimalen Kosten und maximalem Gewinn.

2. Ist eine bestimmte Investition vorteilhaft?

Die Beantwortung dieser Frage soll Auskunft darüber geben, ob eine bestimmte Investition unter Beachtung der Zielsetzung des Unternehmens getätigt werden soll oder nicht. Hier geht es also um die Rentabilität des eingesetzten Kapitals.

3. Soll eine vorhandene Anlage durch eine neue ersetzt werden?

Hier geht es um ein Ersatzproblem. Hervorgerufen durch technisch ausgereiftere Maschinen und Anlagen, die auf dem Markt mit verbesserten Leistungs- und Kostenbedingungen angeboten werden, muß eine Investitionsentscheidung gefällt werden.

Nach dem *Investitionszweck* werden Investitionen unterschieden in

- O Rationalisierungsinvestition
- O Erweiterungsinvestition
- O Ersatzinvestition

} bzw. Mischformen

Die Kriterien dieser drei Investitionsarten lassen sich wie folgt darstellen:

Investitionsart	Auswirkung auf die Herstell- bzw. Selbstkosten	Auswirkung auf die Produktionsmenge
Rationalisierungs- Investition	Senkung der Stückkosten	bei gleicher Produktionsmenge
Erweiterungs- Investition	gleiche Stückkosten	höhere Produktionsmenge
Ersatz- Investition	gleiche Stückkosten	gleiche Produktionsmenge
Mischform	Senkung der Stückkosten	höhere Produktionsmenge

Mischformen überwiegen in der Praxis, weil eine strenge Abgrenzung zwischen Rationalisierungs-, Erweiterungs- und Ersatzinvestitionen meist nicht möglich ist. Der Ersatz einer alten Anlage durch eine neue wirkt gleichzeitig rationalisierend. Ersatzinvestitionen sind vielfach gleichzeitig auch mit Erweiterungen verbunden, denn die neue Anlage, die eine verbrauchte ersetzt, besitzt gleichzeitig höhere Fertigungskapazitäten.

Obwohl es für den Planer selten möglich ist, die Investitionen genau in eine der drei Investitionsgruppierungen einzuordnen, sollte er dennoch eine solche Eingruppierung anstreben, um die unterschiedlichen Investitionsschwerpunkte deutlich zu machen.

Wichtig zu wissen ist:

- O Für die Beurteilung von *Rationalisierungsinvestitionen* ist der Vergleich der Kosten der vorhandenen und der geplanten neuen Anlage entscheidend.
- O Bei *Erweiterungsinvestitionen* geht es in erster Linie darum, durch zusätzliche Leistungen Marktchancen zu nutzen.
- O Bei *Ersatzinvestitionen* geht es um die Außerbetriebsetzung oder Weiterführung von Maschinen, Anlagen oder ganzen Betriebsteilen.

Durch die Investitionsrechnung soll die ökonomische Berechtigung einzelner Investitionsobjekte ermittelt werden. Die wertbestimmenden Faktoren sagen etwas über die Verzinsung des eingesetzten Kapitals aus. Die Ergebnisse sind *Rentabilitätskennzahlen.*

Die bekanntesten in der Praxis eingesetzten Investitionsrechnungsverfahren, die von den renditebestimmenden Faktoren ausgehen, sind in Bild 61 dargestellt.

Aufgrund der Vielzahl der Verfahren stellt sich die Frage: *Wann soll welches Verfahren eingesetzt werden?*

Nach [189] sollte die Aufwendigkeit des Rechenverfahrens von der Objektgröße abhängen. [189] unterscheidet zwischen geringwertigen, kleinen, mittelgroßen und großen Investitions- und Wirtschaftsobjekten. Die Veröffentlichung gibt folgende einleuchtende Empfehlungen:

- O Bei geringwertigen Wirtschaftsgütern im Sinne der EStG ist keine Wirtschaftlichkeitsrechnung nötig, da der steuerliche Vorteil durch die sofortige Abschreibung sehr groß ist. Hier genügt eine technische Vorprüfung, die den Einsatz empfiehlt.
- O Für kleine Objekte zwischen DM 800,– bis DM 5.000,– können die statischen Verfahren herangezogen werden.
- O Bei mittelgroßen Objekten können die Verfahren der dynamischen Investitionsrechnung eingesetzt werden.
- O Bei großen Objekten wird die Kapitalwertmethode unter Zugrundelegung mehrerer möglicher Umsatzentwicklungen empfohlen.

Auf die Beschreibung der einzelnen Verfahren kann an dieser Stelle verzichtet werden, da ausreichende Fachliteratur zur Verfügung steht. Für den Produktionsstättenplaner wichtig: [122, 184–190, 207].

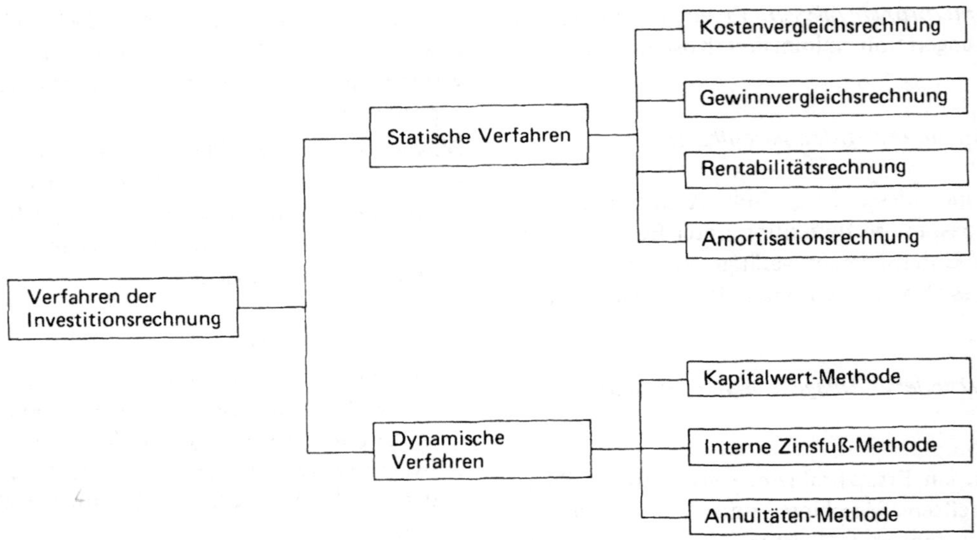

61 Gliederung der Investitionsrechnungsverfahren

10.3 Herstellkostenermittlung für den geplanten Beriebsablauf

Die zukünftigen Herstellkosten sind Bestandteil der ökonomischen Planung. Um zu richtigen Entscheidungen zu kommen, ist eine Kostenanalyse durchzuführen.

Die zahlreichen Kostenelemente in Form der verschiedenen Kostenarten, die ja alle in die Kostenträgerrechnung einfließen, müssen zusammengetragen und in die Analyserechnung eingesetzt werden.

Zwei Wege zur Ermittlung der zukünftigen Herstellkosten aufgrund der Planungsergebnisse bieten sich an:

1. eine Kostenträgerrechnung in Form einer *Vorkalkulation* unter Beachtung des zukünftigen Produktionsablaufs und des zukünftigen Mengengerüstes,
2. eine Kostenstellenrechnung in Form eines *BAB* auf der Basis des zukünftigen Produktionsablaufs,* wie die Grobplanung ihn vorzeichnet.

Es ist sinnvoll, eine Unterteilung in der Kostenträger- oder Kostenstellenrechnung nach

- O fixen Kosten und
- O variablen Kosten durchzuführen,

und zwar derart, daß eine Vergleichsrechnung zwischen den verschiedenen Planungs-Alternativen jederzeit durchgeführt werden kann.

* BAB = Betriebsabrechnungsbogen. Formblatt in der Kostenrechnung, das zur Errechnung von betriebswirtschaftlichen Kennzahlen und zur ständigen Überwachung einzelner Kostenstellen und Betriebsbereiche dient. Mit dem BAB können Gemeinkostenzuschläge und durchschnittliche Fertigungsstundensätze errechnet werden, die in der Vor- und Nachkalkulation Verwendung finden.

Mit der Ermittlung der zukünftigen Herstellkosten oder der Erarbeitung des zukünftigen BAB's ist ein weiteres wichtiges Entscheidungsinstrument geschaffen. Es gibt Auskunft über die zu erwartenden Produktionskosten.

Die *Kosten-Ertrags-Relation* der einzelnen Planungsvarianten zeigt, wo und welche Maßnahmen noch ergriffen und in der Planung berücksichtigt werden müssen, um die gesteckten Gewinn- und Rentabilitätsziele zu erreichen. Sie zeigt dem Planer aus ökonomischer Sicht, wo das vorläufige Planungsergebnis noch optimiert werden muß.

10.4 Produktionskapazitäten, Beschäftigungsgrad und Gewinnschwelle

Die geplanten Produktionskapazitäten bestimmen die zukünftige Betriebsstruktur. Zwischen der geplanten Betriebsstruktur und der geplanten Kostenstruktur besteht eine eindeutige Abhängigkeit. Diese Abhängigkeit bestimmt die Herstellkosten. Sie werden u. a. beeinflußt durch

- O Veränderung der Materialkosten,
- O Veränderung der Lohnkosten,
- O Schwankungen des Beschäftigungsgrades,
- O Veränderungen am Arbeitsmarkt
- O Veränderungen der Energietechnik und Energiekosten.

Diese Veränderungen müssen bei der Planung der betrieblichen Abläufe soweit wie möglich berücksichtigt werden.

Dem Planer steht bei der Lösungsfindung der Produktionskapazitäten das Spektrum zwischen

O der manuellen Fertigung und
O der automatischen Produktion

zur Verfügung (vgl. 11.3, Fertigungsformen).

Die Lage der Gewinnschwelle wird in erster Linie durch die Anlagenkapazität mit ihren Fixkosten bestimmt. Anlagen mit hoher Kapazität bedürfen eines entsprechend hohen Absatzes, um wirtschaftlich, d. h. mit Gewinn produzieren zu können.

Es muß also die betriebswirtschaftlich richtige Bemessung der Anlage in Abstimmung mit der Absatzmöglichkeit erarbeitet werden. Die technisch größte Anlage muß nicht die betriebswirtschaftlich beste sein!

Für den Produktionsstätten-Planer bedeutet dies, einen Betrieb, eine Fertigung oder eine Anlage so auszulegen, daß sie langfristig die ökonomische Unternehmenszielsetzung erfüllt.

Es ist ökonomisch falsch, eine Kapazität für einen weit in der Zukunft liegenden Absatz von Anfang an aufzubauen. Richtig ist, die Planungsvariante so auszulegen, daß diese in mehreren Stufen mit den entsprechenden Kapazitäten und Investitionen realisierbar ist. Dabei muß jede Erweiterungsstufe wirtschaftlich betrieben werden können, die Voraussetzung für einen späteren Ausbau muß gegeben sein.

Die Beziehungen der Produktionskapazitäten bei unterschiedlichen Produktionsverfahren und der Beschäftigungsgrade zu Kosten und Erlösen zeigt das Gewinnschwellen-Diagramm (Bild 62).

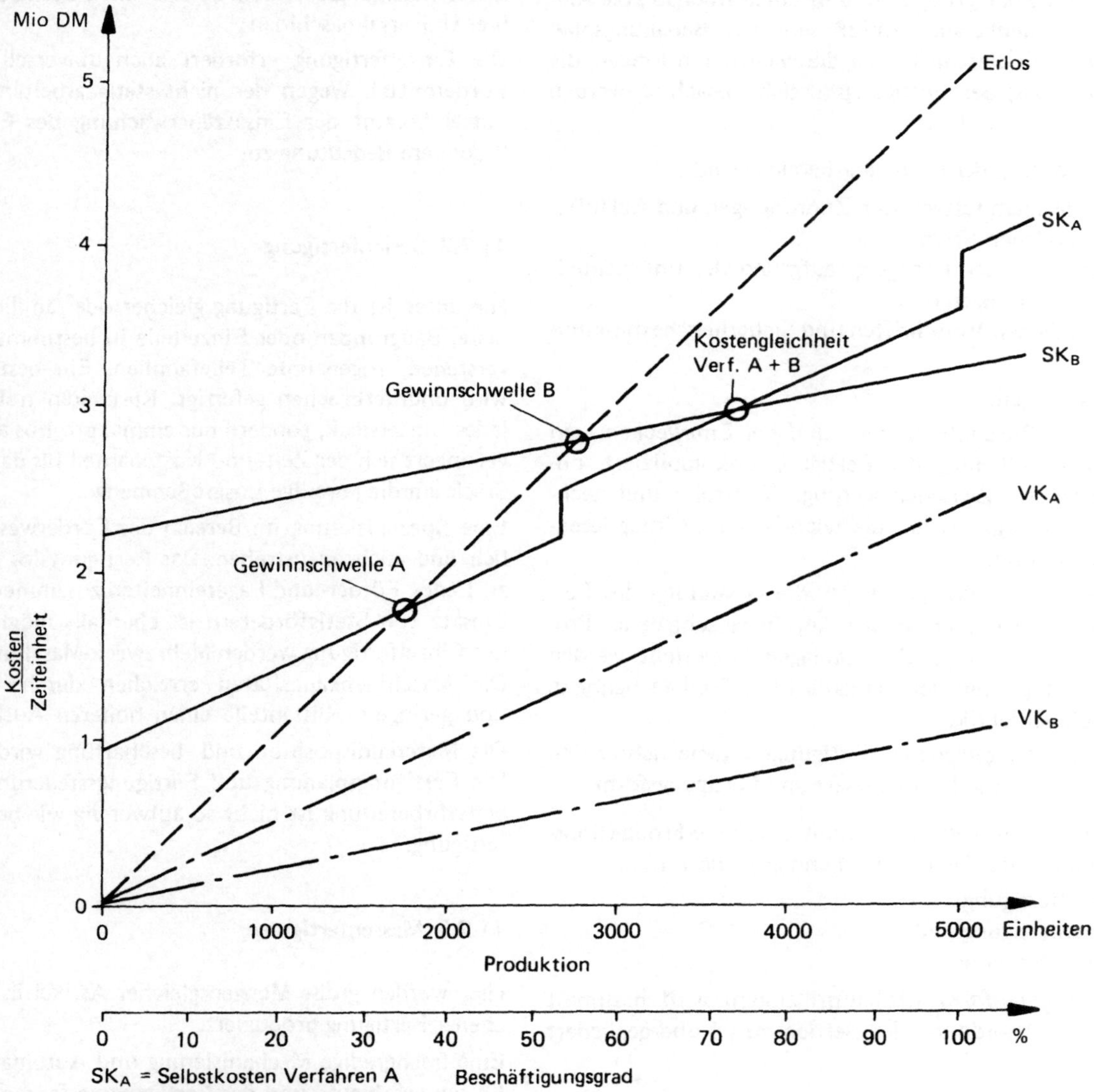

SK_A = Selbstkosten Verfahren A
SK_B = Selbstkosten Verfahren B
VK_A = variable Kosten Verfahren A
VK_B = variable Kosten Verfahren B

62 Gewinnschwellen-Diagramm

11 Funktionelle Planung der Fertigung

11.1 Gliederung des Fertigungsbereiches

Im Grob-Layout war bisher die Fertigung lediglich als Gesamtfläche blockförmig, gewissermaßen als Hülle, eingearbeitet.

Da die funktionelle Gestaltung der zukünftigen Produktionsanlagen, deren Zuordnung untereinander, deren Größe, deren Gliederung in einzelne Fertigungsbereiche, in Anlagen- und Maschinengruppen und in Einzelarbeitsplätze zum Teil einen erheblichen Einfluß auf den Bebauungsplan haben, sollen in diesem Kapitel die wichtigsten Fragen, die bei der Planung der Fertigungsbereiche beachtet werden müssen, erörtert werden.

Bei der Gliederung der Fertigungsbereiche sind

- die im Idealplan festgelegten Zuordnungen und Abläufe,
- die vorhandenen Festpunkte,
- die Trennung der Fertigung aufgrund der unterschiedlichen Technologien und
- die gesetzlichen Vorschriften und Sicherheitsbestimmungen

zu berücksichtigen.

Bei geringem Produktsortiment und bei Einzweckanlagen ist eine Ablaufplanung der Fertigung unkompliziert, obwohl Transport, Zwischenlagerung, Kontrolle und technische Betriebsorganisation die wichtigsten zu integrierenden Elemente sind.

Um ein vielfaches komplexer ist die Gestaltung des Fertigungsablaufs bei einer großen Anzahl verschiedener Produkte, die auf den gleichen Anlagen hergestellt werden müssen. Ein typisches Beispiel dafür ist die Teilefertigung in einer Maschinenfabrik.

Die Auswahl der geeigneten Fertigungssysteme richtet sich nach der zukünftigen Fertigungsart und Fertigungsform.

1. Die *Fertigungsart* wird bestimmt durch die Produktionsmenge und wird dementsprechend gegliedert in:
   - Einzelfertigung,
   - Serienfertigung und
   - Massenfertigung.
2. Die *Fertigungsform* (Ablaufprinzipien) wird bestimmt durch die Anordnung der Betriebsmittel und gegliedert in:
   - Werkbankfertigung,
   - Fertigung nach dem Verrichtungsprinzip,
   - Fertigung nach dem Flußprinzip,
   - automatische Fertigung sowie
   - verfahrenstechnische Fließfertigung.

11.2 Fertigungsarten

11.2.1 Einzelfertigung

Hierunter ist die Fertigung von Einzelstücken oder ganz wenigen Erzeugnissen zu verstehen, ohne die Möglichkeit der Wiederholung zu haben. Die Teileherstellung erfolgt überwiegend nach Kundenwunsch (also keine Fertigung auf Lager). Der Kundenauftrag ist Anstoß zur Fertigung. Rüstzeiten fallen für jedes Stück an. Die Einzelfertigung erfordert einen hohen Aufwand an Fertigungsplanung, Fertigungssteuerung und Materialdisposition durch die Arbeitsvorbereitung. Eine volle Auslastung der Maschinen ist bei dieser Fertigungsart kaum zu erreichen. Deshalb überwiegen hier Universalmaschinen.

Die Einzelfertigung erfordert auch universell einsetzbare Fördermittel. Wegen der nicht stetig arbeitenden Fördermittel kommt der Einsatzüberwachung des Förderwesens besondere Bedeutung zu.

11.2.2 Serienfertigung

Hierunter ist die Fertigung gleicher oder ähnlicher Erzeugnisse, Baugruppen oder Einzelteile in bestimmten Losen zu verstehen, sogenannte Teilefamilien. Ein bestimmtes Los wird ununterbrochen gefertigt. Rüstzeiten treten nicht für jedes Einzelstück, sondern nur einmal pro Los auf. Dadurch verringert sich der Zeit- und Kostenanteil für das Rüsten pro Stück um die jeweilige Losgrößenmenge.

Eine Spezialisierung im Bereich des Förderwesens ist möglich und auch anzustreben. Das Fertigungslos läßt sich oft zu Lade-, Förder- und Lagereinheiten zusammenstellen. Der Einsatz von Stetigförderern ist ebenfalls möglich. Wie bei der Einzelfertigung werden Mehrzweck-Maschinen benötigt. Die Maschinenkapazitäten erreichen durch Losfertigung und geringere Rüstanteile einen höheren Auslastungsgrad.

Die Materialdisposition und -beschaffung wird erleichtert. Die Fertigungsplanung und Fertigungssteuerung in der Arbeitsvorbereitung ist nicht so aufwendig wie bei der Einzelfertigung.

11.2.3 Massenfertigung

Hier werden große Mengen gleicher Artikel in ununterbrochener Fertigung produziert.

Eine hochgradige Mechanisierung und Automatisierung des Fertigungsablaufs und der Fertigungsverfahren ist möglich.

Der Einsatz von Spezial-Einzweckmaschinen, die auf die jeweiligen Artikel ausgelegt sind, ist wirtschaftlich vertretbar. Die Maschinenüberwachung kann zum Teil automatisch geschehen.

Die Anwendung ortsgebundener Fördermittel ist sinnvoll. Die ablauftechnisch höchste Stufe, und zwar die Maschinenverkettung, ist realisierbar. Damit ist zwangsläufig eine exakte Materialflußplanung nötig, um das Ziel der minimalen Durchlaufzeiten auch zu erreichen.

Bei gleichbleibender Fertigung in sehr großen Losen sind Materialdispositionen und -beschaffung unproblematisch.

Der Arbeitsaufwand in der Arbeitsvorbereitung ist unterschiedlich, aber tendenziell gering. Für die Fertigungsplanung ist der Aufwand hoch, für die Fertigungssteuerung dagegen gering.

11.3 Fertigungsformen (Ablaufprinzipien)

Mit der Ermittlung und Festlegung der Fertigungsform werden die räumliche Anordnung der Arbeitsplätze und der Materialfluß mit seinen Fördermitteln vorbestimmt.

Damit wird die Ermittlung der Fertigungsform zu einem wichtigen Kriterium der Produktionsstättenplanung.

Nachfolgend die Kurzbeschreibung der wesentlichen Fertigungsformen.

11.3.1 Werkbankfertigung

Hierunter ist die handwerkliche Einzelarbeit an Einzelarbeitsplätzen zu verstehen, ohne daß ein zwangsläufiger Übergang zu einem anderen Betriebsmittel (Maschine, Vorrichtung) oder Arbeitsplatz besteht. An den ortsgebundenen Arbeitsplätzen werden die Produkte als Einzelstücke oder in kleinen Auftragsmengen *komplett* hergestellt.

Kennzeichnend für diese Fertigungsform sind der niedrige Mechanisierungsgrad und die Notwendigkeit zum Einsatz qualifizierter Facharbeiter.

Beispiele:
- O Herstellen von Mustern und Modellen,
- O Herstellen von Stanz-, Schnitt-, Zieh-, Preß- und Spritzwerkzeugen,
- O Reparaturarbeiten an Maschinen und Anlagen, Transportmitteln, Werkzeugen und Vorrichtungen.

11.3.2 Fertigung nach dem Verrichtungsprinzip

Die Fertigung nach dem Verrichtungsprinzip ist in Bild 63 schematisch dargestellt.

Deutlich erkennbar ist die verfahrensgebundene Anordnung der Arbeitsplätze innerhalb der Fertigungsstätten. Kennzeichnend für diese Fertigungsform ist die räumliche Zusammenfassung artgleicher Arbeitsplätze und Betriebsmittel mit dem Nachteil längerer Transportwege. Damit verbunden ist ein starker Fördermitteleinsatz. Dies ergibt dann auch im allgemeinen einen sehr schwierig zu überblickenden Materialfluß.

Der besondere Vorteil dieser Fertigungsform ist die gute Elastizität der Fertigung und die vielseitige Einsetzbarkeit der Betriebsmittel und der Mitarbeiter.

Beispiele:
- O Herstellung verschiedener Erzeugnisse mit sehr verschiedenem Arbeits- und Fertigungsablauf.
- O Herstellung von verschiedenartigen Ersatzteilen.

Das Verrichtungsprinzip wird bevorzugt,
- O wenn eine bessere Auslastung von teuren Maschinen, die durch ein Erzeugnis nicht gegeben ist, notwendig wird, oder
- O wenn die Trennung von Maschinen und Fertigungsgruppen aus dem allgemeinen Ablauf nötig ist, weil sie Lärm, Erschütterungen, Hitze oder andere besonders stark störende und behindernde Umgebungseinflüsse verursachen.

11.3.3 Fertigung nach dem Flußprinzip

In Bild 64 ist diese Fertigungsform schematisch dargestellt. Im Gegensatz zum Verrichtungsprinzip erfolgt hier die Anordnung der Betriebsmittel und Arbeitsplätze nach dem Herstellungsablauf der Erzeugnisse, Baugruppen oder Einzelteile.

Wir haben es hier mit einer erzeugnisgebundenen Anordnung der Arbeitsplätze und Betriebsmittel zu tun.

Typisch für das Flußprinzip sind die kurzen Wegstrecken und die geringe Durchlaufzeit der Erzeugnisse.

Bedingt durch die günstige Arbeitsplatz- und Maschinenanordnung sind die Förderkosten durch die unmittelbare Aufeinanderfolge der Bearbeitung bedeutend geringer als bei der Fertigung nach dem Verrichtungsprinzip. Der Materialfluß wird übersichtlicher und damit leichter kontrollier- und steuerbar.

Kennzeichnend ist auch der hohe Mechanisierungsgrad. Beim Flußprinzip können zwar die Verwaltungskosten gegenüber dem Verrichtungsprinzip gesenkt werden, dafür ist aber auch das ganze System krisenempfindlicher, d. h. anfälliger gegen Beschäftigungsschwankungen.

Die Fertigung nach dem Flußprinzip setzt also konstante Produktionsmengen über längere Zeit voraus.

Beim Flußprinzip wird weiter unterteilt in
- O Reihenfertigung und
- O Fließfertigung.

Bei der *Reihenfertigung* herrscht ein zeitlich ungebundener Arbeitsablauf vor. Die Mitarbeiter sind nicht an ein taktgebundenes Fördermittel gebunden. Die Weitergabe der be-

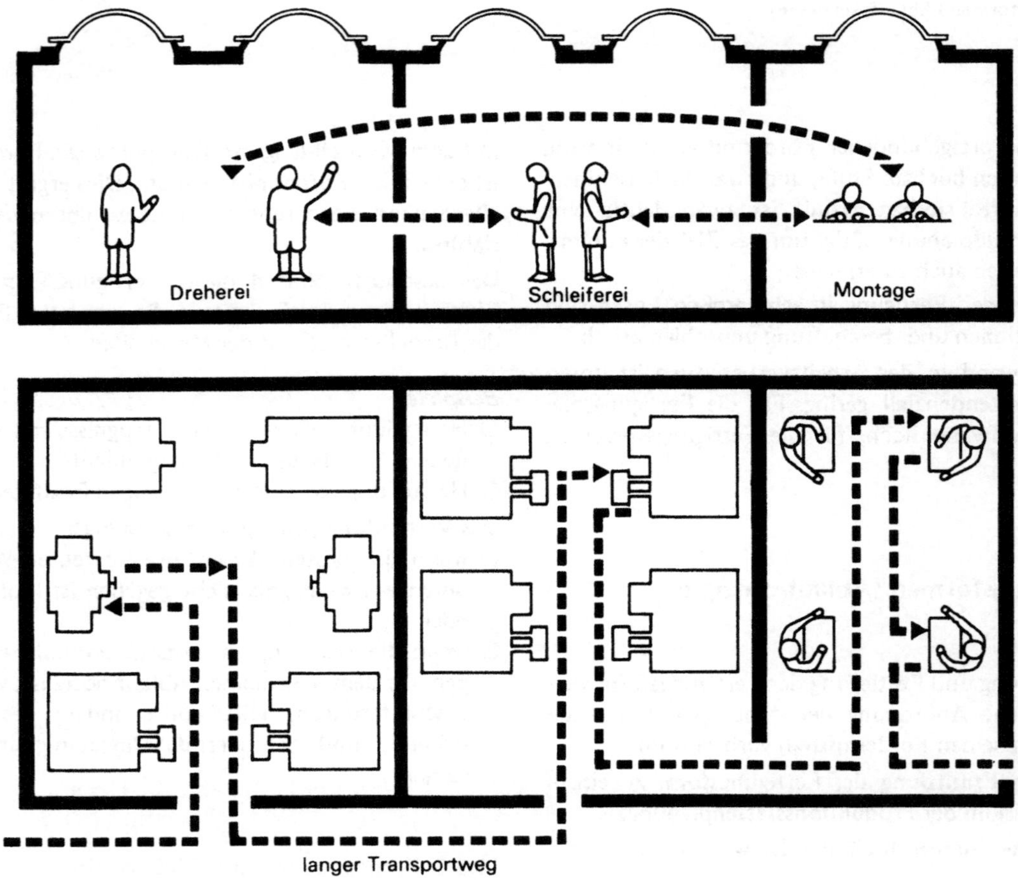

63 Fertigung nach dem Verrichtungsprinzip

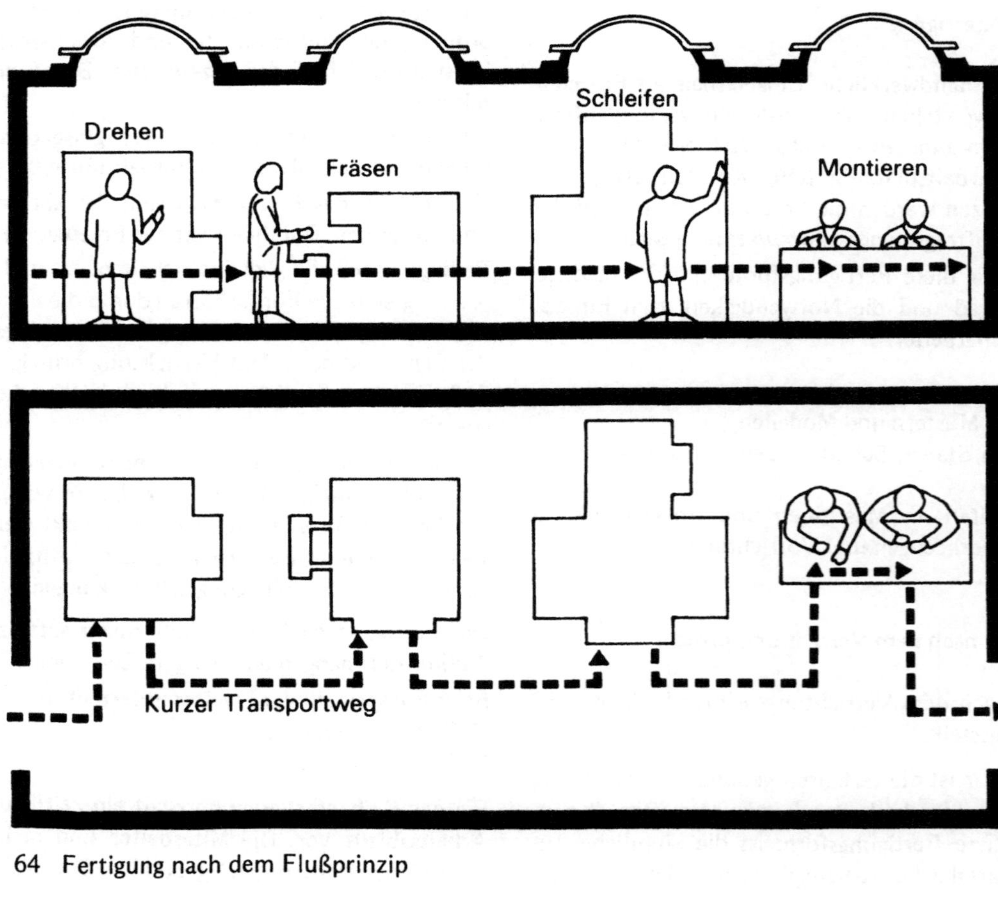

64 Fertigung nach dem Flußprinzip

arbeiteten Teile zum nachfolgenden Arbeitsplatz erfolgt nach eigenem individuellen Rhythmus. Das bedeutet, daß zwischen den einzelnen Arbeitsplätzen Zwischenpuffer bestehen müssen.

Die Reihenfertigung kommt dem individuellen „Wunsch-Arbeitsrhythmus" des einzelnen Mitarbeiters entgegen, verlängert aber etwas die Durchlaufzeit.

Investitionen für Fördermittel sind gering.

Bei der *Fließfertigung* besteht ein zeitlich gebundener Arbeitsablauf.

Die Mitarbeiter sind an den Takt des Fördermittels im allgemeinen Fließband oder Fließtisch gebunden.

Zwischenpuffer bestehen nicht.

Die Durchlaufzeit ist sehr gering. Schwierigkeiten kann es bei der zeitlichen Taktabstimmung der einzelnen Arbeitsplätze geben, wenn Bandabtaktung und Arbeitsplatzgestaltung nicht sorgfältig geplant werden.

Fließfertigung ist ohne hohe Investitionen in Fördermittel nicht realisierbar.

Infolge der zeitlichen Bindung und der starren Verkettung der einzelnen Maschinen und Arbeitsplätze ist die Störanfälligkeit des Gesamtsystems sehr hoch. Eine Störung an einem Betriebsmittel oder einem Arbeitsplatz führt bei nicht vorhandenem Teile-Puffer zu Störungen des Gesamtsystems.

11.3.4 Kombinierte Fertigungsform

Die kombinierte Anordnung nach dem Verrichtungsprinzip und nach dem Flußprinzip zeigt Bild 65.

Bei dieser Fertigungsform findet man im allgemeinen die maschinelle Fertigung nach dem Verrichtungsprinzip, Zusammenbau und Montage nach dem Flußprinzip angeordnet.

11.3.5 Automatische Fertigung

Hier besteht in der Regel ein vollautomatischer Fertigungsablauf an einem Betriebsmittel oder an mehreren gekoppelten Betriebsmitteln (Transferstraße).

Der Mensch hat dabei lediglich überwachende Aufgaben zu übernehmen.

Diese hochmechanisierte und automatisierte Fertigungsform ist mit sehr hohen Investitionen verbunden. Im allgemeinen werden zusätzlich selbstätig reagierende Kontroll- und Steuereinrichtungen installiert, um durch Früherkennung Störungen zu vermeiden bzw. auf ein Minimum zu reduzieren. Der Einsatz von Industrie-Robotern ist hier am häufigsten zu finden.

Diese technisch höchste Stufe der Fertigung verlangt wegen der hohen Platzkosten eine kontinuierliche Fertigung auf

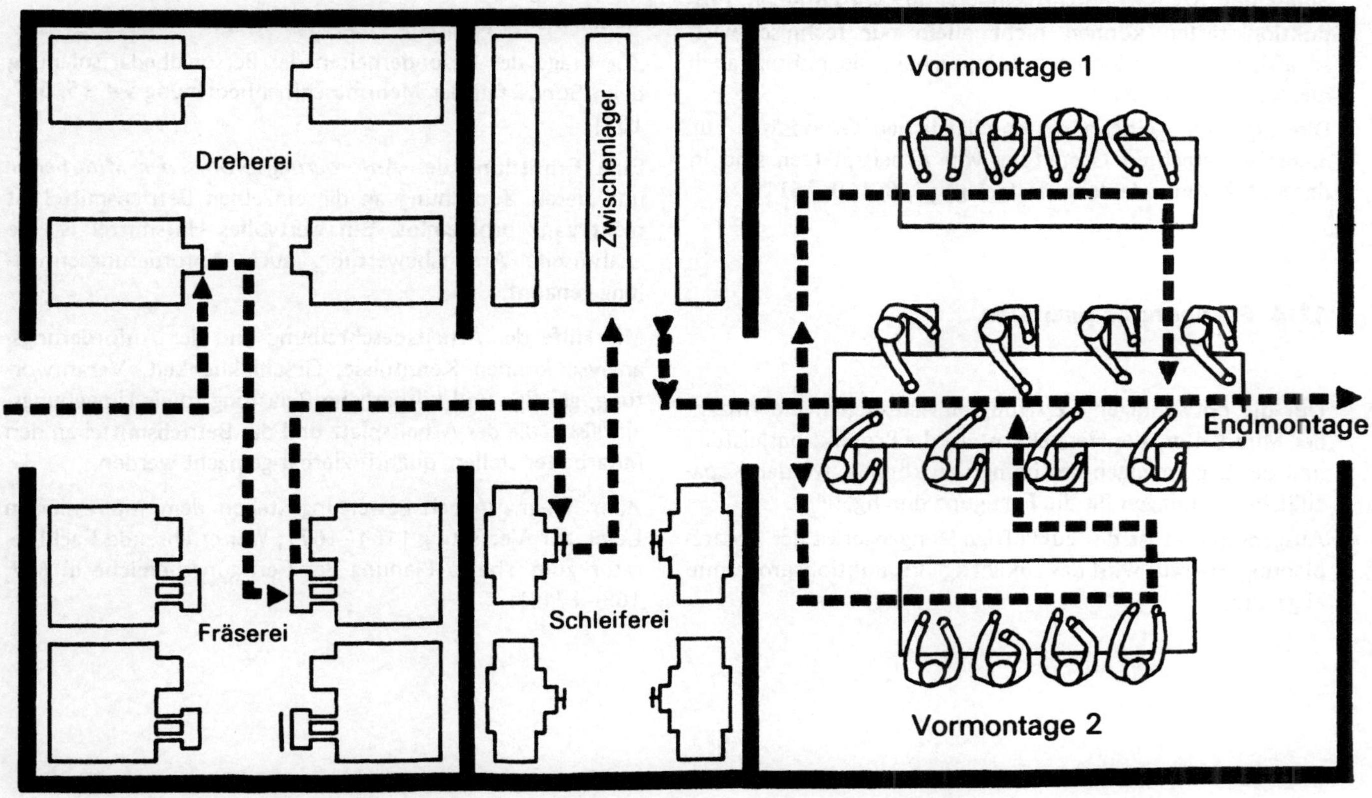

65 Kombinierte Anordnung der Fertigung nach dem Verrichtungs- und Flußprinzip

lange Zeit, nach Möglichkeit in mehreren Schichten, um die hohen Fixkosten auf eine größere Stückzahl produzierter Teile umlegen zu können.

Diese Fertigungsform ist sehr empfindlich gegen Beschäftigungsgradschwankungen (Automobilindustrie).

11.3.6 Verfahrenstechnische Fließfertigung

Bei dieser besonderen Art der Fließfertigung erfolgt die Zusammenfassung aller Betriebsmittel zu einer verfahrenstechnischen Anlage.

Diese Großanlagen arbeiten kontinuierlich.

Der Mensch hat ausschließlich überwachende Funktionen zu übernehmen, da der gesamte Fertigungsprozeß vollautomatisch abläuft.

Beispiele:

- Papierherstellung,
- Zementherstellung,
- Kunststoffherstellung,
- Lackier-, Emaillier- und Galvanisierstraßen usw.

In diesem Zusammenhang muß besonders auf die Bedeutung der menschengerecht gestalteten Arbeitsplätze hingewiesen werden, wie es die Methodenlehre des Arbeitsstudiums und das Betriebsverfassungsgesetz vorschreiben. Produktionsstätten können nicht allein nur technisch-wirtschaftlichen Erfordernissen entsprechen, sie müssen auch menschengerecht sein!

Die allgemein gültigen wissenschaftlichen Grundsätze zur menschengerechten Gestaltung von Arbeitsplätzen sind in der REFA-Methodenlehre festgelegt [5, 6, 160, 161].

11.4 Fertigungskapazitäten

Um die notwendigen Fertigungseinrichtungen, die Anzahl der Mitarbeiter, die Herstellkosten, die Produktionsleistung und die Lagermengen bestimmen zu können, werden Kapazitätsberechnungen für die Fertigung durchgeführt.

Ausgangspunkt ist das zukünftige Mengengerüst der Absatzplanung. Hieraus wird das zukünftige Produktionsprogramm abgeleitet.

Die dazu benötigten Maschinen-Belegungszeiten lassen sich durch Vorgabezeiten- und Belegungszeiten-Berechnungen ermitteln. Die Methoden zur Berechnung der Vorgabe- und Belegungszeiten sind in [5, 6] ausführlich beschrieben. Sie sind seit Jahren anerkannter Bestandteil der Arbeits- und Zeitwirtschaft und bedürfen an dieser Stelle keiner besonderen Darstellung.

Eine derartige Kapazitäts-Bedarfsermittlung setzt natürlich voraus, daß Stücklisten vorhanden sind, mit deren Hilfe durch Stücklistenauflösung die Erzeugnisse, Baugruppen und Einzelteile, die bearbeitet werdeb müssen, ermittelt werden können.

Bei einem umfangreichen Produktionsprogramm ist dazu der Einsatz der Datenverarbeitung (EDV) unerläßlich. Mit ihrer Hilfe kann ohne großen Mehraufwand die Kapazitäts-Bedarfsermittlung für mehrere Planungszeiträume mit unterschiedlichen Bedarfsmengen ermittelt werden. Man kann somit — ähnlich wie bei der Flächenbedarfsermittlung — stufenweise vom Basisjahr bis zum Zieljahr die einzelnen Planbedarfsleistungen ermitteln. Daraus lassen sich dann wieder die Anzahl der Maschinen und Arbeitsplätze errechnen [5, 6, 162, 163].

Analog der Kapazitäts-Bedarfsermittlung werden die Personalbedarfsplanungen durchgeführt, zum einen zur Bestimmung der benötigten Anzahl Mitarbeiter, zum anderen zur Ermittlung der notwendigen Sozialräume, getrennt nach männlichen und weiblichen Mitarbeitern.

Zur Frage der Besonderheiten der Personalbedarfsplanung beim Sonderfall der Mehrmaschinenbedienung vgl. [5, 6, 7, 163].

Eine Ermittlung des *Anforderungsprofils der Mitarbeiter* und deren Zuordnung an die einzelnen Betriebsmittel ist nicht ganz problemlos. Ein wertvolles Hilfsmittel ist die analytische Arbeitsbewertung, auch Anforderungsermittlung genannt.

Mit Hilfe der Arbeitsbeschreibung und der Anforderungsanalyse können Kenntnisse, Geschicklichkeit, Verantwortung, geistige und körperliche Belastung sowie Umgebungseinflüsse, die der Arbeitsplatz und das Betriebsmittel an den Mitarbeiter stellen, quantifizierbar gemacht werden.

Zum Thema Arbeitsbewertung stehen dem interessierten Leser zur Verfügung [164—167]; Weiterführende Fachliteratur zum Thema Planung der Fertigungsbereiche in [47, 168—174a].

12 Gestaltung des Lagerbereiches

12.1 Einführung

Lager sind Teile des gesamten Produktionsprozesses vom Wareneingang (Rohstofflager) bis zum Warenausgang (Fertigwarenlager).

Man kann grundsätzlich sagen, daß die Lagerbemessung (Dimensionierung) vom Verhältnis Absatzverlauf : rentable Fertigung unter Einbeziehung der gewünschten Lieferfähigkeit (Servicegrad) abhängt.

Ausgangspunkt der Lagerplanung sind also das Absatz-Mengengerüst und der Produktionsrhythmus.

Bei der Lagerung und Lagerzuordnung müssen folgende Kriterien beachtet werden:

- der Aggregatzustand der Materialien,
- der Umstand, daß bestimmte Rohstoffe, fertigungstechnisch bedingt, in der Nähe der Verarbeitung gelagert werden müssen,
- die Tatsache, daß aus Verarbeitungsgründen, bestimmte Verweilzeiten in den Produktionsablauf eingeschaltet werden müssen (technologisch bedingte Lager),
- die Forderung, bei unterschiedlichen Kapazitäten zwischen aufeinanderfolgenden Prozessen Pufferlager vorzusehen,
- die Forderung, aus Gründen der optimalen Produktionsauslastung (Losgrößen) Zwischenlager einzurichten,
- die Notwendigkeit, Zwischenlager zum Ausgleich unterschiedlicher Rhythmen von Produktion und Absatz vorzusehen, sowie ferner
- Fertigwarenlager und
- Versandlager.

Die Bestimmung der Lagertechnik, der Lagerfläche, der Beziehung zu den Fertigungen und der inneren Organisation hängen von den vorgenannten Einflüssen ab.

Ein Beispiel zur Ermittlung des geeigneten Lagersystems ist im nachfolgenden Kapitel beschrieben.

Ein allgemein gültiges Lagermodell gibt es ebenso wenig wie etwa vollständig übereinstimmende Problemstellungen.

Die optimale gegenseitige Anordnung der Gebäude für Lager und Produktion im Generalstrukturplan erfolgt nach den Methoden der Betriebsmittelzuordnung.

12.2 Ermittlung des geeigneten Lagersystems

Die moderne Lagertechnik ist nicht flächen-, sondern raumorientiert (Bild 66).

Der Lagerflächenbedarf ist deshalb abhängig vom Lagersystem. Aus diesem Grund muß vor der abschließenden Lagerflächenbestimmung das geeignete Lagersystem gefunden werden.

Die Anforderungen an ein neuzeitliches Lagersystem lauten:

- Das Lager muß den Gegebenheiten der Produktion nachkommen.

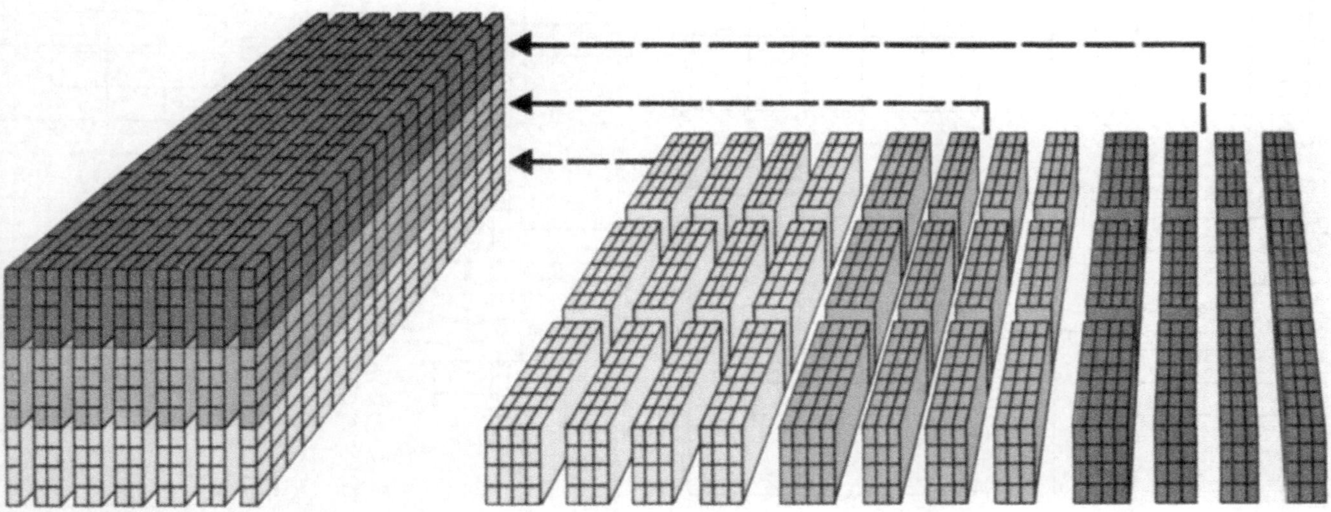

66 Flächen- und raumorientierte Lagerbauweise

- Die Auslieferungszeit ist durch Mechanisierung und Automatisierung im Lager zu verkürzen.
- Die Bildung großer Lagereinheiten (Gebindeeinheiten) muß ermöglicht werden.
- Das Lager muß eine optimale Flächen- und Raumnutzung sowie eine Personal- und Betriebskostenminderung verwirklichen.

Aufgrund der Ist-Zustands-Daten und der vorgenannten Anforderungen an das Lagersystem werden verschiedene Lagervarianten erarbeitet und auf ihre Zweckmäßigkeit untersucht. Nachfolgend – beispielhaft – drei Planungsvarianten:

Planungsvariante 1:

Flachlager als reines Palettenlager in Dreifachstapelung (Bild 67). Die Fertigung ist ebenerdig. Ein- und Auslagerung mittels 2 t-Standard-Gabelstapler. Materialanlieferung aus der Fertigung mittels HF-fahrerlosen Flurförderzeugen (Bild 68).

Planungsvariante 2:

Flachlager als reines Palettenlager in Fünffachstapelung (Bild 69). Ein- und Auslagerung ganzer Paletten mit 2 t-Hochmaststapler oder mit schienengeführtem Stapelkran. Materialanlieferung aus der Fertigung wie Planungsvariante 1.

68 HF-Schlepper im Außeneinsatz

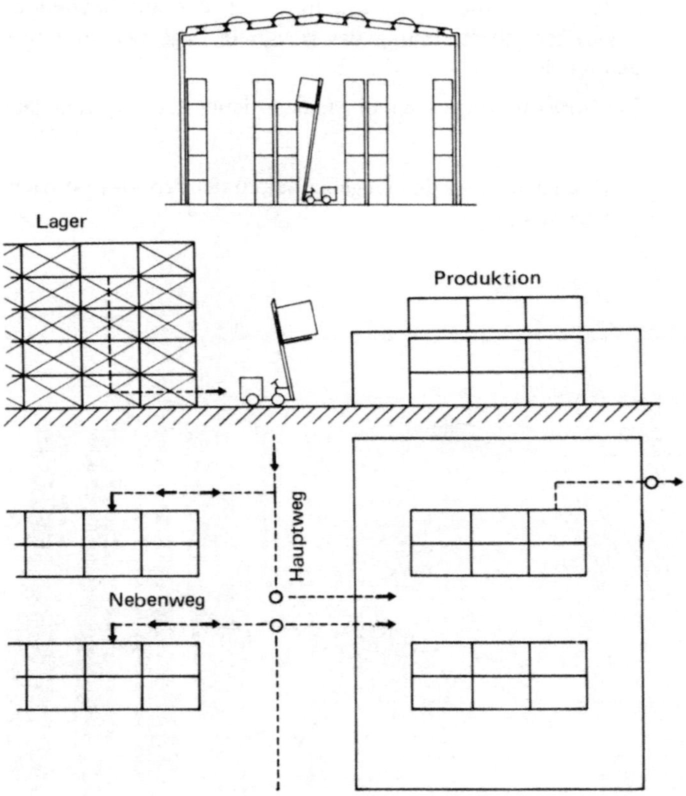

67 Flachlager als reines Palettenlager in Dreifachstapelung. Handling mit Standard-Frontstapler

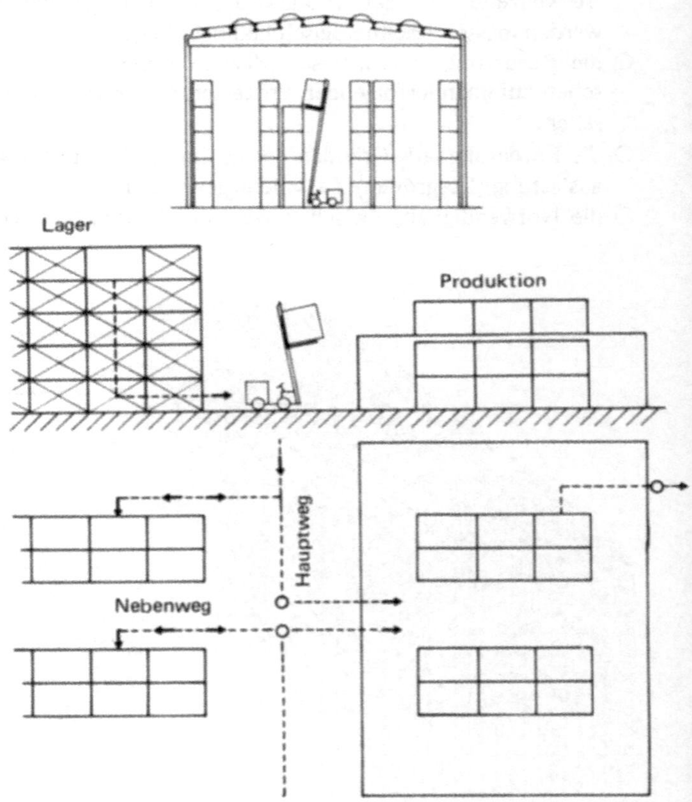

69 Flachlager als reines Palettenlager in Fünffachstapelung. Handling mit Hochmast-Stapler

Planungsvariante 3:

Hochregallager als reines Plattenlager mit Zehnfachstapelung (Bild 70). Ein- und Auslagerung ganzer Paletten mit Regalförderzeugen.

Materialanlieferung wie Planungsvariante 1.

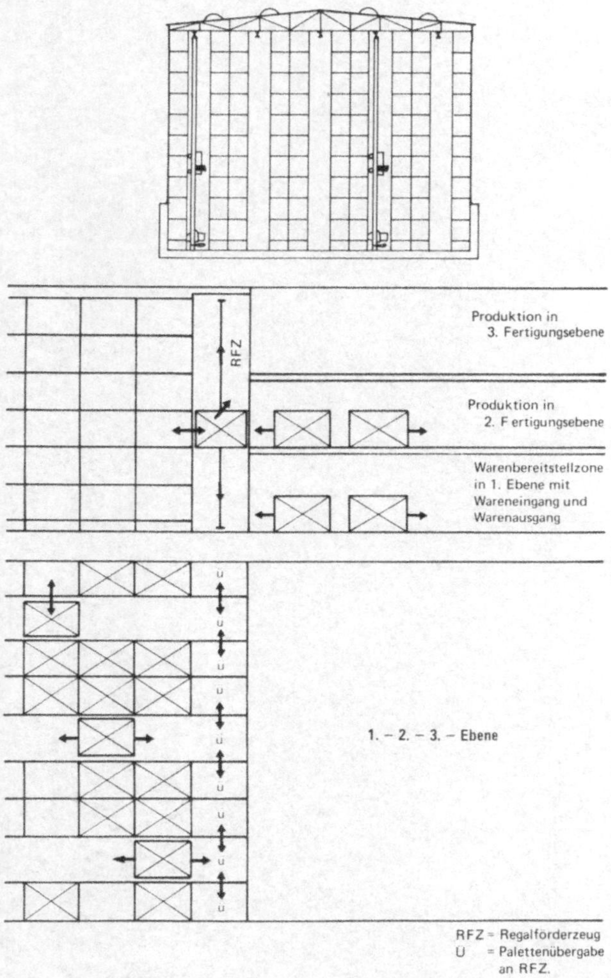

70 Hochregallager als reines Palettenlager in Zehnfachstapelung. Ein- und Auslagerung mit Regalförderzeugen

Bild 71 zeigt einen HF-Schlepper an einer Haltestelle im Hochregallagerbereich.

Mit den beschriebenen Bewertungs-Methoden (vgl. 9, Bewertung von Planungsalternativen und 10, Methoden der Investitionsrechnung) wird die technisch und ökonomisch günstigste Variante ermittelt.

Mit dieser Variante wird die Detailplanung durchgeführt.

Das Hochregallager ist eine „Lagerfabrik". Die Regalkonstruktion ist zugleich tragende Konstruktion für Dach und Außenwandverkleidung. Die Regalgangbreiten sind nur wenige Zentimeter breiter als die einzulagernden Paletten und Behälter.

71 Hf-Schlepper an einer Haltestelle im Hochregallager

Bild 72 zeigt den Blick in den Gang eines noch nicht belegten Hochregallagers.

Zwischen diesen drei Lösungsansätzen gibt es viele weitere Möglichkeiten, auf die hier nicht näher eingegangen werden kann. Sie können der einschlägigen Fachliteratur entnommen werden.

Der Lagerplaner muß wissen:

Der hohe Mechanisierungs- und Automatisierungsgrad neuzeitlicher Stückgutlager verlangt begleit- und aufsichtsfreien An- und Abtransport des Lagergutes (Bild 73).

Weitverzweigte Systeme von Rollenförderern verbinden Produktionsstätten mit Zwischenlagern und Vorratslagern mit Eingangs- und Versandzonen (Bild 74).

Der Wirtschaftlichkeits- und Rentabilitätsnachweis automatischer Hochregallager ist nicht problemlos.

Es kann sich bei Hochregallagern um eine Ersatzinvestition, um eine Rationalisierungsinvestition oder um eine Erweiterungsinvestition handeln.

Beim Rentabilitätsnachweis mit dynamischen Verfahren der Investitionsrechnung sind die Zurechnungsschwierigkeiten vor allem der Erträge so groß, daß diese Verfahren nur mit großem Aufwand eingesetzt werden können.

12.3 Lagerkapazität, Transport und Verkehr

Ist das Lagersystem gefunden, so muß die benötigte Lagerfläche ermittelt und die Entwicklung der Lagerkapazitäten prognostiziert werden.

72 Blick in den Gang eines noch nicht gefüllten Hochregallagers

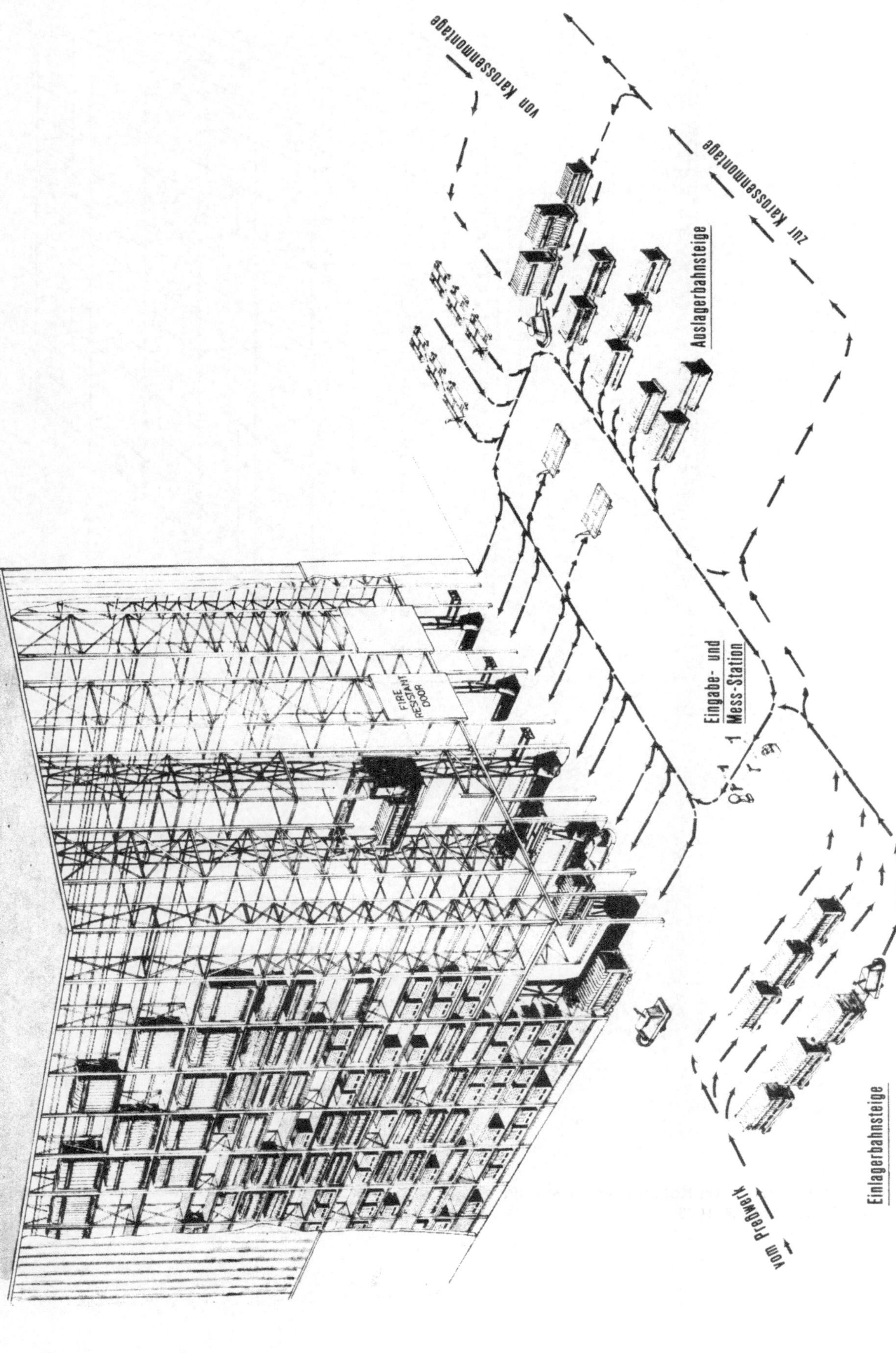

73 Begleit- und aufsichtsfreier An- und Abtransport des Lagergutes vor dem Hochregallager. Ford AG Köln

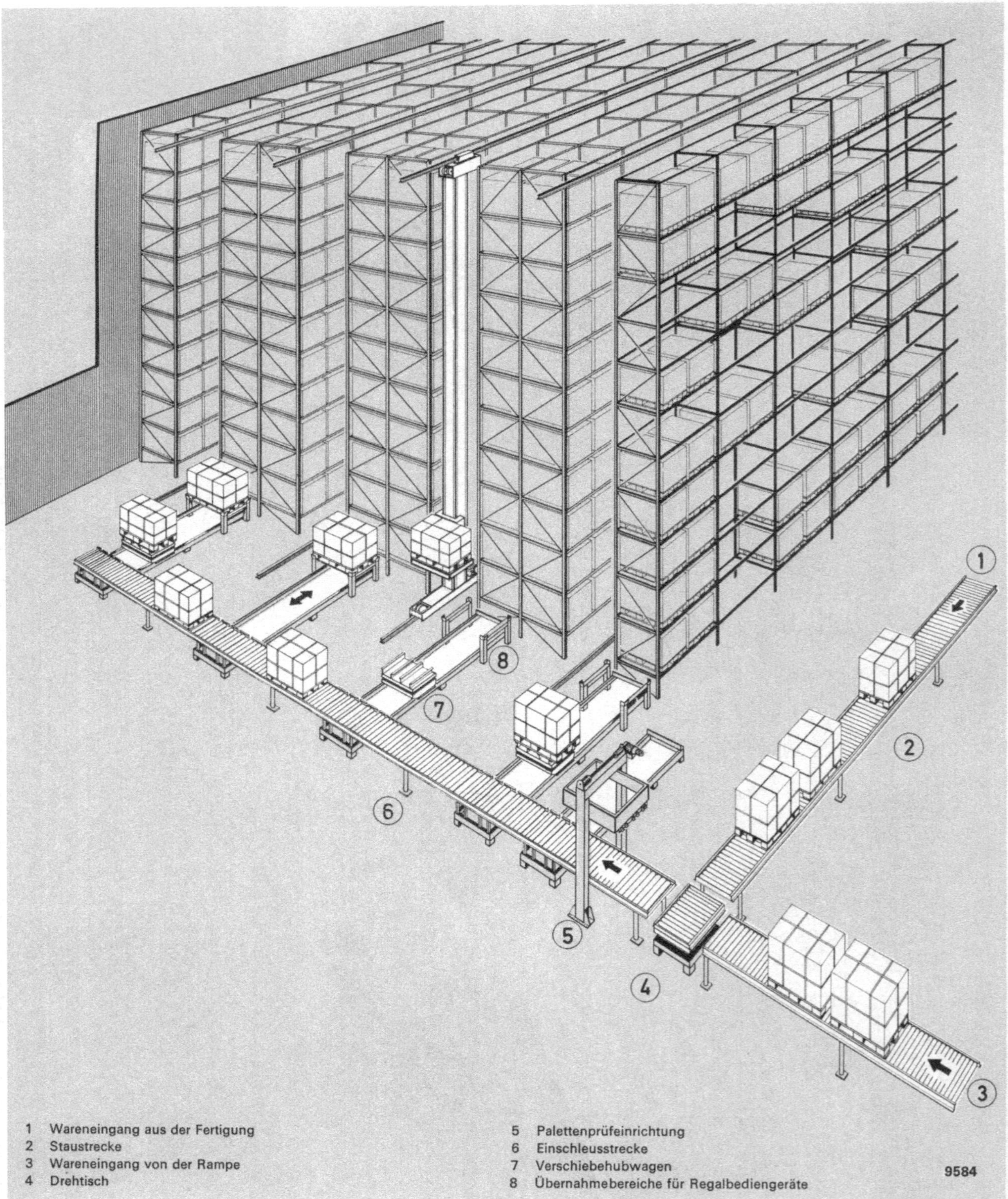

74 Weitverzweigte Systeme von Rollenföderern verbinden Produktionsstätten mit den Lagern *Bildquelle:* Demag Lagertechnik Information D2D92.20Aoo4, 1973

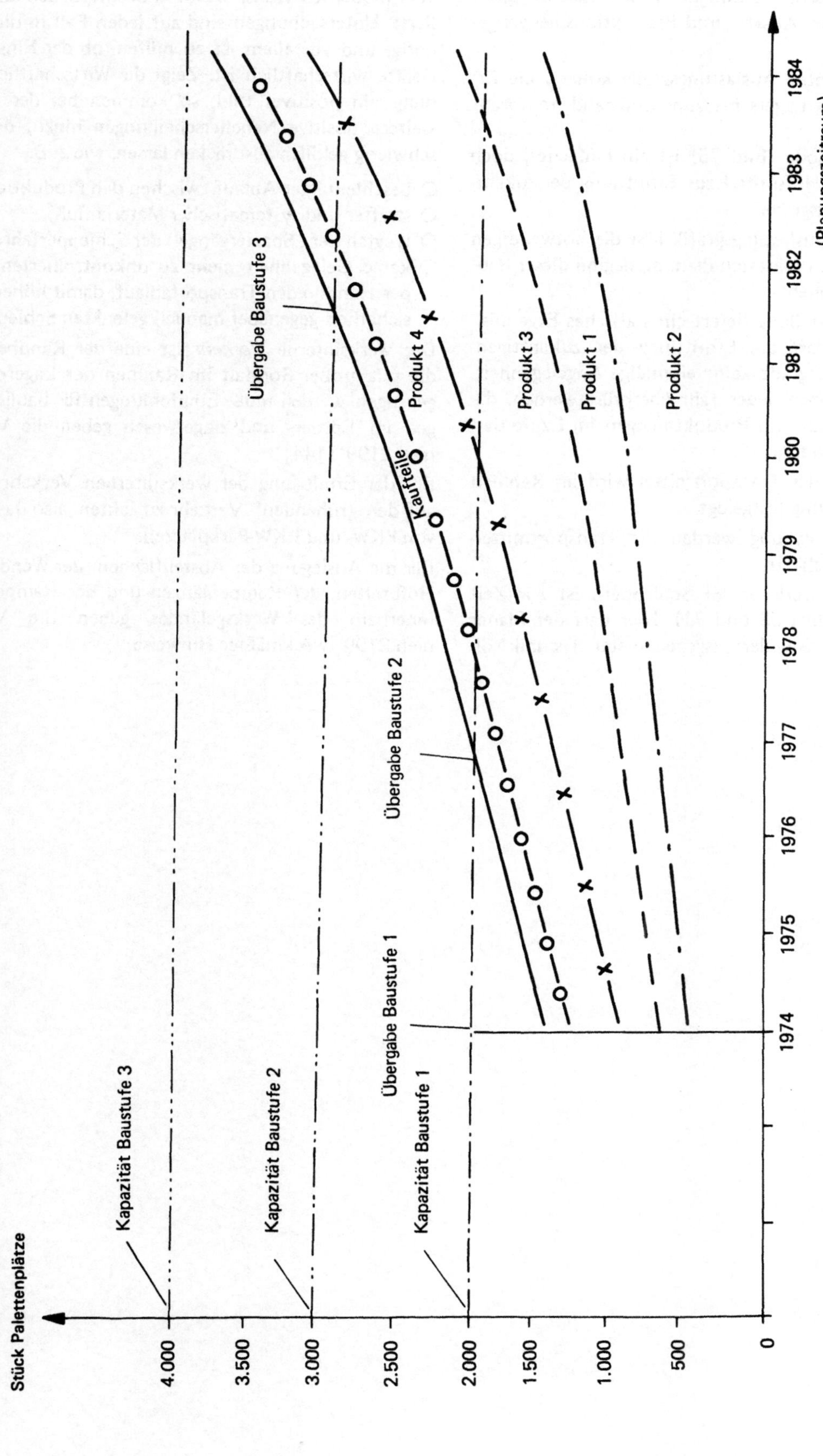

75 Entwicklung der Lagerkapazität, graphisch dargestellt

Die notwendige Lagerfläche und der *Lagerauslastungsgrad* ergeben sich aus dem Absatz- und Produktionsmengengerüst.

Aufgrund der geplanten Auslastungsgrade können die Erweiterungsstufen des Lagers bis zum Endstand im voraus festgelegt werden.

Die graphische Methode (Bild 75) ist ein einfaches, doch ausreichend genaues Hilfsmittel zur Ermittlung der zukünftigen Lagerauslastungsgrade.

Eine derartige Lagerauslastungsgrafik läßt die notwendigen Ausbaustufen und den spätesten Planungsbeginn dieser Baustufen deutlich erkennen.

Achtung! Diese Darstellung liefert ein statisches Ergebnis. Deshalb darf die Ermittlung der zukünftigen Auslastungsgrade keine einmalige Angelegenheit sein. Sie muß jedes Jahr überprüft werden, da sich Absatz- und Produktmengen im Laufe der Jahre verändern.

Die genaue Anzahl der Transportmittel wird im Rahmen der Einrichtungsplanung festgelegt.

Für die Investitionsplanung werden die Transportmittelmengen zunächst geschätzt.

Der Einsatz von fahrerlosen HF-Schleppern ist zur Zeit hochaktuell (vgl. Bilder 68 und 71). Hier darf der Planer sich auf keinen Fall von der ausgezeichneten Tecnnik solcher modernen Transportmittel beeindrucken lassen. Detaillierte Untersuchungen sind auf jeden Fall in diesem Punkt nötig, und vor allem ist zu prüfen, ob der Einsatz solcher Geräte wirtschaftlich ist. Zeigt die Wirtschaftlichkeitsrechnung ein positives Bild, so kommen bei der Einführung weitere positive Nebenerscheinungen hinzu, die sich nur schwierig geldlich ausdrücken lassen, wie z. B.

- beschleunigter Ablauf zwischen den Produktionen,
- straffer und systematischer Materialfluß,
- Wegfall der „Spaziergänge" der Schlepperfahrer,
- keine Gelegenheit mehr zu unkontrollierten Eingriffen per Hand in den Transportablauf, damit höhere Betriebssicherheit gegenüber manuell gelenkten Schleppern.

Der werksinterne *Verkehr* ist eine der Randbedingungen, die mit großer Sorgfalt im Rahmen der Lagerplanung angegangen werden muß. Empfehlungen für bauliche Planungen im Förder- und Lagerwesen geben die VDI-Richtlinien 2199 [144].

Bei der Ermittlung der werksinternen Verkehrsflächen ist auf den „ruhenden" Verkehr zu achten, also das Einrichten von PKW- und LKW-Parkplätzen.

Für die Auslegung der Abstellflächen, der Wendekreise, der Hofbreiten, der Rampenlängen und der Rampenanfahrten innerhalb des Werksgeländes geben die VDI-Richtlinien 2199 zweckmäßige Hinweise.

13 Gestaltung der Arbeitsumgebung und Arbeitsplätze

Die Planung von Produktionsstätten endet nicht mit der Festlegung des Fertigungsablaufs und der Betriebsmittelzuordnung. Sie geht vielmehr weiter bis zur Gestaltung der Arbeitsplätze. Deshalb muß sich der Produktionsstättenplaner mit der Arbeitsumgebung und dem Arbeitsplatz auseinandersetzen.

Für die menschengerechte Gestaltung der Arbeitsumgebung und der Arbeitsplätze sind die Grundsätze der Ergonomie und des Arbeitsschutzes von Bedeutung.

Im folgenden wird rasterartig dargestellt, welche besondere Bedeutung menschengerechte Arbeitsumgebung und gut gestaltete Arbeitsplätze auf die Leistung des Menschen — und damit auf die Produktivität — haben.

13.1 Gestaltung der Arbeitsumgebung

13.1.1 Farbgestaltung

Es ist heute noch nicht selbstverständlich geworden, die Farbanwendung in die Produktionsstättenplanung einzubeziehen, wie es bei Heizung, Lüftung oder Beleuchtung der Fall ist. Gelegentlich gilt es sogar für extravagant, der Farbgestaltung im Arbeitsraum und am Arbeitsplatz Aufmerksamkeit zu schenken und Geldmittel dafür bereitzustellen.

Farbe im Betrieb ist kein Privatvergnügen! Sie ist keine ästhetische Spielerei, aber auch kein Wundermittel, mit dem besonders hohe Leistungen beim arbeitenden Menschen erwirkt werden können.

Farbe ist für die Produktionsstättenplaner ein Gestaltungsmittel unter vielen und zugleich mit anderen, um günstige Voraussetzungen für vernünftige und gleichbleibende Arbeitsleistung der arbeitenden Menschen zu schaffen.

Richtig durchdachte Farbanwendung im Betrieb kann eine Erhöhung des Wohlbefindens bewirken und die Sicherheit erhöhen, wenn die Sicherheitsfarben nach DIN 4819 (Sicherheitszeichen und Sicherheitsschilder) und DIN E 5381 (Kennfarben) verwendet werden.

Der Produktionsstättenplaner muß sich der Erfahrung des Farbgestalters, also des Spezialisten auf diesem Gebiet bedienen.

13.1.2 Beleuchtung

Das Gesamtempfinden des Menschen ist darauf gerichtet, vornehmlich bei Tageslicht tätig zu sein. Neue arbeitswissenschaftliche Erkenntnisse bestätigen einen stärkeren Trend zur natürlichen Beleuchtung. Sehpsychologische Untersuchungen lassen erkennen, daß alle für die Arbeit wichtigen Seheigenschaften des Auges, wie Wahrnehmungsgeschwindigkeit, Kontrastempfindlichkeit, Sehschärfe und Unterscheidungsvermögen für Farbtöne in der Qualität ihrer Funktion gesteigert werden, wenn die Flächenhelligkeit des beobachteten Objektes erhöht wird.

Von diesem Gesichtspunkt aus ist es also immer richtig, Arbeitsräume mit möglichst hohen Tageslicht- oder Kunstlichtbeleuchtungsstärken einzurichten, ohne daß Blendung entsteht.

Maßgebend für die Auslegung und Anordnung von Beleuchtungsanlagen in gewerblich genutzten Räumen sind DIN 5034 und DIN 5035. Sie liefern Grundlagen für die Innenraum-Beleuchtung.

Die gemachten Ausführungen zur Beleuchtung im Betrieb zeigen, daß zur Lösung dieser Aufgaben in jedem Fall ein Spezialist herangezogen werden muß.

13.1.3 Lärm

Lärm wird als störend und belästigend empfunden. Dabei spielen

- O die Stärke des Schalls,
- O seine Einwirkungsdauer und
- O die Zusammensetzung

eine Rolle.

Lärm ist gesundheitsschädigender Schall. Eine wirksame Lärmbekämpfung beginnt bereits bei der Produktionsstättenplanung.

Die belästigende und gesundheitsgefährdende Wirkung des Lärms sowie die gesetzlichen Vorschriften zwingen zu **Lärmbekämpfungsmaßnahmen, und zwar schon im Planungszustand**, konkret in der Planungsstufe „Ausführungsplanung".

Die Vorschläge und Empfehlungen der

- O DIN 4109, Schallschutz im Hochbau, und der
- O VDI-Richtlinie 2058, Beurteilung und Abwehr von Arbeitslärm

sollten vom Produktionsstättenplaner als Mindestforderungen bei der Planung berücksichtigt werden.

13.1.4 Heizung, Lüftung, Klima

Durch *Heizung* soll der Wärmebedarf am Arbeitsplatz befriedigt werden. Der Wärmebedarf ist abhängig von der Gebäudekonstruktion, von der Bauausführung, vom Klima und der Art der Arbeit. Der Wärmebedarf wird nach DIN 4701 berechnet. Bei der Wärmebedarfsermittlung spielt der gewünschte Luftwechsel (= Wärmeverlust) eine entscheidende Rolle. Der Wärmebedarf bestimmt die Heizungsauslegung und den Brennstoffmengenverbrauch.

Heizungsauslegung, Heizungsart und Heizungsberechnung sind Sache der Heizungsfachleute. Sie werden für eine bestimmte Zeit in das Planungsteam geholt.

Wie alle Umgebungseinflüsse, so beeinflussen auch die Klimafaktoren in Arbeitsräumen (Lufttemperatur, Luftfeuchtigkeit, Luftbewegung, Wärmestrahlung) die Leistungsfähigkeit* des arbeitenden Menschen. Falsch ausgelegte Be- und Entlüftung bzw. falsche Klimatisierung in klimatisierten Räumen belasten den Menschen am Arbeitsplatz.

Um den spezifischen Anforderungen verschiedener Arbeitsplätze in lüftungs- bzw. klimatechnischer Hinsicht möglichst optimal entsprechen zu können, sollte bereits im Planungszustand der Fachingenieur herangezogen werden. Die richtige Dimensionierung von Zu- und Ablufteinrichtungen in bezug auf die Anforderungen unterschiedlicher Arbeitsplätze (Wärmeabgabe von Maschinen z. B.) sowie die Berechnung und Detaillierung von Klimaanlagen gehört zu seinen Aufgaben.

13.2 Gestaltung der Arbeitsplätze

Bei der Planung von Produktionsstätten ist die isolierte Betrachtung eines Arbeitsplatzes oder eines einzelnen Betriebsmittels nicht statthaft, zumal die Betriebsmittel heute nicht nur die Arbeitsplätze eines einzelnen Mitarbeiters, sondern mehrerer Mitarbeiter, also ganzer Arbeitsgruppen sind.

Nur die integrierte Gesamtgestaltung aller Betriebs- und Arbeitsmittel kann zu einem sinnvollen Planungsergebnis führen.

Die Arbeitsplätze und die benötigten Arbeitsmittel sind nicht mehr zu trennen und müssen daher gemeinsam in ihren Wechselbeziehungen gestaltet werden. Unabhängig von der Anordnung der Arbeitsplätze nach dem Flußprinzip oder nach dem Verrichtungsprinzip gelten für die Planung und Gestaltung von Arbeitsplätzen die Grundsätze der Methodenlehre des Arbeitsstudiums [5]. Mit Hilfe dieser Grundsätze kann der Planer die durch rein technische Arbeitsprinzipien vielfach zu unnatürlichen Arbeitsbewegungen entarteten Verrichtungen wieder dem Menschen anpassen. Gleichgültig, um welchen Arbeitsplatz es sich handelt, bei der Gestaltung muß er vom Menschen ausgehen.

Die Arbeit muß dem Menschen angepaßt werden, nicht umgekehrt!

Die in diesem Abschnitt angerissenen Grundsätze muß der Produktionsstättenplaner kennen und anwenden, um arbeitserleichternd und leistungssteigernd in die Gestaltung eines Arbeitsplatzes eingreifen zu können.

* Unter Leistungsfähigkeit (bzw. -vermögen) versteht man das Maximum der unter Ausschöpfung aller Reservekräfte erreichbaren Leistung.

14 Methoden der Betriebsmittelzuordnung

Nach VDI-Richtlinie 3595 [176] werden Betriebsmittel wie folgt definiert:

„Betriebsmittel sind Maschinen, Einrichtungen und Anlagen. Arbeitsplätze und Abteilungen werden wie Betriebsmittel behandelt."

14.1 Problemstellung

Der Produktionsablauf und der Materialfluß bestimmen die Betriebsmittelzuordnung in den Fertigungs-, Montage- und Lagerbereichen.

Das gilt natürlich auch für die An- und Zuordnung der Handarbeitsplätze, wobei unter *Anordnung* die absolute Lage in bezug auf eine Gebäudeachse, unter *Zuordnung* die relative Lage der Betriebsmittel und Arbeitsplätze zueinander zu verstehen ist. Die Methoden zur Bestimmung der günstigen räumlichen Zuordnung von Betriebsmitteln sind in der speziellen Fachliteratur [175–183] detailliert beschrieben. Da die räumliche An- und Zuordnung von Betriebsmitteln im Planungsstadium der Ideal-Planung und vor allem bei der Realplanung ökonomisch entscheidende Bearbeitungsschritte sind, werden im folgenden die bekanntesten Methoden umrissen.

Die beschriebenen Methoden stellen Planungshilfsmittel dar, um Maschinen, Anlagen, Arbeitsplätze, Abteilungen oder ganze Betriebsgebäude optimal einander zuzuordnen. Sie können für materialflußgerechte Betriebsmittelanordnung bei

- O Neuplanungen,
- O Erweiterungsplanungen und
- O Umstellungsplanungen

gleichermaßen angewendet werden.

Je nach Planungsumfang und vorhandenen Ausgangsdaten muß das zur Lösung bestgeeignete Verfahren ausgewählt werden.

Den meisten Methoden der räumlichen Zuordnung liegt die folgende einfache Zielfunktion nach [175] zugrunde:

$$K_t = \sum_{i,j=1}^{n} m_{i,j} \cdot S_{i,j} \rightarrow \text{Min!}$$

In dieser Zielfunktion spielen die Transportkosten eine entscheidende Rolle.

Es bedeuten

K_t = Transportaufwand mit der Dimension: Mengeneinheit · Entfernungseinheit/Zeiteinheit

m_{ij} = Transportmenge, die während der Zeiteinheit vom Betriebsmittel i zum Betriebsmittel j transportiert werden soll

S_{ij} = Entfernung von Betriebsmittel i nach Betriebsmittel j

n = Anzahl der Betriebsmittel

Die vorgenannte Zielfunktion zeigt deutlich, daß die Ausgangsdaten und Ausgangsbedingungen für eine materialflußgerechte Betriebsmittelzuordnung aus vorausgegangenen Materialflußuntersuchungen (vgl. Abschnitt 8.8) zu entnehmen sind.

Folgende Daten müssen vorhanden sein:

- O Anzahl der benötigten Betriebsmittel,
- O Art und Abmessung der Betriebsmittel,
- O Abmessungen der zukünftig zur Verfügung stehenden Flächen,
- O Matrix der Transportintensität (Von-Nach-Diagramm) (Bild 52, S. 89).

Darüber hinaus müssen folgende Randbedingungen in die Optimierung einfließen:

- O bestehende Festpunkte,
- O zu erwartende bauliche Auflagen,
- O notwendiger Objektschutz,
- O bestehende Umwelt-Unverträglichkeit,
- O organisatorische Bedingungen und
- O ergonomische Vorgaben.

Die zahlreich entwickelten Verfahren der Betriebsmittelzuordnung zur Lösung der vorgenannten Zielfunktion lassen sich im wesentlichen zwei Verfahrensgruppen zuordnen:

1. den analytischen Verfahren und
2. den mathematischen Verfahren.

14.2 Analytische Verfahren

Die analytischen Verfahren werden wegen ihrer Einfachheit zur Betriebsmittelzuordnung angewendet. Sie bestechen durch ihre Anschaulichkeit und ihre relativ einfache Anwendbarkeit. Sie lassen jedoch keine sichere Aussage über die absolute Qualität des ermittelten Zielwertes zu.

Beim *Sankey-Diagramm* werden die Werte der zweiseitigen Intensitätsmatrix (Von-Nach-Diagramm) (Bild 52, S. 89) grafisch dargestellt, ähnlich Bild 50 (S. 87). Hierbei entspricht das Mengenbild dem tatsächlichen räumlichen Verlauf. Die Transportintensitäten werden durch die Breite der Verbindungslinien oder Pfeile mit Zahlenangaben, die die Richtung und Menge charakterisieren, symbolisiert. Das Beispiel eines Sankey-Diagramms zeigt Bild 76. Von diesem Zustand werden Optimierungsentwürfe erstellt. In der Regel sind die ersten Entwürfe ungenügend, weil sich die Materialfluß-Ströme häufig schneiden.

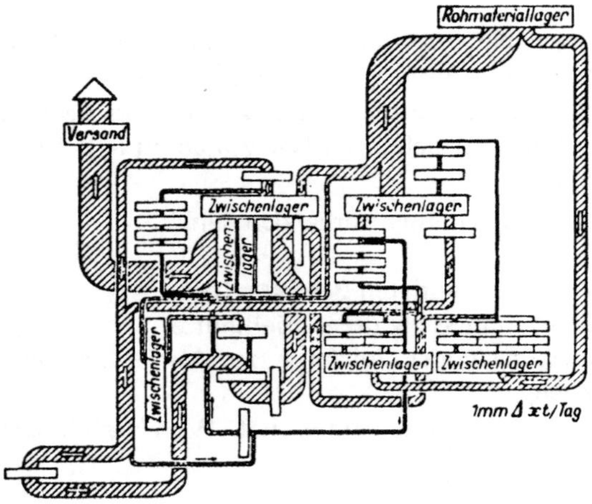

Materialfluß-Schema (Sankey-Diagramm) schlechte Darstellung

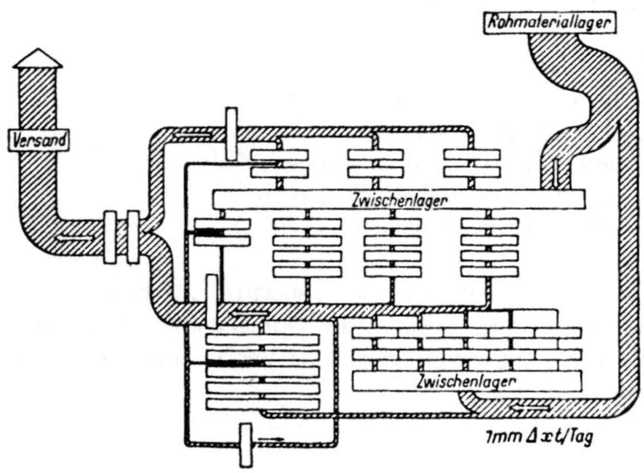

Materialfluß-Schema (Sankey-Diagramm) gute Darstellung

76 Sankey-Diagramm *Bildquelle* [176]

Das Bild ist zunächst mit seinen vielen Kreuzungsstellen (Überschneidungen) unübersichtlich. Durch Probieren werden solange weitere Entwürfe erarbeitet, bis ein übersichtliches, kreuzungsfreies Materialfluß-Schema vorliegt.

Anschließend ordnet man dem Schema die entsprechenden Flächen der Arbeitsplätze, Maschinen, Anlagen, Räume und Gebäude zu.

Beim *Kreis-Diagramm* geht man von einem willkürlich gezeichneten Kreis aus, auf dem die Betriebsmittel durch Markierungen angeordnet sind. Diese werden mit Pfeilen in Fertigungsablaufrichtung verbunden. Es entsteht zunächst ein wirres Pfeilknäuel entlang des Kreises und vor allem quer durch den Kreis. Der Kreisinnenraum gleicht einem Pfeil-Netz (Bild 77).

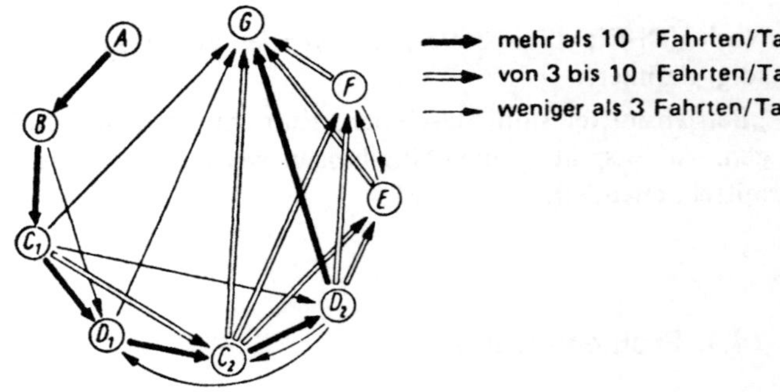

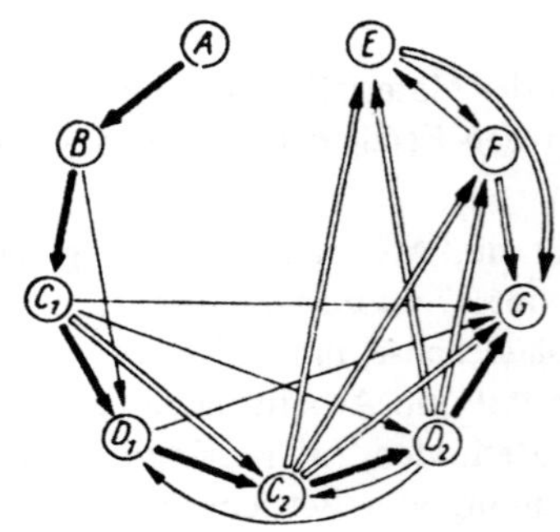

In diesem Schaubild ist eine Umstellung der Bearbeitungsstationen *E* und *G* vorgenommen worden, um einen günstigeren Verlauf der bewegten Mengen zu erreichen.

77 Kreisdiagramm *Bildquelle* [176]

Durch ständiges Vertauschen der Betriebsmittelplätze wird dann ein Entwurf mit dem freiesten Kreis-Innenraum erreicht. Je freier der Kreis-Innenraum ist, desto mehr sind die Betriebsmittel nach dem Flußprinzip angeordnet.

Beide Verfahren sind mit großem zeichnerischen Aufwand verbunden. Dadurch wird die Variantenbildung erschwert.

Das *Dreieck-Verfahren* ist eine weiterführende Methode.

Zunächst wird die zur Verfügung stehende Planungsfläche mit einem Dreiecksraster überzogen. Die Schnittpunkte der gleichseitigen Dreiecke sind die potentiellen Standorte der Betriebsmittel ohne Rücksicht auf die tatsächliche Flächengröße und -form.

Ausgangspunkt des Optimierungsprozesses ist wiederum die Intensitätsmatrix (Bild 52, S. 89).

Im Gegensatz zum Sankey-Diagramm werden nicht die Richtungen der Materialströme, sondern die Transportintensitäten zwischen den Betriebsmitteln berücksichtigt.

Die beiden Betriebsmittel mit der größten Beziehung (Zahlenwert) werden zuerst in das Raster eingetragen. Von den noch nicht zugeordneten Betriebsmitteln wird das mit der größten Beziehungsintensität, also der größten Beziehung (Zahlenwert) zu einem der beiden schon in das Raster eingetragenen, diesem zugeordnet. So werden im ersten Durchgang alle Betriebsmittel auf einen Dreiecksschnittpunkt gesetzt. Das Ergebnis zeigt Bild 78. Nach dem Grundsatz des geringsten Transportaufwands sind drei Betriebsmittel, die miteinander in Beziehung stehen, dann am besten zugeordnet, wenn sie in einem Dreieck zueinander stehen. Dieses Vorgehen der Reihenfolge und der Anordnung der Betriebsmittel zeigt die nachfolgende Schrittfolge:

1. Schritt: 2 Betriebsmittel mit maximaler Beziehung suchen

2. Schritt: Im Dreieckraster nebeneinander legen

3. Schritt: Weitere Betriebsmittel mit maximalen Beziehungen zu bestehenden suchen

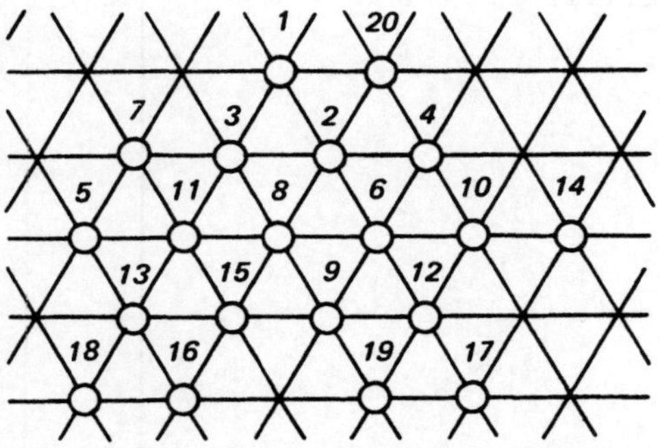

Ausgangs-Anordnung der Betriebsmittel im Dreieckraster

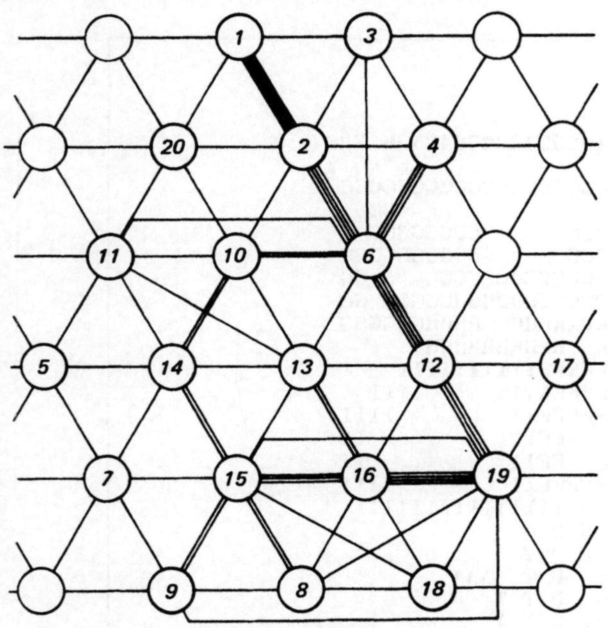

Variante mit eingezeichneter Transportintensität

Transportintensität über 40t/mon ≙
Transportintensität über 30 bis 40t/mon ≙
Transportintensität über 20 bis 30t/Mon ≙
Transportintensität über 10 bis 20t/Mon ≙
Transportintensität von 0 bis 10t/Mon ≙

78 Anordnung der Betriebsmittel im Dreieckraster
Bildquelle [176]

4. Schritt: Betriebsmittel nach Beziehungsstärke im Raster zuordnen bis alle Betriebsmittel zugeordnet sind

Durch das Versetzen der Betriebsmittel auf andere Knotenpunkte können bei dem Dreieck-Verfahren leicht Varianten erarbeitet werden. Das ist manuell bei wenigen Betriebsmitteln möglich. Bei einer großen Zahl ist der Zeitaufwand so groß, daß man zweckmäßigerweise das rechnerische Verfahren anwendet [176].

Beim hier beschriebenen Dreieck-Verfahren werden nur die Materialflußbeziehungen (Intensität) berücksichtigt. Beim modifizierten Dreieck-Verfahren nach [177] werden nicht nur die Materialfluß-Beziehungen, sondern auch die Entfernungen berücksichtigt.

Zu einem Layout kommt man, indem die abstrahierte Dreiecks-Zuordnung (Knotenpunkte) mit den tatsächlichen Flächen der Betriebsmittel versehen werden. Dieser Schritt ist schwierig und nicht ganz problemlos. Denn durch die unterschiedlichen Grundflächengrößen kann die abstrahierte (optimierte) Betriebsmittel-Anordnung wieder zerstört werden.

Um größere Abweichungen von der Ursprungs-Anordnung zu vermeiden, wird die gefundene Lösung des Dreieck-Verfahrens als ein Materialfluß-Mengenbild gezeichnet. Eine solche Darstellung erleichtert die Umwandlung des Ideal-Layouts in ein Real-Layout.

14.3 Mathematische Verfahren

Die mathematischen Verfahren zur Lösung der räumlichen **Zordnungs-Probleme werden in *analytische* und *heuristische*** Verfahren unterteilt.

Die vorhandenen analytischen Verfahren sind nach [179] zu rechenaufwendig, so daß ihr Einsatz zur Problemlösung des optimalen Layouts wirtschaftlich nicht vertretbar ist. Deshalb eignen sich für die praktische Arbeit lediglich heuristische Methoden. Sie liefern zwar nicht mit Sicherheit die optimalen, aber gute suboptimale Lösungen.

Diese Verfahren geben genaue und einleuchtende Algorithmen an. Sie sind so aufgebaut, daß sie bei „n" Betriebsmitteln unter den n! Zuordnungsmöglichkeiten nur diejenigen auswählen, die im Sinne des Gesamtergebnisses erfolgversprechend erscheinen.

In [183] sind die meisten bisher bekannten analytischen und heuristischen Methoden der Lösungsverfahren für die Zuordnung von Betriebsmitteln geschildert und auf ihre Brauchbarkeit für die Praxis untersucht.

Dabei sind die anwendbaren heuristischen Verfahren wiederum untergliedert in Vertauscher-Verfahren und konstruktive Verfahren.

```
LAYOUT

   1 2 3 4 5 6 7 8 910111213141516171819202122232425262728293031323З3

 1                               DDDDDDDDDD
 2                       EE  DDDDDD         DDDDDD
 3           P P P EEEEEEDD                   DD
 4           P P L EE  EEDD                   DD            GGGGGGGG
 5             L L EEEEEEDD                   DD            GG   GG
 6     N N N N L A A A DD                   DDDD    HHHHHHGGGG  GGCCCCCCCCCC
 7     N     N A A   A DD                   DDKKKKKKHH  HHHHGGGGGGCC       CCCC
 8   N N     N A     A DD                   DDKK  KKHHHHHHHHHCCCCCCCC        CC
 9   N N     N A A A A DDDDDDDDDDDDDDDDDKKKKKKIIIIIIIIIIICC              CC
10     N N N N M M M M M M  JJJJJJJJJDDFFFFKKII          IICCCC        CCCC
11       O O O M          M JJ      JJFFFFFFFFII         IIIICCCCCCCCCC
12   O O   O M            M JJ      JJFF    FFII            II
13     O O O M            M JJ      JJFF    FFII            II
14     BBBBF F M          M JJJJ  JJJJFFFFFFFFII           IIII
15     BBF F F M M M M M M H JJJJJJR R R R    IIIIIIIIIII
16     I F F F C C C C C H H H H R R      R U U
17   I I I J   C     C H H     H R        R U U
18   I I J J J C     C H H     H R R R R R U U AAAA
19         J J Y C C C C E H H H H B B R Q Q T T T
20           Y Y D D D E E E E E B B B B Q V T T T
21           Y Y D D D E         E B     B V V V T
22             K K D D E       E E B B B B V   V
23               K   G E E E E E X X B B W V V V
24                             Z X   S S W W
25                             Z     S S

TRANSPORTKOSTEN        2727.1 GESCH. VERMINDERUNG        0.00
```

```
LAYOUT

   1 2 3 4 5 6 7 8 9101112131415161718192021222324252627 28

 1                               DDDDDDDDDDCCCCCCCCCCCCCCCCCCCCC
 2                       EE  DDDDDD         DDDDDDCC          CC
 3           P P P EEEEEEDD                   DDCC       CCCCCCCC
 4           P P L EE  EEDD                   DDCC       CCGGGGGGGG
 5             L L EEEEEEDD                   DDCCCCCCCCCCCGG   GG
 6     N N N N L A A A DD                   DDDDCCCCHHHHHHHGGGG GG
 7     N     N A A   A DD                   DDKKKKKKHH  HHHHGGGGGG
 8   N N     N A     A DD                   DDKK  KKHHHHHHHHH
 9   N N     N A A A A DDDDDDDDDDDDDDDDDKKKKKKIIIIIIIIII
10     N N N N M M M M M M  JJJJJJJJJDDFFFFKKII        IIII
11       O O O M          M JJ      JJFFFFFFFFII         IIII
12   O O   O M            M JJ      JJFF    FFII           II
13     BBO O O M          M JJ      JJFF    FFII           II
14     BBBBF F M          M JJJJ  JJJJFFFFFFFFII         IIII
15       I F F M M M M M M H JJJJJJR R R R IIIIIIIIIIII
16     I I F F F E E E E H H H H R R      R Q Q
17     I I J F E E     E H H     H R      R Q T
18     I J J J E       E H H     H R R R R R U T AAAA
19         J J Y E E E E E H H H H B B R U U U T T
20           Y Y D D D E E E C C B B B B U V U T T
21           Y Y D D D C C C C C B     B V V V T
22             K K D D C     C C B B B B V   V
23               K   C C C C C X X B B W V V V
24                             Z X   S S W W
25                           G Z     S S

TRANSPORTKOSTEN        2669.3 GESCH. VERMINDERUNG        .52
VERTAUSCHUNG VOM BM SS UND BM BB UND BM          ITERATION 11
```

79 Zwischen- und Endlayout, ermittelt mit EDV *Bildquelle* [175]

Bei den *Vertauscher-Verfahren* wird versucht, für eine zufällige oder nach einfachen Gesichtspunkten vorgenommene Anfangslösung der Betriebsmittelzuordnung *durch Vertauschen* der Betriebsmittel-Standorte den *Zielwert der Ausgangslösung* zu *verbessern.*

Nach der Vertauschung der Anordnung einzelner Betriebsmittel miteinander wird der Zielwert erneut ermittelt und mit der jetzt vorliegenden Ausgangslösung verglichen. Ist der neue Zielwert besser als der alte, so ist auch die Zuordnung der Betriebsmittel nach der Vertauschung günstiger. Diese neue Anordnung dient dann wiederum als Ausgangslösung für weitere Vertauschungen. Das Suboptimum ist gefunden, wenn der Zielwert bei der ursprünglichen Betriebsmittel-Zuordnung besser ist als die der Betriebszuordnung nach der Vertauschung. Es wird solange vertauscht, bis keine verbessernde Vertauschung mehr möglich ist.

Dieses Verfahren liefert mit jeder Vertauschung aber nur die Aussage darüber, welche relative Verbesserung erzielt wurde. Eine Aussage über die absolute Qualität des jeweilig erzielten Ergebnisses liefert es nicht.

Als das älteste Vertauscher-Verfahren für ungleich große Betriebsmittel-Flächen gilt das *CRAFT-Programm* [179]. Wie bei allen Vertauscher-Verfahren muß auch hier eine Ausgangslösung vorhanden sein. Bei dem Vertauscher-Prozeß werden nur benachbarte Flächen durch eine *dazwischenliegende* Fläche, *getrennte* Flächen und *zufällig gleich große* Flächen vertauscht. Das Kriterium ist der Zielwert.

Unter den denkbaren Vertauschungen, die durchgeführt werden, wird die mit der größten Zielwertverringerung ausgeführt. Voraussetzung für das CRAFT-Vertauscher-Programm ist, daß sich die Betriebsmittelflächen in beliebige geometrische Formen verwandeln lassen können.

Die Rechnerprogramme für die Layout-Erstellung durch *konstruktive Verfahren* arbeiten im Prinzip wie das geschilderte Dreieck-Verfahren. Zunächst wird ein Betriebsmittel in ein Anordnungsraster eingetragen. Die übrigen Betriebsmittel werden dann nacheinander entsprechend ihrer Beziehungsstärke zum ersten und zueinander zugeordnet. Der Umriß der gesamten Anordnung ergibt sich demnach erst nach dem Einsetzen aller Betriebsmittel.

Ein Zwischenlayout und ein Endlayout nach der 11. Vertauschung über EDV zeigt Bild 79.

Am verbreitesten scheint das *CORELAP-Programm* zu sein [179]. Hierbei sind nicht die absoluten Transportmengen die Grundlage für eine optimale Betriebsmittel-Zuordnung, sondern sogenannte Beziehungsklassen.

Das Datenmaterial der Materialfluß-Untersuchung kann nicht unverändert übernommen werden. Für das CORELAP-Programm muß eine Klassifizierung der Beziehungen der einzelnen Betriebsmittel zueinander (Bildung der Beziehungsklassen) durchgeführt werden.

Ein 1969 von der Universität Stuttgart entwickeltes Verfahren ist unter der Bezeichnung *KONUVER* bekannt geworden. Es wird ausführlich beschrieben in [47, 175, 179].

Ein in jüngster Vergangenheit vom gleichen Institut vorgestelltes *Modular-Programm (MUSTLAP)* [182] unterscheidet sich nach [179] von KONUVER im wesentlichen durch die stärkere Praxisbezogenheit. Gegenüber KONUVER ist der Hauptanwendungsbereich nicht die Ideal-Planung, sondern die Layout-Optimierung unter Einbeziehung verschiedenartiger Randbedingungen.

Ein Verfahren, bei dem die benötigten Betriebsmittel so zugeordnet werden, daß eine Materialflußrichtung vorliegt, ist das *MABETRA-Verfahren* [181]. Dieses Verfahren ist so konzipiert, daß vornehmlich versucht wird, die Vorteile des Flußprinzips zu nutzen.

15 Der Generalstrukturplan

15.1 Der Generalstrukturplan ist Leitplan, kein Dogma

Im Generalstrukturplan sind die zukünftigen Makro-Strukturen des Werkes festgelegt. Er ist die Grundlage der Generalbebauung. Deshalb müssen hier vor allem die Geländeund Grundstückseigenschaften berücksichtigt werden. Jetzt zeigt sich, wie gut die Grundstücksfragen in der Systemstudie behandelt worden sind.

Es ist nicht ausgeschlossen, daß der Real-Plan (Generalstrukturplan), bedingt durch die Geländeeigenschaften, vom Ideal-Plan durch entsprechende Planungsänderungen abweichen muß, um die unabdingbaren Grundstücksgegebenheiten zu berücksichtigen.

Die in der „Varianten-Planung" begonnene Optimierung des Ideal-Layouts unter Berücksichtigung der realen technischen und ökonomischen Gegebenheiten wird mit dem Generalstrukturplan zum Abschluß gebracht.

Das bedeutet: *Orientierung am Ideal-Plan und Konkretisierung im Generalstrukturplan.*

Der Generalstrukturplan ist gleichzeitig der Generalbebauungsplan. Er ist das „Korsett" des künftigen Werkes, die Leitlinie, ein *Leitplan*, niemals aber ein Dogma, denn das Unternehmen muß sich ständig den in- und externen Veränderungen anpassen, auch dann, wenn die Werksplanung dabei in einzelnen Punkten vom „statischen Leitplan" abweichen muß.

Ausgehend von dem Leitsatz: *Erst das Ganze planen, dann ins Detail gehen*, werden von dieser Generaldarstellung alle weiteren Teilpläne abgeleitet.

Der Generalstrukturplan dient damit als Programm für folgende exakt aufeinander abgestimmte Detailplanungen:

- Festlegung der Funktionszonen des Werkes,
- Planungen der Fertigungsbereiche,
- Lagerplanung,
- Materialfluß und Transportfestlegung,
- Heizungs-, Lüftungs-, Klima- und Beleuchtungs-Planung,
- Be- und Entwässerungsplanung,
- Planung der Energieversorgung,
- Planung und Auslegung des vorbeugenden Brandschutzes,
- Planung der Sozialeinrichtungen,
- Festlegung von Baukonzeption und Baukonstruktion,
- Planung der Außenanlagen.

Grundlage des Generalstrukturplans ist der amtliche Lageplan. Er ist der Ausschnitt aus dem kommunalen Flächen-Nutzungsplan.

Im Generalstrukturplan wird die zukünftige Bauentwicklung bis zum Endausbau festgelegt. Es müssen sowohl die Fertigungen und die Lager als auch die Nebenbetriebe einschließlich der Energieversorgung und der Verwaltungsbauten in ihrer Struktur und räumlichen Zuordnung festgelegt und in den Generalstrukturplan eingezeichnet werden.

Ein weiterer wesentlicher Bestandteil sind die innerbetrieblichen Verkehrswege. Dies gilt auch für den sogenannten „ruhenden Verkehr" (Parkzonen für den werkseigenen Fuhrpark, für die Lieferanten und Kunden sowie Parkplätze für die PKWs der eigenen Belegschaft).

Der Werksanschluß an das Schienennetz der Bundesbahn für Wareneingang und Warenausgang ist ein wichtiges Element des Generalstrukturplans. Er wird in der bekannten zweidimensionalen Form oder dreidimensional, in Form eines synoptischen, kopierbaren Klebeplans dargestellt.

Als zweckmäßig hat sich der Maßstab 1 : 500 erwiesen. Dieser Maßstab erlaubt hinreichend genau darzustellen:

- die Grundstücksgrenzen,
- die einzelnen Gebäudegrundrisse,
- die Transportachsen — Haupt- und Nebenachsen — (Materialfluß),
- die Werkstraßen mit ihren Anschlüssen an die öffentlichen Verkehrswege,
- die einzelnen Betriebs- und Lagerzonen,
- die Werkseinfriedung,
- die Außenanlagen (Wall, Grünflächen, Busbahnhof, Parkplätze etc.)

Bild 80 zeigt einen Generalstrukturplan in Form eines dreidimensionalen Klebeplans über einem Raster mit Moduleinheiten von 12,5 cm.

15.2 Systematische Planung mittels Bauraster

Grundvoraussetzung für den systematischen Werksausbau ist die Festlegung eines einheitlichen Rasters für das gesamte Werksgelände. Diese Rasterung des Gesamtgeländes ist notwendig, um alle Bauten zukünftig von vornherein in einem genormten Netz auf der Grundlage von einheitlichen Achsmaßen zu planen.

Das konsequente Einhalten der in Bild 81 dargestellten Rasterung ermöglichst es, sich auf wenige Formen und Abmessungen von Bauteilen einzustellen. Damit ist die Voraussetzung für rationelles und wirtschaftliches Bauen gegeben. Außerdem wird die Wiederverwendung vor allem der schöpferischen Planungsarbeit für den Ausbau von Ferti-

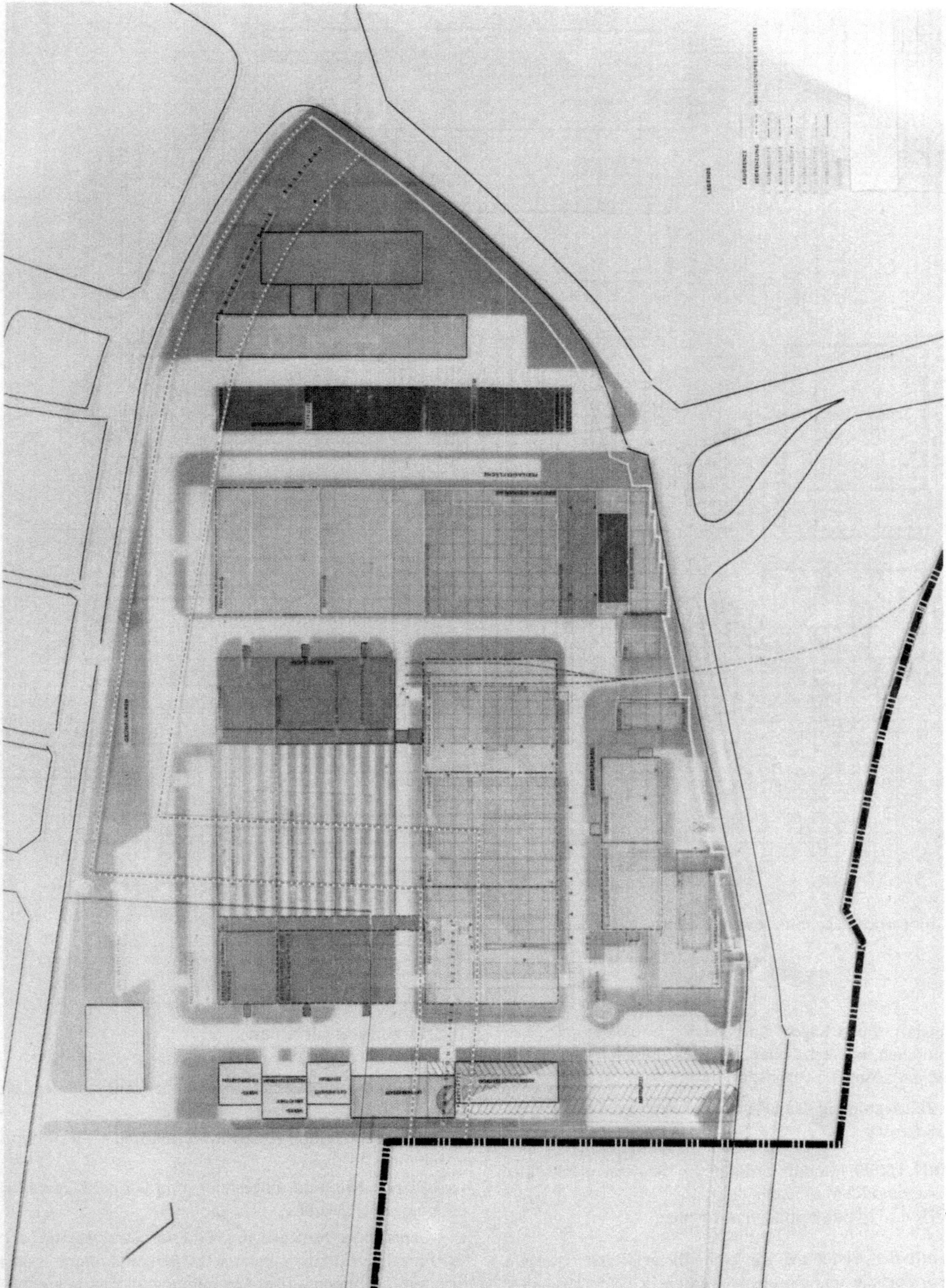

80 Generalstrukturplan eines Produktionsbetriebes

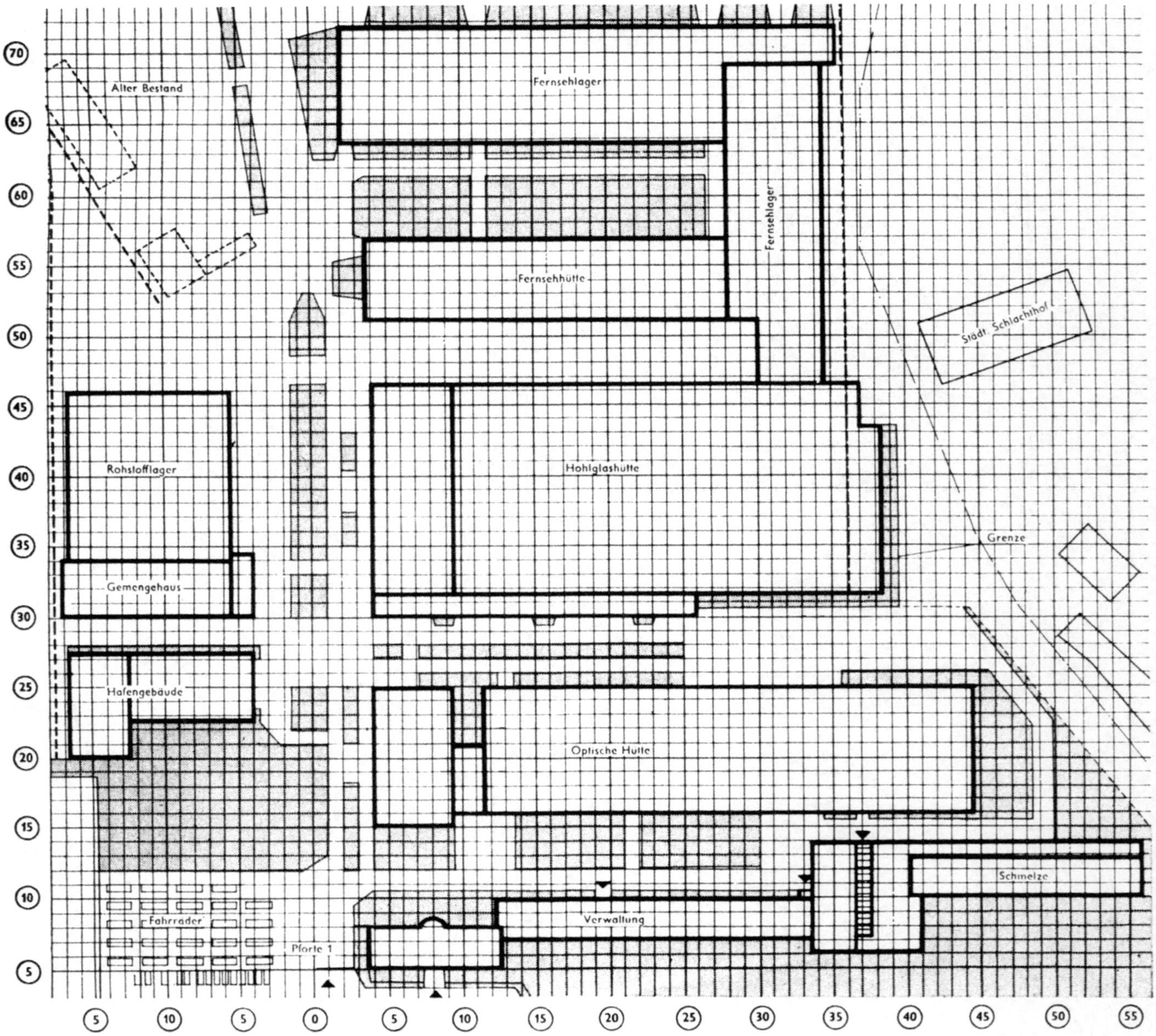

81 Industrieanlage unter einem Rasternetz *Bildquelle* [191]

gungsstätten und Lagern und anderen Gebäuden nach bautechnischen, baurechtlichen, architektonischen und technologischen Lösungen begünstigt.

Zur Zeit werden in der BRD überwiegend zwei Maßordnungen eingesetzt:

1. DIN 18000 (Modularordnung im Bauwesen) mit einem Grundmodul M = 10 cm.
2. DIN 4172 (Maßordnung im Hochbau).

Die mit der Erstellung von einheitlichen Rastern verbundenen Vorteile und Probleme werden in [145, 191–193] ausführlich diskutiert.

15.3 Bebauungsleitplan

Bei der Erarbeitung des Generalstrukturplans muß der Leitsatz

○ Gesamtbetrachtung – Gesamtkonzeption – Gesamtoptimierung

vom Planer zwingend eingehalten und bei der Planerarbeitung umgesetzt werden.

Der Generalstrukturplan kann nicht partiell erarbeitet, d. h. aus Einzelplänen zusammengesetzt werden, kommt es doch hier auf die gegenseitige Abstimmung aller Aspekte, also ihrer Wechselbeziehungen an.

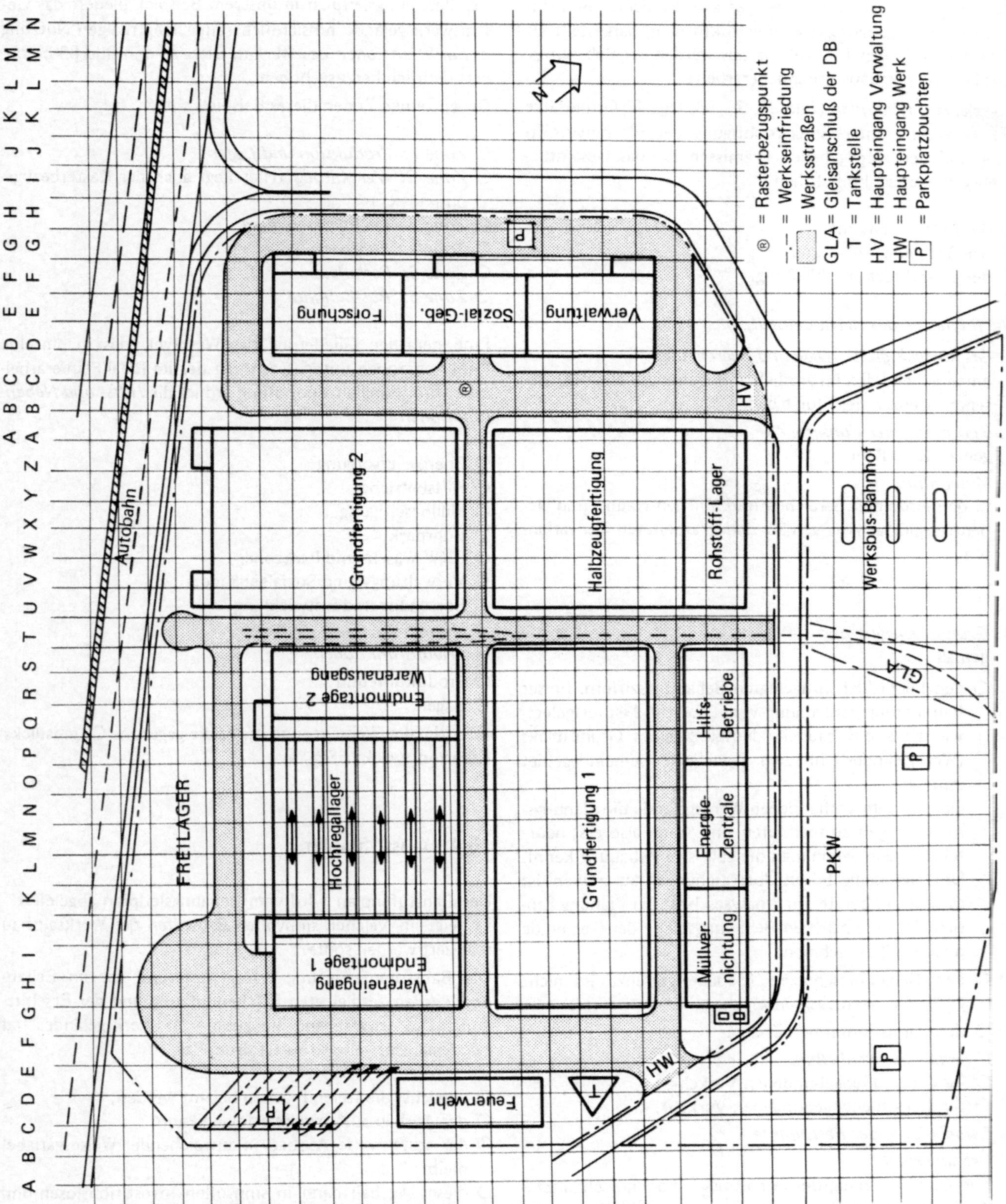

82 Gesamtwerk als Grob-Layout

Ein derartig unter Beachtung der ganzheitlichen Betrachtungsweise aufgebauter Generalstrukturplan, dargestellt als Grob-Layout, zeigt Bild 82. Daraus werden der Bebauungsleitplan und der Baustufenplan erarbeitet.

Der *Bebauungsleitplan* (Bild 83, S. 133) legt die Grundsätze der Bebauung unter Berücksichtigung der Flächenermittlung und der vorgegebenen Prämissen für das Gesamtbetriebsgelände fest hinsichtlich

- der Flächennutzung,
- der Bebauungsweise und
- der Grundstückserschließung.

Die Prämissen des Bebauungsleitplans:

1. *Grundstücksgröße, Lage und Begrenzung*
   entsprechend den im amtlichen Bebauungsplan ausgewiesenen Grenzen der Flurstücke.
2. *Zuordnung der Funktionen*
   gemäß Ideal-Plan
3. *Materialfluß*
   in den einzelnen Bereichen und auf den Haupt- und Nebentransportachsen gemäß den erarbeiteten Teilvarianten.
4. *Grundstücksnutzung*
   gemäß
   - den behördlich festgelegten Bebauungsziffern. In der Baunutzungsverordnung vom 26.6.1962 ist festgelegt, wie groß die bauliche Nutzung eines Grundstücks (Werkgeländes) in dem jeweiligen Gemeindegebiet sein darf.
     Ob mit dem vorhandenen Werksgelände die Planungsvorstellungen zu realisieren sind, kann also erst beurteilt werden, wenn man die zulässige Bebauung kennt. Um hier keine bösen Überraschungen zu erleben, ist es wichtig, bereits im Analyseschritt der Planung Einsicht in die amtlichen Bebauungspläne der Gemeinde oder Stadt zu nehmen;
   - den Bebauungsgrenzen (Bebauungsgrenze ist nicht gleich Grundstücksgrenze!);
   - den immissionsarmen Zonen.
5. *Grundstückserschließung*
   - für den straßengebundenen Verkehr,
   - für den schienengebundenen Verkehr.
6. *Beibehaltung der Festpunkte*
7. *Bebaubarkeit*
   Topographie, Baugrundverhältnisse, bodenmechanische Kennziffern.

Bild 83 zeigt als Beispiel einen Bebauungsleitplan, abgeleitet aus dem Generalstrukturplan unter Beachtung der vorgenannten Prämissen.

Der Bebauungsleitplan in unserem Beispiel gliedert das Gesamtwerksgelände hinsichtlich seiner langfristigen Nutzung in *Funktionszonen des Werkes*. Diese sind in Bild 83 besonders deutlich herausgehoben.

Die einzelnen Zonen dieses Beispiels sind:

- *Zone 1: Produktion und Lager*
- *Zone 2: Verwaltung* (Hier liegt auch der Rasterbezugspunkt Ⓡ)
- *Zone 3: Energieversorgung*
- *Zone 4: Fuhrpark*
- *Zone 5: Parkplatz*
- *Zone 6: Bus-Bahnhof*

Eine derartige Gliederung des Werksgeländes in einzelne Funktionszonen unter Beachtung der im Ideal-Plan erarbeiteten funktionalen Zuordnung ordnet die *Hilfs- und Nebenfunktionen*

- Energieversorgung,
- Hilfsbetriebe,
- Müllbeseitigung,
- Fuhrpark,
- LKW-Wasch- und Parkzone,
- Verwaltungs- und Sozialgebäude,
- Forschung und Entwicklung

den *Hauptfunktionen*

- Produktion und
- Lager

in optimaler Weise zu und nutzt die gegebene Grundstückssituation zweckmäßig aus.

15.4 Baustufenplan

Der Baustufenplan wird vom Bebaungsleitplan abgeleitet. Er zeigt, in welchen sinnvollen *Baustufen* der Werksausbau realisiert werden sollte.

Die Baustufenfestlegung erfolgt aufgrund der im Bebauungsleitplan festgelegten Flächennutzung und der Erschließung. Die vorgesehene Bebauung des Werksgeländes hat zweckmäßigerweise so zu erfolgen, daß

- zunächst die freien Flächen bebaut werden;
- der Ausbau stufenweise erfolgen kann;
- der stufenweise Ausbau in ausreichender Weise variabel bleibt;
- dieser Ausbau dann in sinnvollen Investitionslosen und schließlich
- ohne Unterbrechung der Produktion erfolgen kann.

Das Ergebnis ist der Baustufenplan (Bild 84), aus dem Bebauungsleitplan (Bild 83) entwickelt.

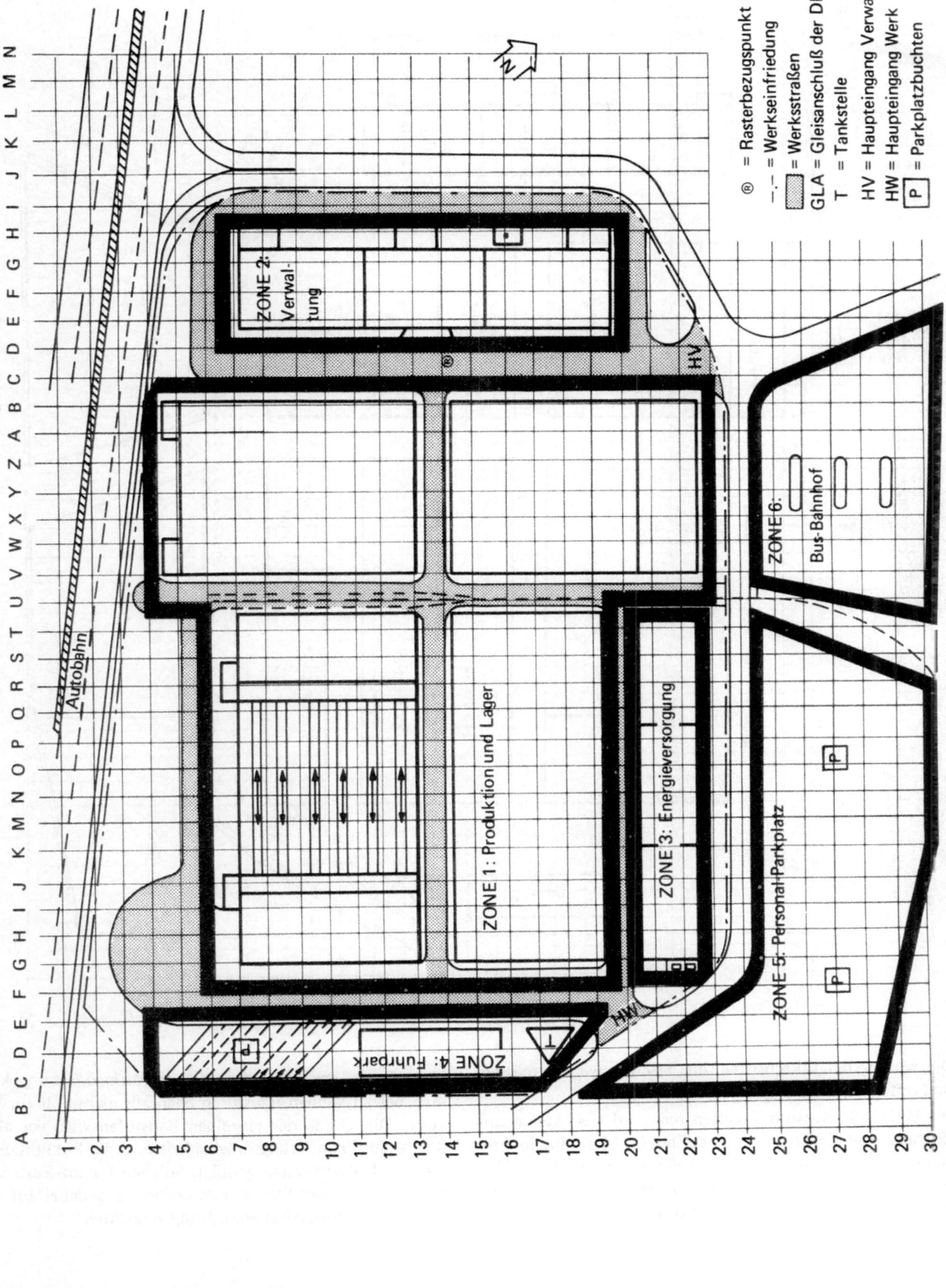

83 Bebauungsleitplan, abgeleitet vom Grob-Layout (Bild 82)

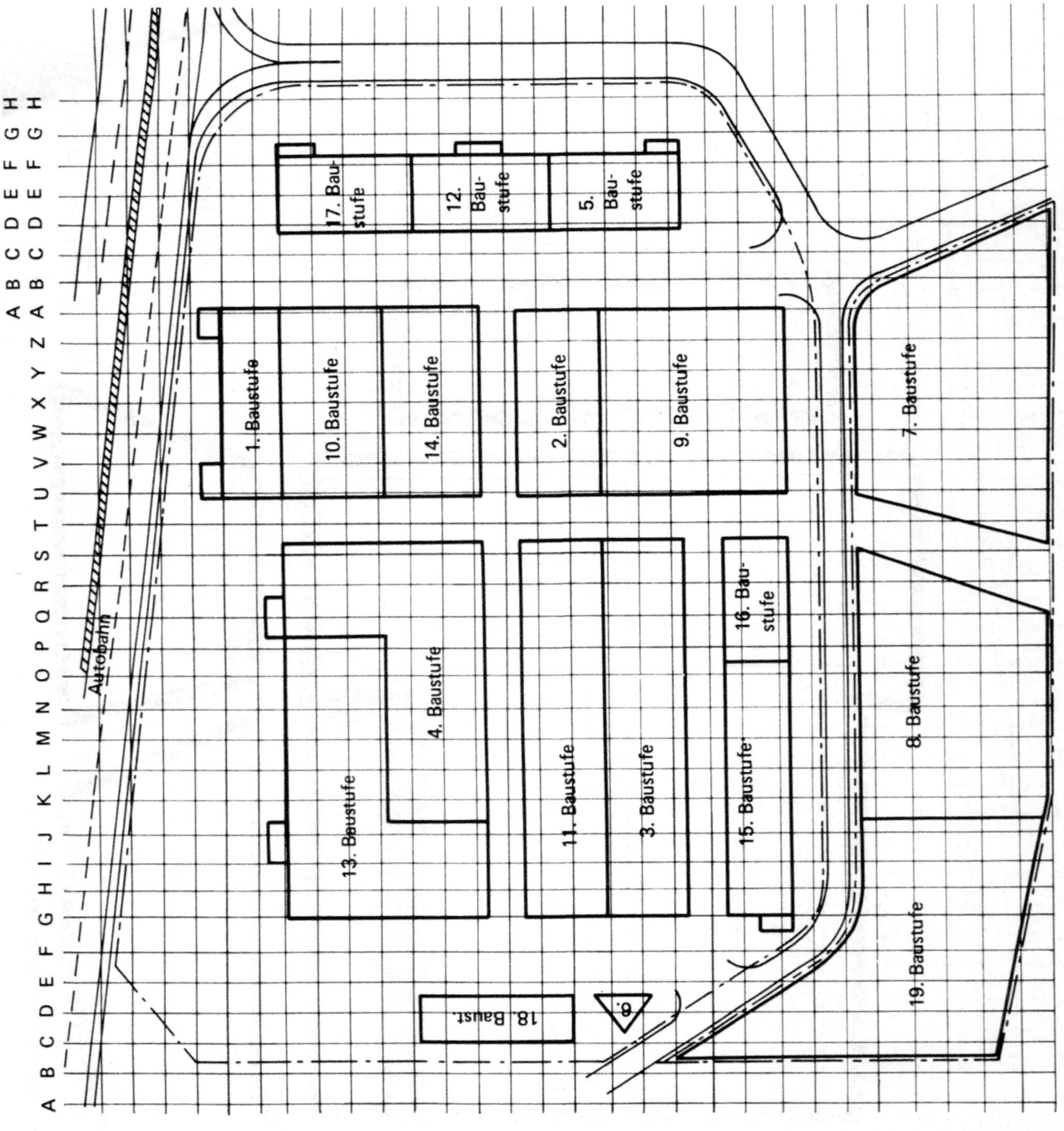

Die wichtigsten Vorschriften, die beachtet werden müssen, sind unter 18, Umweltschutz . . . genannt.

Die einzelnen Baustufen sollten nicht auf viele kleine aufeinanderfolgende Etappen bemessen sein. Diese sind in ihrer Summe in der Regel teurer als größer gewählte. Bei zu kleinen Baustufen wird der Betrieb zur „ewigen Baustelle“ und gefährdet damit den rationellen Ablauf.

Maßnahmen der *arbeitstechnischen Rationalisierung* kommen bei zu kleinen Baustufen ebenfalls nicht voll zur Wirkung. Die Größe der einzelnen Baustufen wird vor allem durch die Finanzierungsmöglichkeit und die Liquiditätsfragen des Unternehmens geprägt. Solchen Finanz-Restriktionen muß sich der Planer unterordnen und dabei auf eine mögliche technisch bessere Lösung verzichten.

16 Festlegung der Baukonzeption

Zu diesem Thema steht dem interessierten Leser ausreichend einschlägige Fachliteratur zur Verfügung [77, 145–150, 194–200].

Die wichtigsten Fragen, die der Produktionsstättenplaner im Rahmen der Realplanung (Generalstrukturplan, Bebauungsleitplan und Baustufenplan) zu baulichen Fragen gemeinsam mit dem Architekten klären muß, sind im folgenden dargestellt.

Festlegen der Bautypen

Einen einheitlichen Bautyp im Generalstrukturplan und damit später auf dem Werksgelände wird es genau so wenig geben, wie einheitliche Fertigungsabläufe und -Anlagen. Fertigungsgebäude haben andere Konzeptionen als Lagergebäude oder Verwaltungsgebäude. Selbst die Fertigungsgebäude untereinander haben unterschiedliche Konstruktionen, Abmessungen, Bauweisen und Bauarten.

Die Wahl zwischen eingeschossigem oder mehrgeschossigem Fertigungsgebäude hängt von den Fertigungsverfahren und der Art der zu produzierenden Güter in dem Gebäude sowie von den Grundstücksgegebenheiten ab.

Das gilt analog auch für Lagergebäude. Bei der Festlegung der Lagergebäude ist zusätzlich zu klären, ob Mehrzweckgebäude oder Einzweck-Lagergebäude.

Die Praxis zeigt, daß auf einem Werksgelände sowohl eingeschossige als auch mehrgeschossige Bauten erstellt werden.

Gebäudeauslegung

Neben der Frage der Geschoßanzahl ist zu prüfen, ob eine Unterkellerung der Gebäude vom Fertigungs- und/oder Verfahrensablauf her notwendig oder für die allgemeine Dekkung des Raumbedarfs wünschenswert ist.

Die Realisierbarkeit dieser Frage richtet sich nach dem Kosten-Nutzen-Verhältnis und der Relation der notwendigen Mehr-Investitionen zu den übrigen Gebäude-Investitionen. Wichtig ist ebenso die Frage nach der *notwendigen* maximalen Deckenbelastung. Je höher die gewünschte Soll-Deckentragfähigkeit (Deckenbelastung in kp/m^2)*, um so mehr Bauaufwand muß betrieben werden. Mit steigender Soll-Dekkentragfähigkeit steigen die Investitionen für das Gebäude.

Die aus der Sicht der Gebäudekonstruktion technisch-ökonomisch vernünftigen Stützenabstände müssen mit dem Fertigungsverfahren (Maschinenanordnung) und dem zukünftigen Fertigungsablauf abgeglichen werden. Hier können aus der Sicht der Fertigung ganz spezielle Prämissen gesetzt werden.

Deckenbelastungen und Stützabstände sind von Fertigungsgebäude zu Fertigungsgebäude, von Lagergebäude zu Lagergebäude und von Verwaltungsgebäude zu Verwaltungsgebäude unterschiedlich. Das gilt auch für die Raumhöhe. Die Mindesthöhen sind durch Bauordnungen genau festgelegt.

Darüber hinaus bestimmen die Fertigungsanlagen mit eventuell eingebauten und verketteten Transporteinrichtungen die Raumhöhen.

Konstruktionsdetails wie

- O innen- oder außenliegende Treppenhäuser (im Bereich der Primärstruktur)
- O Anordnung der Aufzugsschächte (im Bereich der Sekundärstruktur)
- O ausreichende Wärmedämmung etc. (im Bereich der Tertiärstruktur)

werden vom Architekten geklärt.

Einzelbüros oder Großraumbüro im Verwaltungsgebäude

Bei der Festlegung dieser Konzeption spielen die zukünftigen Verwaltungsarbeiten und Arbeitsabläufe eine entscheidende Rolle. Von der Kostenseite her bietet das Großraumbüro pro Arbeitsplatz niedrigere Baukosten als im traditionellen Einzelbüro. Die laufenden Unterhaltungskosten sind u. a. durch die notwendige Vollklimatisierung und permanente Kunstlichtausleuchtung höher als im Einzelbüro.

Welche Lösung gewählt wird, muß von Fall zu Fall mit dem Büro- und Organisations-Spezialisten erarbeitet werden.

Bautyp und Materialfluß

Besonderes Merkmal des *eingeschossigen Fertigungsgebäudes* ist der Materialfluß in einer Ebene. Deshalb wird dieser Bautyp vorzugsweise für die Herstellung (Fertigung) großvolumiger und schwerer Teile bevorzugt.

Das besondere Merkmal *mehrgeschossiger Fertigungsgebäude* sind die in mehreren Ebenen übereinander liegenden Fertigungen. Die Materialflußerschließung zur Realisierung des Grundsatzes der fließenden Fertigung ist durch Kreisfördersysteme (Bild 85) möglich.

Bei Überbrückung der Geschosse innerhalb des Materialflusses über Aufzüge entstehen Materialfluß-Engpässe durch Stau an den Übergabestationen der Aufzüge. Dies kann natürlich durch paarweise Aufzugs-Anordnung weitgehend verhindert werden. Diese Lösung erhöht aber nicht unwesentlich die Gebäudeinvestitionen.

Mehrgeschossige Fertigungsgebäude setzen normalerweise relativ kleinvolumige, hochwertige Produkte oder Produktteile mit langen Bearbeitungszeiten voraus. Der Vertikaltransport mit dem Aufzug ist möglichst nur bei geringem Transportvolumen zu wählen.

* Vergleiche „Gewichtskraft" der gezetzlichen Einheiten in der Technik (SI-Einheiten) [212]

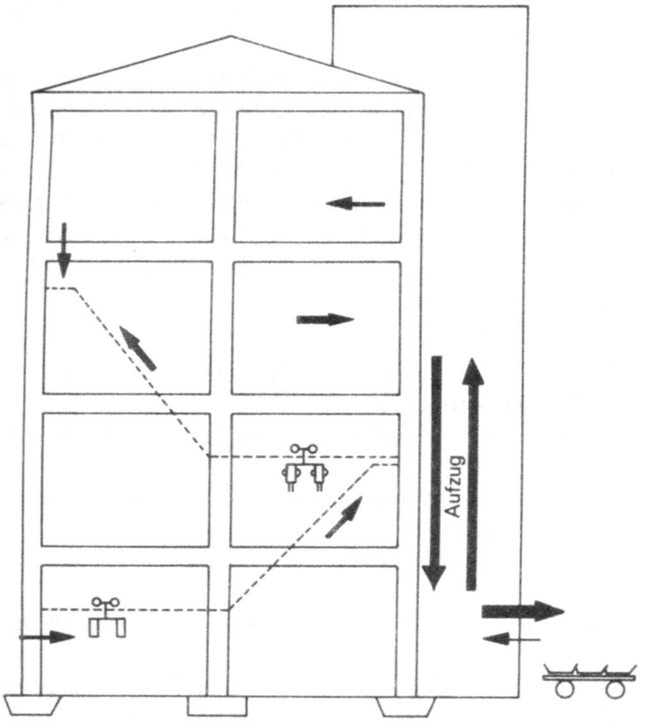

85 Fördermitteleinsatz in mehrgeschossigen Fertigungsbauten

Hallenhöhe und Zwischengeschosse (Einbauten)

Bei Hallenhöhen über 5,50 m können Flächenengpässe oder zu lange Transportwege innerhalb der Fertigung durch Zwischengeschosse, auch Industrie- oder Fertigungspaletten (Einbauten) genannt, vermieden werden (Bild 86).

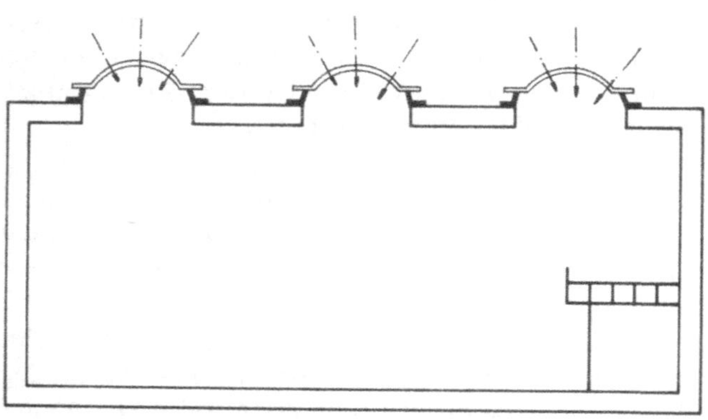

86 Bessere Hallennutzung durch Einbauten

Diese geschoßartigen Einbauten können durch Stapler, Hebebühnen, Kreisförderer oder Transportbänder sinnvoll erschlossen werden. Mit dieser bautechnischen Möglichkeit können komplizierte Materialflüsse technisch und ökonomisch vernünftig realisiert werden.

Beleuchtungslösung

Sinn jeder gewerblichen Beleuchtungsanlage ist die Schaffung einwandfreier Sehbedingungen.

Testversuche in der Industrie durch das Deutsche Lichtinstitut Wiesbaden ergaben eine Beziehung zwischen Beleuchtungsstärke und menschlichem Leistungsvermögen sowie Ermüdung, Ausschuß und Anzahl der Unfälle.

Die Beleuchtungsgestaltung und -auslegung ist in erster Linie keine Frage der architektonischen Gestaltung von Wand, Decke und Dach; sondern sie wird ursächlich durch die ergonomische Arbeitsgestaltung bestimmt. Hier ist die Arbeitsstättenverordnung [210] zu beachten. Nachfolgend die wichtigsten Gebäudelösungen und ihre Beleuchtungsformen:

- *Flachbauten ohne Oberlichter* (seitenbelichtet oder fensterlos).
  Parallel zu einer der beiden Raumachsen werden an der Decke oder an Pendeln aufgehängte Lichtbänder angeordnet. Sie erlauben jede gewünschte und zweckdienliche Aufstellung von Betriebsmitteln und Werkbänken (Handarbeitsplätzen).

- *Flachbauten mit Oberlichtern*
  Oberlichter kommen dem natürlichen menschlichen Bedürfnis nach Tageslicht in vorbildlicher Weise entgegen.

  Es sind zu unterscheiden:
  – Sheddachkonstruktionen (Bild 87) mit nach Norden ausgerichteten Lichtflächen.

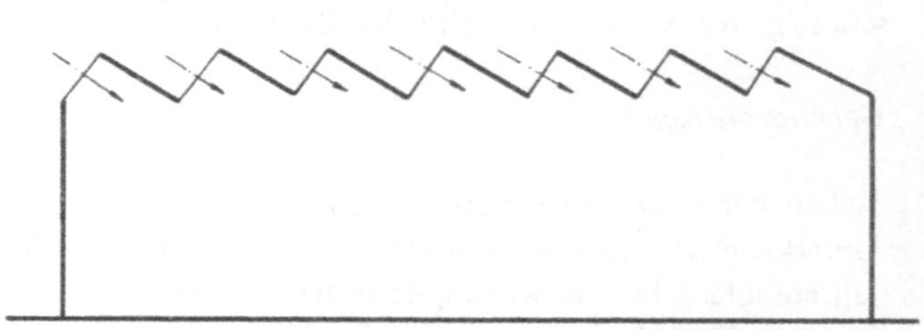

87 Ebenerdiges Fertigungs- und Lagergebäude mit Shedaufbau

  – Flachbauten oder Bauten mit flachgeneigten Dächern mit Oberlichtern in Satteldachform (Bild 88).

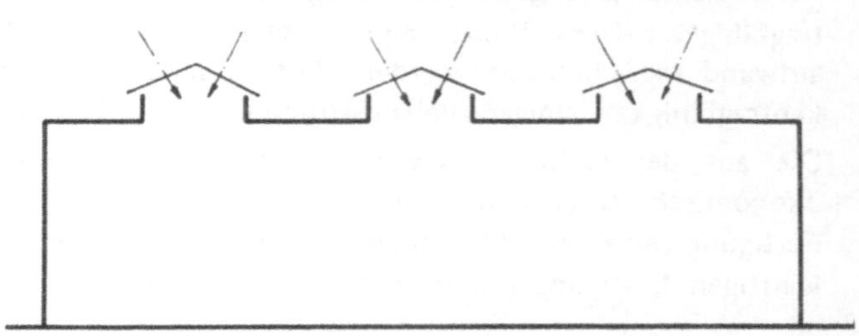

88 Flachdach mit Satteldach-Oberlichtern

– Flachbauten oder Bauten mit flachgeneigten Dächern mit Laternen-Oberlichtaufbauten (Bild 89).

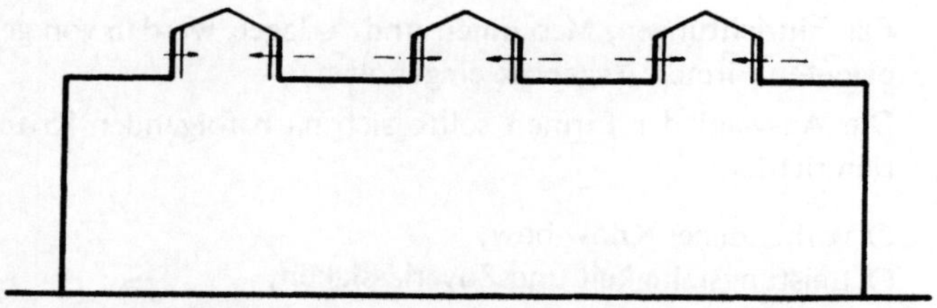

89 Flachdach mit Laternenaufbauten

– Flachbauten mit Lichtkuppeln oder Lichtbändern (Bild 90).

Bei der Festlegung der optimalen Hallenausleuchtung arbeiten Architekt, Beleuchtungs-(Licht-)Ingenieur und Industrial-Engineer eng zusammen. Nur so können die Belange der Bautechnik, der Lichttechnik, der Arbeitswissenschaft und der Ökonomie richtig in Einklag gebracht werden.

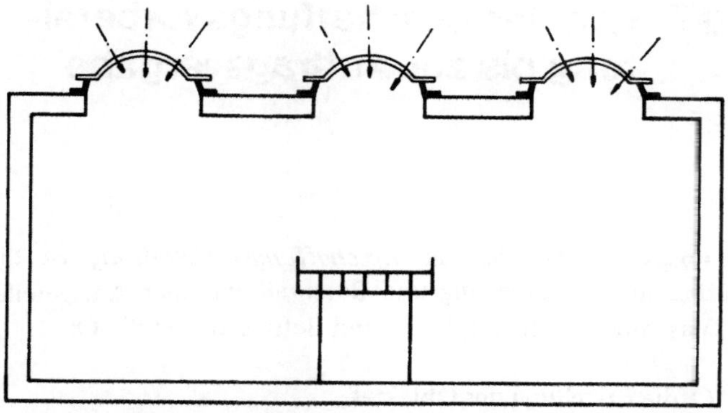

90 Ebenerdiger Flachdachbau mit Lichtkuppeln

17 Von der Beschaffungsvorbereitung bis zur Auftragsvergabe

Ausgangspunkt für die *Beschaffungsvorbereitung* ist die detaillierte Festlegung und Beschreibung aller Anlageteile, Maschinen, Zubehör, Hilfs- und Betriebsmittel die für

- die Erstellung des Objektes
- und für die spätere Nutzung der fertigen Gesamtanlage benötigt werden.

Dieser spezifische Bedarf wird in *Bedarfslisten* zusammengestellt. Es ist sinnvoll, diese Bedarfslisten zu unterteilen nach dem

- Bau-Bedarf
  - Rohbau und
  - Ausbau
- und dem Bedarf der übrigen Sachgebiete
  - Fertigungsanlagen
  - Förderanlagen
  - Lackieranlagen
  - Bearbeitungsmaschinen
  - Überwachungsanlagen
  - Lagereinrichtungen
  - Umweltschutz-System etc.

Diese Aufgabe nimmt erhebliche Zeit in Anspruch, da für jede Position in jeder Liste eine eigene technische Beschreibung mit allen Forderungen (Spezifikationen) erstellt werden muß. Diese umfangreichen Spezifikationen sind Grundlage für die anschließende Ausschreibung bzw. Angebotseinholung.

Die *technischen Beschreibungen* sind, soweit möglich, durch technische Zeichnungen oder Skizzen zu ergänzen. Wichtig ist die Erarbeitung der *technischen Einkaufsbedingungen*. Sie sind in der Mehrzahl für so umfangreiche und komplizierte Investitions-Projekte wie Produktionsstätten-Einrichtungen und andere Werksanlagen nicht in den allgemeinen Einkaufsbedingungen enthalten, die ja für den routinemäßigen Einkauf gedacht sind. Es empfiehlt sich, im Rahmen der Produktionsstättenplanung eigene, dem jeweiligen Zweck angepaßte Einkaufsbedingungen zu erarbeiten und anzuwenden oder die allgemeinen Einkaufsbedingungen entsprechend zu modifizieren.

Die Verkaufsbedingungen von den Lieferfirmen der Maschinen und Anlagen sind zwangsläufig so gestaltet, daß sie in erster Linie die Interessen des Verkäufers sicherstellen.

Die Anlagenspezifikation und die speziellen Einkaufsbedingungen sollen den reibungslosen Ablauf und im Falle eines Rechtsstreits, dem Auftraggeber eine günstige Verhandlungsposition sichern.

Ausschreibung und Angebotseinholung sind die ersten Beschaffungsaktivitäten. Ausschreibungen erfolgen in der Regel für alle Bauarbeiten, einschließlich der Ausbauten.

Für Einrichtungen, Maschinen und Anlagen werden von geeigneten Firmen Angebote eingeholt.

Die Auswahl der Firmen sollte sich nach folgenden Kriterien richten:

- vorhandenes Know-how,
- Leistungsfähigkeit und Zuverlässigkeit,
- Lieferfähigkeit,
- Service-Leistungen, Entfernung zu Lieferanten bzw. Niederlassungen,
- Qualität der Erzeugnisse,
- Bereitschaft, auf Sonderwünsche einzugehen.

Nicht unbedeutend ist die Terminangabe der Angebotsabgabe, denn für diese Aktivität steht ja im Gesamtnetzplan nur eine bestimmte Zeitspanne zur Verfügung, die es einzuhalten gilt.

Bei der *Angebotsauswertung* ist die gut aufgeschlüsselte Beschreibung für leichteres und schnelleres Arbeiten hilfreich.

Eine Liste der wichtigsten Punkte zum Angebotsvergleich sollte für jede Beschaffungsposition angelegt werden, um die technischen und wirtschaftlichen Elemente transparent zu machen. Von den Herstellern werden verschiedene Typen und Programme angeboten. Das ist der Vorteil des Auftraggebers. Denn er erhält beim Vergleich der einzelnen Positionen Hinweise für weitere, d. h. bessere Möglichkeiten und vor allem die notwendigen Fakten für die spätere Vergabeverhandlung.

Der erfahrene Projektleiter wird diese Angebotsvergleiche natürlich tabellarisch durchführen.

Eine solche Vergleichstabelle für z. B. Stahlhallen und Stahlfertighallen zeigt Bild 91.

Wichtig: In den Preisangaben muß genau definiert sein, was in ihnen enthalten ist! Einen Auftrag nur aufgrund eines Angebotes zu erteilen, ist nicht ratsam und auch nur in ganz seltenen und einfach gelagerten Fällen möglich.

Ohne die zeitraubenden aber wichtigen *Vergabeverhandlungen* kann kein größerer Auftrag vergeben werden.

Geht es doch hier um die genaue Abklärung

- der Koordination der Firmen (Auftraggeber und Auftragnehmer),
- der technischen Information (Betriebsbedingungen) zur Vervollständigung des Angebots (Steuerung, Bedienung),
- der Betriebssicherheit und Unfallverhütung,
- der Ersatzteile und des Kundendienstes,
- des Bestelltermins,
- der Liefertermine und des Lieferumfangs,
- der Preisvergünstigungen,
- der Garantiebedingungen,
- der Verkaufs- und Lieferbedingungen,

Hersteller								
Angebotene Hallenabmessung								
Dachaufbau								
Lieferumfang	**Anz. Pfetten**							
	Anz. Binder u. Stützen							
	Anz. Traufenpfetten							
	Anz. Dachverbände							
	Anz. Wandverbände							
	Anz. Längswandriegel							
	Giebelwandriegel							
	Anz. Torrahmen							
	Anz. Trag. Giebelwandkonstr.							
	Anz. nichttrag. „							
	für Verlängerung vorgesehen							
Korrosions-schutz	**Handentrostung**							
	Stahlfunk-o. Sandstrahlentrost							
	1 X Grundanstrich							
	2 X Grundanstrich							
Zusätzl. Leistung	**Typengeprüfte Statik**							
	Fundamentberechnung							
	Fundamentzeichnung							
Anliefe-rung								
	Ab Werk							
	Frei Bahnhof							
	Frei Baustelle							
Montageleistung								
	Richtmeister							
	Hilfskräfte							
	Auslösung							
	Fahrtkosten							
	Gerätegestellung (Kran)							
	Gerätefracht							
	Baustelleneinrichtung							
	Abladen der Konstruktion							
Lieferzeit								
Preis								
Bemerkung								
Empfehlung								
Begründung der Empfehlung								
Datum:				**Name:**				

91 Angebotsvergleichs-Formular für Stahlfertighallen

- der Zahlungsbedingungen,
- der Konventionalstrafe,
- der Verrechnungsbasis (Fixpreis, Preisgleitklausel, Spesen, Einheitspreis mit Aufmaß etc.),
- der Musterfertigung,
- der Versicherung zur Abdeckung eventuell auftretender Schäden durch Verschulden des Lieferanten,
- der Vertragsrücktrittsklausel,
- der Bankbürgschaft.

Erst nach Klärung aller dieser Details kann der Auftrag erteilt werden.

Bestellung und Auftragsbestätigung sind kaufmännisch-juristische Handlungen, die beide Teile (Auftraggeber und Auftragnehmer) binden. Hier gilt für den Produktionsstättenplaner besonders der Grundsatz, die Bestellung so eindeutig zu formulieren, daß im Falle eines Rechtsstreits für den Besteller eine gute Verhandlungsposition gesichert ist [201–202].

Mit der Auftragserteilung beginnt für das Planungsteam eine umfangreiche Tätigkeit gemeinsam mit den Lieferanten:

- Unterstützung bei der Konstruktionsarbeit;
- Detailabklärung aufgrund der Feinplanung;
- Abschlußfragen klären und diese vorbereiten, wie
  - Fundamentsauslegung für Maschinen und Anlagen,
  - Aufstellung der Anlage,
  - Energieanschlüsse von und zur Anlage,
  - Materialbe- und entsorgung;
- Funktionsprüfungen durchführen. Nicht selten müssen nach der ersten Funktionsprüfung noch einige konstruktive Änderungen am Erzeugnis und an den Anlagen erfolgen, die nicht ohne Einfluß auf das Feinplanungs-Layout bleiben. Dieses muß, wenn unabdingbar, korrigiert werden;
- Fertigungsecktermine, die auf dem kritischen Weg des Terminplans (Netzplan) liegen, sind zu überwachen. Bei Gefahr der Überschreitung sind Gegenmaßnahmen frühzeitig einzuleiten;
- die Anlieferung ist vorzubereiten;
- die Montage ist vorzubereiten und zu überwachen, auch vom Termin her;
- die Abnahme der Anlage ist zu planen;
- die Rechnungen müssen daraufhin überprüft werden, ob sie mit dem Leistungsstand übereinstimmen. Zahlungen nur nach Leistungsstandprüfung anweisen! Hierfür eignet sich die Aktivitäten-, Investitions- bzw. Kostenleitkarte (Bild 92). Mit Hilfe dieses einfachen Formulars kann sofort ermittelt werden, welche Projektaktivitäten der einzelnen Gewerke mit welchen Beträgen noch „offenstehen".

  So ist sehr leicht der Vergleich zwischen erbrachter Leistung und Rechnungsbetrag möglich.
  Ein solches Formular erleichtert auch die spätere Projektabrechnung;
- die Endabrechnung ist unter Beachtung der
  - vereinbarten Rückbehalte für eventuell verborgene Mängel,
  - Wertminderung durch festgestellte Mängel,
  - vorgeleisteten Zahlungen

  zu prüfen, die Restzahlung ist freizugeben und anzuweisen.

Jede technische Änderung hat Auswirkung auf Zeit und Kosten. Nach Abschluß der Planung vorgetragene Änderungswünsche sollten schriftlich erfaßt werden (Bild 93). So ist auch später eine etwaige Projektkostenüberschreitung reproduzierbar.

In vielen Fällen ist dem Änderungsantragsteller nicht klar, welche zeitlichen und finanziellen Folgen der vorgetragene Änderungswunsch in sich birgt. Das vorgenannte Formular macht Änderungswünsche in dieser Richtung transparent. Nicht selten werden diese Wünsche dann als „nicht mehr so bedeutsam" zurückgezogen.

<table>
<tr><td colspan="7">Projekt:
Projekt-Nr.:</td></tr>
<tr><td colspan="4">Aktivität:</td><td colspan="3">Ausführende Firma:</td></tr>
<tr><td colspan="2">Angebot vom:</td><td colspan="5">Einzelzahlung:</td></tr>
<tr><td>DM</td><td>Datum</td><td>Datum</td><td>DM selektiv</td><td>% selektiv</td><td>DM kumulativ</td><td>% kumulativ</td></tr>
<tr><td></td><td></td><td></td><td></td><td></td><td></td><td></td></tr>
</table>

92 Investitions- und Kosten-Kontrollkarte

ÄNDERUNGSMELDUNG Nr.: ____________________

Projekt: Projekt-Nr.:

Geforderte Änderung: ____

Gebäude: ______________ Bauteil: ________ Geschoß: ______________

Mitgeteilt durch Herrn ______________________ an Herrn ______________

Schreiben, FS, Aktennotiz vom ______________________________ siehe Anlage

Aufwand der Änderung:				
Abteilung	Zeit	Kosten	Datum	Unterschrift
Einrichtungs-planung				
Bauplanung				
Statik				
Hzg., Lüftg, San.				
Elt-Planung				
Bauleitung				
Zusammengestellt:				

Summe der Planungs-Mehrkosten DM: _ _ _ _ _ _ _ _ _ _ DM

Geschätzte Verzögerung der Bauzeit: _ _ _ _ _ _ _ _ _ _ Tage

Geschätzte Mehrinvestition für die Ausführung: _ _ _ _ _ _ _ _ _ _ DM

Vom Auftraggeber anerkannt/zurückgezogen ____________ (Datum) ____________ (Unterschrift)

Vom Architekten erledigt ____________ (Datum) ____________ (Unterschrift)

93 Änderungsantrags-Formular zur Kontrolle der Nachträge

18 Umweltschutz – integrierter Bestandteil der Produktionsstättenplanung

Bei der Planung von Produktionsstätten sind die gesetzlichen Umweltschutzbestimmungen zwingend zu beachten [204, 208]. Dabei dürfen die Anlagen des Umweltschutzes, die ja integrierter Bestandteil der Produktionsstätten und damit auch ihrer Planung sind, nicht nur technisch während der Nutzungsdauer ihre Funktionen erfüllen. Wichtig ist, daß der einzelne Betriebsbereich auch mit diesen Umweltschutzanlagen wirtschaftlich arbeitet.

Die gesetzlichen Auflagen sind zwingend zu erfüllen, auch wenn dabei über 10 % der Anlage-Investitionen für den Umweltschutz anfallen sollten.

Die Verantwortung zur Realisierung liegt beim Entscheidungsträger (Unternehmensführung). Die Verantwortung für die Planung liegt beim Produktionsstättenplaner.

Um hier im Rahmen der ganzheitlichen Produktionsstättenplanung Fehlinvestitionen für Umweltschutzmaßnahmen zu vermeiden, kann die Problemlösung nach technisch-ökonomischen Gesichtspunkten unter Beachtung der Gesetze nur durch ein Experten-Team, bestehend aus Chemikern, Physikern, Verfahrenstechnikern und Wirtschaftsingenieuren langfristig sinnvoll gelöst werden.

Nach H. A. Georges [in 7] ergibt sich der typische Projektablauf eines Umweltschutz-Systems, wie er in Bild 94 dargestellt ist.

Nachfolgend die z. Zt. wichtigsten Richtlinien zum Umweltschutz einschließlich der Bauvorschriften:

- Bundesbaugesetz vom 23.6.1960
- Raumordnungsgesetz vom 8.4.1965
- Landesbauordnungen der Länder
- Allgemeine Bedingungen für Privatgleisanschlüsse (PAB) Deutsche Bundesbahn vom 1.1.1955 Fassung vom 1.7.1973
- Baunutzungsverordnung vom 26.11.1968 (BGBL I S. 1233 und 1237) (Verordnung über die bauliche Nutzung der Grundstücke)
- Unfallverhütungsvorschriften des Hauptverbandes der gewerblichen Berufsgenossenschaft (VGB)
- DIN 1986 Technische Bestimmungen für Grundstücksentwässerungsanlagen
- VDI-Richtlinie 2058 Beurteilung und Abwehr von Arbeitslärm
- VDI-Richtlinie 2571 Nachbarschutz
- VDI-Handbuch Reinhaltung der Luft
- Gesetz über die Beseitigung von Abfällen (BGB I S. 873–883 Abfallbeseitigungsgesetz AbfG) vom 7.6.1972
- Gesetz zum Schutz vor schädlichen Umwelteinflüssen durch Luftverunreinigung, Geräusche, Erschütterungen und ähnliche Vorgänge – Bundes-Immissionsschutz-Gesetz – (BImSchG) vom 14.1.1974 mit den Durchführungsverordnungen und Verwaltungsvorschriften

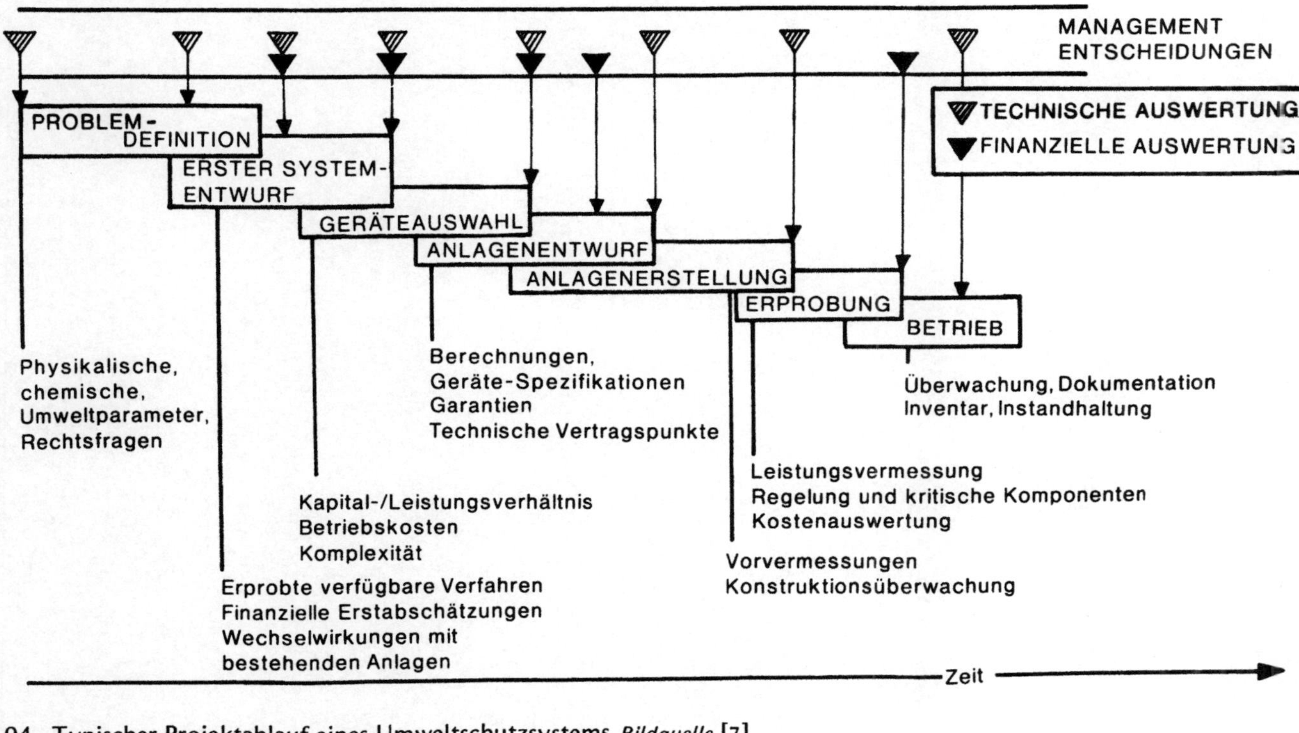

94 Typischer Projektablauf eines Umweltschutzsystems *Bildquelle* [7]

- Erste Verordnung über den Schutz von Schäden durch Strahlen radioaktiver Stoffe (Erste Strahlenschutzverordnung) vom 15.10.1965
- Wasserhaushaltsgesetz (Gesetz zur Ordnung des Wasserhaushalts) vom 27.7.1957 (BGBL I S. 110) und die Wassergesetze der Länder
- Luftverkehrsgesetz vom 4.11.1968 (BGBL I S. 1113)
- 1. Allgemeine Verwaltungsvorschrift „Technische Anleitung zur Reinhaltung der Luft – TA-Luft –" in Kraft seit 28.8.1974
- Verordnung über gefährliche Arbeitsstoffe Bundesgesetzblatt I Nr. 107 vom 17.9.1975
- Die Arbeitsstätten-Verordnung (ArbStättV) vom 20.3.1975 (ab 1.5.1976 in Kraft)
- Gestaltung von Arbeitssystemen nach arbeitswissenschaftlichen Erkenntnissen, DIN-Vornorm B 3400 vom Oktober 1975
- Gewerbeordnung § 16 (Verordnung über genehmigungspflichtige Anlagen), § 24 (überwachungsbedürftige Anlagen)

Die derzeit erlassenen Gesetze und örtlichen Auflagen durch den Gesetzgeber zum Umweltschutz sind teilweise wirtschaftlich nur sehr schwer zu verkraften, und der Versuch, sie zu umgehen, liegt nahe.

Der Produktionsstättenplaner hat die gesetzlichen Forderungen zwingend zu erfüllen. Für ihn gibt es keine „Umgehungs-Alternativen".

Steinbuch sagt zukunftsweisend richtig:

„Man muß den schmalen Weg suchen, der zwei Voraussetzungen unserer Existenz gleichzeitig schafft: die ausreichende Produktion und die menschenwürdige Umwelt.

Es muß zugestanden werden, daß ein großer Teil der Unternehmer, vielleicht die meisten, große Anstrengungen machen, die Umwelt zu schützen. Es ist unverantwortlich, den Umweltschutz zu einer Hexenjagd auf unsere Industrie zu machen, wir müssen vielmehr eine sinnvolle Zusammenarbeit von Politik, Industrie, Forschung und Öffentlichkeit organisieren, so daß vernünftige und rasche Lösungen erhofft werden können." ([203], S. 192).

Unternehmer, Politiker, Produktionsstättenplaner sowie jeder einzelne, der im Produktionsprozeß steht, sollten bei ihren Entscheidungen und Handlungen immer einbeziehen, was Mesarovic und Pestel in ihrem 2. Bericht an den Club of Rome zur Weltlage schreiben:

„Wir stehen in diesem Augenblick der Geschichte vor einer beispiellosen Entscheidungssituation. Zum ersten Mal, seit der Mensch überhaupt existiert, wird er herausgefordert, sich gegen das vom wirtschaftlichen und technologischen Standpunkt aus Machbare zu entscheiden und sich dafür einzusetzen, was seine Moral und Verantwortung für alle kommenden Generationen von ihm verlangen." ([211], S. 132).

Literaturverzeichnis

1 Häusler, J., Planung als Zukunftsgestaltung, Betriebswirtschaftlicher Verlag Dr. H. Gabler, Wiesbaden 1969.
2 Zangenmeister, C., Koelle, H. H., Zielplanung, Vorlesungsmanuskript: Brennpunkt Systemtechnik, Technische Universität, Berlin 1974.
3 Moring, K. E., Management für alle Führungskräfte in Wirtschaft und Verwaltung, Band 1: Planung, Deutsche Verlagsanstalt GmbH, Stuttgart 1972.
4 Golms, H., Ein Modell zur Integration lang- und kurzfristiger Planung, Dissertation am Lehrstuhl für Geistes- und Sozialwissenschaften an der Technischen Hochschule, Karlsruhe, 1972.
5 REFA-Verband für Arbeitsstudien e.V., Methodenlehre des Arbeitsstudiums, Teil 1–6, Carl-Hanser Verlag, München 1973.
6 REFA-Verband für Arbeitsstudien e.V., Methodenlehre der Planung und Steuerung, Band 1–3, Carl-Hanser Verlag, München 1974.
7 Engel, K. H., (Hrsg.), Neue Methoden des Industrial-Engineering, Verlag Moderne Industrie, München 1973.
8 Adamowsky, S., Langfristige und kurzfristige Planung, in: Unternehmensplanung, Verlag für Unternehmensführung, Baden-Baden 1963.
9 Baur, W., Neue Wege der betrieblichen Planung, Springer-Verlag, Berlin, Heidelberg, New York 1967.
10 Fromm, N. und Gerlinger, R., Der Aufbau einer langfristigen Unternehmensplanung, in: Zeitschrift für Betriebswirtschaft 1968. Heft E II / 1968, S. 39–60.
11 Lindemann, P., Fortschritte der Kybernetik, R. Oldenbourg Verlag, München 1967.
12 Zangenmeister, C., Nutzwertanalyse von Projektalternativen, Vorlesungsmanuskript: Brennpunkt Systemtechnik, Technische Universität, Berlin 1974.
13 Allesch, J. und Baz, P., Systemtechnik im Überblick, Vorlesungsmanuskript: Brennpunkt Systemtechnik, Technische Universität, Berlin 1974.
14 Gresser, K., Systemforschung, in: Betriebswirtschaftliche Umschau, 40. Jhg., Jan. 1970, S. 1.
15 Behrendt, V., Systemanalyse – Analyse komplexer Realsysteme, Vorlesungsmanuskript: Brennpunkt Systemtechnik, Technische Universität, Berlin 1974.
16 Dreger, W., Typische Abläufe systemtechnischer Untersuchungen, Vorlesungsmanuskript: Brennpunkt Systemtechnik, Technische Universität, Berlin 1974.
17 Ropohl, G., Systemtechnik, Grundlagen und Anwendung, Carl Hanser Verlag, München 1974.
18 Bommer, J., Methoden zur Erkennung von Alternativen, Vorlesungsmanuskript: Brennpunkt Systemtechnik, Technische Universität, Berlin 1974.
19 Zangenmeister, C., Bewertung von Projektalternativen. Eine Methodenübersicht, Vorlesungsmanuskript: Brennpunkt Systemtechnik, Technische Universität Berlin 1974.
20 Schaab, W., Automatisierte Hochlager, VDI-Verlag, Düsseldorf 1969.
21 Krippendorf, H. u. a., Das automatisierte Lager, Vortragsveröffentlichung, Haus der Technik, Heft 95, Vulkan-Verlag, Essen 1966.
22 Schramm, W., Lager und Speicher, Bauverlag, Wiesbaden 1965.
23 Miebach, J. R., Wirtschaftlichkeitsbetrachtungen über mechanisierte und automatisierte Stückgutlager, Vortragsveröffentlichung, Haus der Technik, Vulkan-Verlag, Essen 1970.
24 Haussmann, G., Automatisierte Lager, Krauskopf-Verlag, Mainz 1972.
25 Krippendorf, H., Wirtschaftlich lagern, Carl-Hanser Verlag, München 1969.
26 VDI-Richtlinie 2387: Planung von Fertigwarenlagern, VDI-Verlag, Düsseldorf 1962.
27 VDI-Richtlinie 2697: Hochregalanlagen mit regalabhängigen Förderzeugen, VDI-Verlag, Düsseldorf 1972.
28 Weimar, H., Hochregal-Lager, Krauskopf-Verlag, Mainz 1973.
29 Jünemann, R., Systemplanung für Stückgutlager, Krauskopf-Verlag, Mainz 1971.
30 Schindowski, E., Schürz, O., Statistische Qaulitätskontrolle, VEB-Verlag Technik, Berlin (DDR) 1966.
31 Crosby, P. H., Qualität kostet weniger, A.-Holz-Verlag, Hof und Lembach 1971.
32 DGQ-Schrift: Qualitätskosten, Rahmenempfehlungen zu ihrer Definition, Erfassung und Beurteilung ASQ/AWF 17, Beuth-Vertrieb, Köln–Berlin–Frankfurt 1971.
33 DGQ, Organisation und Funktion der Qualitätssicherung im Unternehmen, Beuth-Vertrieb, Köln–Berlin–Frankfurt 1974.
34 Masing, W., Qualitätslehre, DGQ/AWF 19, Beuth-Vertrieb, Köln–Berlin 1972.
35 Enrick, N. L., Qualitätskontrolle im Industriebetrieb, R. Oldenbourg-Verlag, München 1961.
36 Hösel, G., von Lersner, H., Recht der Abfallbeseitigung, Erich Schmidt-Verlag, Berlin 1972.
37 Stich, R., Porger, W., Immissionsrecht, Verlag W. Kohlhammer, Stuttgart 1974.
38 Bundes-Immissionsschutzgesetz, Textausgabe mit Erläuterungen, Nomos-Verlagsgesellschaft, Baden-Baden 1974.
39 Battelle-Institut, Studie über neue Technologien zur schadlosen Abfallbeseitigung, Frankfurt 1973.
40 Battelle-Institut, Leistungen und Kosten von Sammel- und Transportsystemen als Planungsinstrument zur regionalen Abfallbeseitigung, Frankfurt 1971.
41 Battelle-Institut, Studie über den Beitrag abbaubarer Kunststoffe zur Lösung des Müllproblems, Frankfurt 1973.
42 Rüb, F., Technik der industriellen Abwasserbehandlung, Krauskopf-Verlag, Mainz 1974.
43 Knop, W., Heller, A., Lahmann, E., Technik der Luftreinhaltung, Krauskopf-Verlag, Mainz 1972.
44 Jansen, G., Lärm im Betrieb, RKW-Reihe Arbeitsphysiologie–Arbeitspsychologie, Beuth-Vertrieb, Köln–Berlin–Frankfurt 1963.
45 Flügge, G., Kritische Betrachtungen zur Beurteilung von Arbeitslärm am Arbeitsplatz hinsichtlich Hörschäden, in: Stahl und Eisen (91), Heft 9/1971.
46 Wittig, R., Rechtsprobleme bei der Anwendung der TA-Lärm, in: Der Betriebsberater (29), Heft 23/1974.
47 Dolezalek, C. M., Planung von Fabrikanlagen, Springer-Verlag, Berlin, Heidelberg, New York 1973.
48 Muther, R., Systematisches Vorgehen bei der Betriebsplanung, Verlag Management Assistant AG., Zürich 1968.
49 Walter, P. H., Planung und Bau von Fertigungsstätten, in: VDI-Z. (102), 1960, S. 541–558.
50 Aggteleky, B., Systematik in der Fabrikplanung, Carl-Hanser-Verlag, München 1973.
51 Aggteleky, B., Fabrikplanung, Carl-Hanser-Verlag, München 1970.
52 Fuhrmann, D., Janssen, J., Systematisch planen – wirtschaftlich bauen, in: PLUS, Zeitschrift für Unternehmensführung, Heft 6/1967, S. 33–36.
53 Silberkuhl, W. J., Begriffe und Methoden der Industrieplanung, in: Zentralblatt für Industriebau, Heft 7/1967, S.311–313
54 Häusler, J., Führungssysteme und Modelle, Vorlesungsmanuskript: Brennpunkt Systemtechnik, Technische Universität, Berlin 1974.
55 Flient, H. G., Anwendungsspektrum des System-Management, Vorlesungsmanuskript: Brennpunkt Systemtechik, Technische Universität, Berlin 1974.
56 Autoren-Kollektiv, Management für alle Führungskräfte in Wirtschaft und Verwaltung, Bde. 1 und 2, Deutsche Verlagsanstalt, Stuttgart 1972.

57 Müller, M., Der organisatorische Gesichtspunkt im Industriebau, in: Industrielle Organisation, Heft 11/1970, S. 485–490.

58 Ringes, G., Die Planung von Fabrikanlagen. Eine Aufgabe für den REFA-Ingenieur für Industrial-Engineering, in: Industrial Engineering, Heft 3/1971, S. 99–104.

59 Groß, H., Systemführung – Ein Überblick, in: VDI-Z 113, Heft 1/1970.

60 Krichhoff, H., Werkzeuge der Systemführung I, in: VDI-Z 112, Heft 5/1970.

61 Groß, H., Werkzeuge der Systemführung II und III, in: VDI-Z 112, Hefte 11 und 19/1970.

62 Ohlert, H., Werkzeuge der Systemführung IV, in: VDI-Z 113, Heft 14/1971.

63 Bitter, P., Werkzeuge der Systemführung V, in: VDI-Z 114, Heft 7/1972.

64 Chestnut, H., Prinzipien der Systemplanung, Carl-Hanser-Verlag, München 1970.

65 Churchmann, W., Einführung in die Systemanalyse, Verlag Moderne Industrie, München 1970.

66 Wedekind, H., Systemanalyse, Carl-Hanser-Verlag, München 1973.

67 Hürlimann, W., Exakte Hilfsmittel der Unternehmensführung, Blaue TR-Reihe, Heft 99, Verlag Technische Rundschau, Bern 1971.

68 Fucks, W., Formeln zur Macht, Deutsche Verlagsanstalt, Stuttgart 1965.

69 Erdlen, M., Zur optimalen Lösung von Lagerhaltungsproblemen durch elektronische Datenverarbeitungsanlagen, IBM-System-Literatur, IMB-Form 78103, IBM-GmbH Sindelfingen o. J.

70 Gümbel, R., Einführung in Operations Research, Vorlesungsmanuskript: Brennpunkt Systemtechnik, Technische Universität Berlin 1968.

71 Dantzig, G. B., Lineare Programmierung und Erweiterungen, Springer-Verlag, Berlin, Heidelberg, New York 1966.

72 Stahlknecht, P., Operations-Research – Ein Leitfaden für den Praktiker, Friedr, Vieweg & Sohn, Verlagsgesellschaft mbH., Braunschweig 1966.

73 Koelle, H. H., System-Simulation, Vorlesungsmanuskript: Brennpunkt Systemtechnik, Technische Universität, Berlin 1974.

74 Lehmann, S., Beitrag zur Anwendung der Warteschlangentheorie bei Mehrstellenarbeit für eine optimale Produktions- und Fertigungsplanung in Industriebetrieben, Forschungsbericht Nordrhein-Westfalen, Westdeutscher-Verlag, Opladen 1968.

75 Schöne A., Simulation technischer Systeme, Bde. 1–3, Carl-Hanser-Verlag, München 1974.

76 VDI-Richtlinie 3242: Arbeitsraumplanung mit Klebebildern und Modellen, VDI-Verlag, Düsseldorf 1958.

77 Behrens, M., Strukturplanung, Einrichtungsplanung, Bau- und Grundinstallationsplanung – Maßgeschneiderte Gebäude oder Mehrzweckhallen, Vortragsveröffentlichungen Haus der Technik, Vulkan-Verlag, Essen 1969.

78 Brandenberger, J., Konrad, R., Netzplantechnik – Eine Einführung, Verlag industrielle Organisation, Zürich 1966.

79 Federal Electric Corporation, Programmierte Einführung in PERT, R. Oldenbourg Verlag, München 1965.

80 Allan, T., Breu, M., Handbuch der Netzplantechnik, Eigenverlag Gebr. Sulzer AG., Winterthur 1965.

81 Jochem, A., Praktische Erfahrung mit der Netzplantechnik beim Bau verfahrenstechnischer Großanlagen, in: VDI-Z 108, Heft 14/1966.

82 Dreger, W., Einführung in die Netzplantechnik, Vorlesungsmanuskript: Brennpunkt Systemtechnik, Technische Universität, Berlin 1968.

83 Bubeck, P., Methoden der Netzplantechnik, IBM-System-Literatur, IBM-Form 81566, IBM-GmbH, Sindelfingen o. J.

84 Dreger, W., Vergleich verschiedener Verfahren der Netzplantechnik (PERT, CPM, MPM), in: Fördern und Heben, Heft 8/1967.

85 Gewald, K., Kasper, K., Maier, H., Übungen zur Netzplantechnik CPM, R. Oldenbourg Verlag, München 1968.

86 Wagner, G., Netzplantechnik in der Fertigung, Planung und Steuerung industrieller Projekte und deren Produktionsablauf-, Zeit-, Kapazitäts- und Kostenplanung, Carl-Hanser-Verlag, München 1968.

87 Lockeyer, K. G., Netzplantechnik, Aufgaben und Lösungen, Verlagsgesellschaft Rudolf Müller, Köln 1970.

88 Stempell, D. u. a., Handbuch der Netzplantechnik, Westdeutscher-Verlag, Opladen 1971.

89 DIN 69 9000: Netzplantechnik-Begriffe, Beuth-Vertrieb, Köln, Berlin, Frankfurt 1970.

90 Chladeck, W., Technologische Voraussagen, Methoden zur Prognose, in: VDI-Z 113, Heft 16/1971.

91 Kahn, H., Wiener, A., Ihr werdet es erleben, Molden-Verlag, München 1968.

92 Weichselberger, K., Analytische Methoden der Vorhersage, Vorlesungsmanuskript: Brennpunkt Systemtechnik, Technische Universität, Berlin 1974.

93 Gohse, S., Eine Systematik der Vorhersageverfahren, IBM-System-Literatur, IBM-Form 81564, IBM-GmbH, Sindelfingen o. J.

94 Wiese, K. H., Exponential Smoothing – eine Methode der statistischen Bedarfsvorhersage, IBM-System-Literatur, IBM-Form 78129, IBM-GmbH, Sindelfingen o. J.

95 Weiskam, J., Methoden der Vorhersage als Grundlage der betrieblichen Planung, Haufe-Verlag, Freiburg 1963.

96 Zander, E., Taschenbuch für betriebliches Informationswesen, J. H. Sauer-Verlag, Heidelberg 1968.

97 VDI-Richtlinie 2492: Multimoment-Aufnahme im Materialfluß, VDI-Verlag, Düsseldorf 1968.

98 Haller-Wedel, E., Multimoment in Theorie und Praxis, Carl-Hanser-Verlag, München 1962.

99 John, B., Grundlagen und industrielle Praxis des Multimomentverfahrens. Schriftenreihe Arbeitsstudium und Industrieal-Engineering, Beuth-Vertrieb, Köln, Frankfurt, Berlin 1971.

100 Haller-Wedel, E., Messen, Zählen, Auswerten und Beurteilen, Carl-Hanser-Verlag, München 1972.

101 Haller-Wedel, E., Die Einflußgrößenrechnung in Theorie und Praxis, Carl-Hanser-Verlag, München 1972.

102 Pichl, E., Materialwirtschaft. Schriftenreihe Arbeitsstudium und Industrial-Engineering, Beuth-Vertrieb, Köln, Frankfurt, Berlin 1968.

103 Baier, P., Wertgestaltung, Carl-Hanser-Verlag, München 1969.

104 Kaminsky, G., Praktikum der Arbeitswissenschaft, Carl-Hanser-Verlag, München 1971.

105 Kapferer, C., Disch, W., Absatzwirtschaftliche Produktpolitik, Westdeutscher Verlag, Opladen 1966.

106 Freudenmann, H. J., Planung neuer Produkte, Poeschel Verlag, Stuttgart 1965.

107 Krüger, G., Planung des Erzeugnisprogrammes, in: Industrielle Produktion, Verlag für Unternehmensführung, Baden-Baden 1967.

108 Muther, R., Haganäs, K., Systematische Materialfluß- und Transportanalyse, Verlag Management Assistant AG., Zürich 1971.

109 Lacher, L., Materialfluß und Transportmittel, in: Betriebsleiter-Handbuch, Verlag Moderne Industrie, München 1970.

110 Hilder, P., Paletten (Beförderungsbedingungen, Einsatzbereiche, Umschlaggeräte), Verlag Th. Gabler, Wiesbaden 1965.

111 Autorenkollektiv, Mathematische Methoden zur Standortbestimmung, Verlag Die Wirtschaft, Berlin 1968.
112 Lüder, K., Die Standortwahl von Fertigungsstätten, in: Industrielle Produktion, Verlag für Unternehmensführung, Baden-Baden 1967.
113 Bahke, E., Transportsysteme heute und morgen, Krauskopf-Verlag, Mainz 1973.
114 Bahke, E., Materialflußtechnik, Krauskopf-Verlag, Mainz 1974.
115 Bahke, E., Materialflußmodelle, Krauskopf-Verlag, Mainz 1974.
116 Fackelmeyer, A., Materialfluß, Planung und Gestaltung, VDI-Verlag, Düsseldorf 1966.
117 Heeren, E., Untersuchung der verschiedenen Methoden zur Aufnahme und Darstellung des Materialflusses, Diplomarbeit am Lehrstuhl für industrielle Fertigung der Universität Stuttgart, Stuttgart 1963.
118 VDI-AWF-Handbuch Förderwesen, VDI-Verlag, Düsseldorf 1969.
119 VDI-Richtlinie 3300: Materialflußuntersuchungen, VDI-Verlag, Düsseldorf 1959.
120 VDI-Richtlinie 2689: Leitfaden für Materialflußuntersuchungen, VDI-Verlag, Düsseldorf 1974.
121 Heidelmann, G., Materialflußüberwachung zur Rationalisierung, VDI-Verlag, Düsseldorf 1974.
122 VDI-Richtlinie 2693: Investitionsrechnungen bei Materialflußplanungen mit Hilfe dynamischer Rechenverfahren, VDI-Verlag, Düsseldorf 1974.
123 Kadec, V., Vodacek, L., Lineare Optimierung im Transportwesen, Westdeutscher-Verlag, Opladen 1968.
124 Nestler, H., Materialflußuntersuchungen in Fertigungsbetrieben, VDI-Verlag, Düsseldorf 1974.
125 Kastl, U., Materialflußgerechte Industrieplanung, VDI-Verlag, Düsseldorf 1974.
126 Baucke, L., Nestle, H., Die Einsatzmöglichkeiten selbsttätig registrierender Meßgeräte zur Erfassung von Betriebsmitteldaten, Beuth-Vertrieb, Köln, Berlin, Frankfurt 1968.
127 Röper, C., Hansen, F. H., Meyer, E., Container-Handbuch, Deutscher Verkehrsverlag, Hamburg 1968.
128 Aumund, H., Mechtold, F., Hebe- und Förderanlagen, Springer-Verlag, Berlin, Heidelberg, New York 1969.
129 Franke, G., Flurförderzeuge, Carl-Hanser-Verlag, München 1966.
130 Payer, G., Kurth, F., Stetigförderer, VEB-Verlag Technik, Berlin (DDR) 1967.
131 Mach, M., Wirtschaftliche Materialtransporte in neuzeitlichen Stahlwerken, Krauskopf-Verlag, Mainz 1965.
132 VDI-Richtlinie 2371: Transportkostenermittlung, VDI-Verlag, Düsseldorf 1965.
133 VDI-Richtlinie 3301: Kostenblatt für Flurförderzeuge, VDI-Verlag, Düsseldorf 1963.
134 Müller-Oehring, H., Mathematische Modelle zur optimalen Auslegung von Förderanlagen, in: Fördern und Heben (21), Heft 14/1971.
135 Clark, C. H., Brainstorming, Methoden der Zusammenarbeit und Ideenfindung, Verlag Moderne Industrie, München 1967.
136 Nadler, G., Arbeitsgestaltung – zukunftsbewußt, Carl-Hanser-Verlag, München 1969.
137 Recktenwald, H. C. (Hrsg.), Nutzen-Kosten-Analyse und Programmbudget, J.C.B. Mohr, Tübingen 1970.
138 Koelle, H. H., Bewertungsprobleme in der Praxis, Vorlesungsmanuskript: Brennpunkt Systemtechnik, Technische Universität, Berlin 1974.
139 Betriebsverfassungsgesetz, Beck'sche Textausgabe, C. H. Beck'sche Verlagsbuchhandlung, München 1975.
140 Zangenmeister, C., Nutzwertanalyse in der Systemtechnik, Eine Methodik zur multidimensionalen Bewertung von Projektalternativen, Wittmannsche Buchhandlung, München 1970.
141 Hertlein, H., Bentin, F., Mühlbauer, E., Hütte-Taschenbuch für Betriebsingenieure, Bd. 3, Verlag Wilhelm Ernst & Sohn, Berlin 1965.
142 Hille, F., Kennzahlen für Flächennutzung und Flächenbedarf, Diplomarbeit am Lehrstuhl und Institut für Werkzeugmaschinen und Betriebstechnik an der Technischen Hochschule, Karlsruhe 1964.
143 Mosch, H. P., Kossatz, G., Betriebseinrichtung, Entwurfslehre für Projektierung und Rekonstruktion, Bd. 1 (1964), Bd. 2 (1970), VEB-Verlag Technik Berlin (DDR).
144 VDI-Richtlinie 2199: Empfehlungen für bauliche Planungen im Förder- und Lagerwesen; Einsatz von Flurförderzeugen, VDI-Verlag, Düsseldorf 1972.
145 Neufert, E., Bauentwurfslehre, Grundlagen, Normen und Gestaltung, Raumbedarf, Raumbeziehungen, Maße für Gebäude, Räume, Einrichtungen und Geräte mit dem Menschen als Maß und Ziel, Bertelsmann Fachverlag, Düsseldorf 1973.
146 DIN 18 228: Gesundheitstechnische Anlagen im Industriebau, Blatt 1-3, Beuth-Vertrieb, Köln, Frankfurt, Berlin 1960/1961.
147 DIN 18 600: Versammlungsstätten, Richtlinien für Bau- und Betrieb, Blatt 1 u. 2, Beuth-Vertrieb, Köln, Frankfurt, Berlin 1961.
148 Henn, W., Industriebau, Bd. 4: Sozialbauten der Industrie, Callwey, München 1966.
149 Siegel, C., Solf, C., Bürobaukosten, Untersuchungen über die Wirtschaftlichkeit von Büro- und Verwaltungsgebäuden, Verlag Schnelle, Quickborn 1967.
150 Gottschalk, O., Flexible Verwaltungsbauten, Verlag Schnelle, Quickborn 1968.
151 Gottschalk, O., Büro- und Verwaltungsgebäude – Planungsgrundlagen, in: Verwaltungsbauten = DBZ-Baufachbücher Bd. 4, Bertelsmann Fachverlag, Gütersloh 1971.
152 Lindemann, P., Unternehmensführung und Wirtschaftskybernetik, Luchterhand Verlag, Neuwied, Berlin 1970.
153 Hilten, P., von Ungern-Sternberg, E., Einführung neuer Produkte, J. H. Sauer-Verlag, Heidelberg 1969.
154 Stotka, E. C., Produktplanung – maßgebend für den Unternehmenserfolg, in: Industrielle Organisation, Heft 5/1973.
155 Zimmermann, H. J., Mathematische Entscheidungsforschung und ihre Anwendung auf die Produktpolitik, Verlag Walter de Gruyter, Berlin 1963.
156 Woll, A., Wachstum als Ziel der Wirtschaftspolitik, Verlag J.C.B. Mohr, Tübingen 1968.
157 Kapferer, C., Disch, W., Kompendium der Absatzwirtschaft, Bd. 1: Marktnachfrage, Bd. 2: Absatzwirtschaftliche Produktpolitik, Bd. 3: Absatzorganisation und Absatzwege, Bd. 4: Absatzförderung, Bd. 5: Absatzkosten, Bd. 6: Absatzwirtschaftliche Preispolitik, Bd. 7: Angewandte Marktforschung, Bd. 8: Absatzprognose, Bd. 9: Absatzplanung und Absatzkontrolle, Westdeutscher Verlag, Opladen 1966.
158 Gorle, P., Long. J., Taschenbuch der Produktplanung, J. H. Sauer-Verlag, Heidelberg 1974.
159 Dominguez, G. S., Scheuing, E. E., Praxis des Produkt- und Markenmanagements, J. H. Sauer-Verlag, Heidelberg 1974.
160 Kaminsky, G., Pilz, E., Gestaltung von Arbeitsplatz und Arbeitsmitteln, RKW-Reihe: Arbeitsphysiologie – Arbeitspsychologie, Beuth-Vertrieb, Köln, Frankfurt, Berlin 1968.
161 Kirchner, J. H., Romert, W., Ergonomische Leitregeln zur menschengerechten Arbeitsgestaltung, Carl-Hanser-Verlag, München 1974.
162 Gutenberg, E., Grundlagen der Betriebswirtschaftlehre, Springer-Verlag, Berlin, Heidelberg, New York 1965.
163 Rockstroh, E., Technologische Betriebsprojektierung – Gesamtbetrieb, VEB-Verlag Technik, Berlin (DDR) 1968.

164 REFA-Verband für Arbeitsstudien, Anforderungsermittlung, Arbeitsbewertung, Bd. 4 der Methodenlehre des Arbeitsstudiums, Carl-Hanser-Verlag, München 1973.
165 Paasche, J., Die Praxis der Arbeitsbewertung, Müssener-Verlag, Köln 1973.
166 Wibbe, J., Arbeitsbewertung, Carl-Hanser-Verlag, München 1966.
167 Bieding, F., Wendler, F., Analytische Arbeitsbewertung von Angestellten-Tätigkeiten, Bund-Verlag, Köln 1971.
168 REFA-Verband für Arbeitsstudien, Mehrstellenarbeit, Carl-Hanser-Verlag, München 1963.
169 Berger, K. H., Organisationstypen der Produktion, in: Industrieelle Produktion, Verlag für Unternehmensführung, Baden-Baden 1967.
170 Dolezalek, C. M., Prinzipien der automatisierten Fertigung, VDI-Bericht-Nr. 123, VDI-Verlag, Düsseldorf 1968.
171 Ropohl, G., Theorie flexibler Fertigungssysteme, in: Fertigungstechnische Automatisierung, Springer-Verlag, Berlin, Heidelberg, New York 1969.
172 Matthée, G. (Hrsg,), Lueger Bd. 8, Lexikon der Fertigungstechnik mit Arbeitsmaschinen, Deutsche Verlagsanstalt, Stuttgart 1968.
173 VDI-Bericht: Automatisierung in der industriellen Fertigung, VDI-Verlag, Düsseldorf 1968.
174 Mitthof, F., Numerisch gesteuerte Fertigung, Krauskopf-Verlag, Mainz 1969.
174a Klingenschmidt, V., Kaufmann, H.-J., Methode zum Bestimmen des optimalen Technisierungsgrades eines Betriebs, Beuth-Verlag GmbH, Berlin, Köln, Frankfurt 1975.
175 Baur, K., Betriebsmittelzuordnung bei der Fabrikplanung, Krauskopf-Verlag, Mainz 1972.
176 VDI-Richtlinie 3595: Methoden zur materialflußgerechten Zuordnung von Betriebsbereichen und -mitteln, VDI-Verlag, Düsseldorf 1974.
177 Schmigalla, H., Methoden zur optimalen Maschinenanordnung, VEB-Verlag-Technik, Berlin (DDR) 1970.
178 Kiehne, R., Innerbetriebliche Standortplanung und Raumzuordnung, Verlag Dr. Th. Gabler, Wiesbaden 1968.
179 Minten, B., Layout-Optimierung, Moderne Verfahren zur Fabrikplanung und ihre Anwendung, Vorlesungsmanuskript: Institut für Produktionstechnik und Automatisierung der Fraunhofer Gesellschaft an der Universität Stuttgart, Stuttgart 1974.
180 Müller, H. E., Die optimale Raumverteilung in Fabrikanlagen bei Umstellungs- und Erweiterungsplanungen, Dissertation an der Fakultät für Maschinenbau und Elektrotechnik der Technischen Universität, Braunschweig 1970.
181 Matthée, R., MABETRA-Materialflußorientierte Betriebsmittelanordnung mit minimaler Transportleistung, in: Industrial Engineering Heft 4/1974.
182 Minten, B., Umstellungsplanung nach Programm MUSTLAP in einem Fertigungsbetrieb, in: Wt-Zeitschrift für industrielle Fertigung Heft 5/1973.
183 Baur, K., Verfahren für die räumliche Zuordnung von Betriebsmitteln in der Fabrikplanung, in: Wt-Zeitschrift für industrielle Fertigung, Hefte 1 und 4/1974.
184 Langguth, R., Rautenberg, H. G., Finanzierung und Investitionsrechnung, VDI-Verlag, Düsseldorf 1973.
185 Bronner, A., Vereinfachte Wirtschaftlichkeitsrechnung, Beuth-Vertrieb, Köln, Berlin, Frankfurt 1970.
186 Gutenberg, E., Grundlagen der Betriebswirtschaftslehre, Springer-Verlag, Berlin, Heidelberg, New York 1972.
187 Max, H., Investitonstheorie, Physika-Verlag, Würzburg, Wien 1970.
188 Schneider, E., Wirtschaftlichkeitsrechnung -- Theorie der Investition, Polygraph-Verlag, Tübingen 1968.
189 Schwarz, H., Optimale Investitionsentscheidungen, Verlag moderne Industrie, München 1967.
190 Menges, G., Grundmodelle wirtschaftlicher Entscheidungen, Westdeutscher Verlag, Opladen 1969.
191 Neufert, E., Bauordnungslehre, Ullstein-Verlag, Berlin 1961.
192 Neufert, E., Industrieanlagen unterm Rasternetz, in: Planen und beraten, Heft 2/1966.
193 Zellweger, M., Der Raster als betriebliche Planungseinheit, Verlag Industrielle Organisation, Zürich 1964.
194 Haase, G., Die Landesbauordnungen, Bauverlag, Berlin und Wiesbaden 1971.
195 Berger, F., Optimierung der Baukonzeption im Industriebau, Verlag Industrielle Organisation, Zürich 1968.
196 Jendges, K. H., Grundlagen der Bauplanung, Krämer-Verlag, Stuttgart 1971.
197 Moritz, K., Flachdachhandbuch, Bauverlag GmbH, Berlin und Wiesbaden 1975.
198 Schmalor, R., Industrieplanung, Werner-Verlag, Düsseldorf 1971.
199 Winkler, W., Lexikon der Bauvorschriften, Bertelsmann Fachverlag, Gütersloh 1971.
200 Baunutzungsverordnung vom 26.6.1962, Kohlhammer Gesetzestexte, Kohlhammer-Verlag, Stuttgart 1966.
201 Herding, W., Schmalzl, M., Vertragsgestaltung und Haftung im Bauwesen, Ch. Beck'sche Verlagsbuchhandlung, München, Berlin 1967 (Neuaufl. gepl. 1977).
202 GOA-Gebührenordnung für Architekten, Werner-Verlag, Düsseldorf 1970.
203 Steinbuch, K., Mensch, Technik, Zukunft, Basiswissen für Probleme von morgen, Deutscher Verlagsanstalt, Stuttgart 1971.
204 Umweltgesetze, Textsammlung der in Kraft getretenen Gesetze, Umweltschutzmaßnahmen des Bundesministers des Inneren, hrsg. Bundesministerium des Inneren, Bonn 1974.
205 VDI (Hrsg.), Gemeinschaftsausschuß Produktplanung, Systematische Produktplanung – ein Mittel zur Unternehmenssicherung, VDI-Taschenbuch T 76, VDI-Verlag, Düsseldorf 1976.
206 Autoren Kollektiv, Produktinnovation, Herausforderung und Aufgabe, VDI-Bericht 229: VDI-Kongreßbericht PRO-IN 76, VDI-Verlag, Düsseldorf 1976.
207 Biehler, R., Methoden der Investitionsrechnung, Deutsche Verlags Anstalt, Stuttgart 1976.
208 Müller, W., Umweltschutz und kommunale Bauleitplanung, Bertelsmann Fachverlag, Düsseldorf 1975.
209 o. V. Gesetz über Betriebsärzte, Sicherheitsingenieure, und andere Fachkräfte der Arbeitssicherheit, WEKA-Fachverlag für Verwaltung und Industrie, Kissing 1974.
210 Heinen, W., Trentrop, F., Wienecke, J., Zerlett, G., Arbeitsstättenverordnung, Verlag W. Kohlhammer, Stuttgart, Berlin, Köln, Mainz 1975
211 Mesarović, M., Pestel, E., Menschheit am Wendepunkt, 2. Bericht an den Club of Rome zur Weltlage, Deutsche Verlags-Anstalt, Stuttgart 1974.
212 Haeder, W., Gärtner, E., Die gesetzlichen Einheiten in der Technik, Beuth-Verlag GmbH, Berlin, Köln, Frankfurt 1971.

GPSR Compliance

The European Union's (EU) General Product Safety Regulation (GPSR) is a set of rules that requires consumer products to be safe and our obligations to ensure this.

If you have any concerns about our products, you can contact us on ProductSafety@springernature.com

In case Publisher is established outside the EU, the EU authorized representative is:

Springer Nature Customer Service Center GmbH
Europaplatz 3
69115 Heidelberg, Germany

Batch number: 10578403

Printed by Printforce, the Netherlands